文化伟人代表作图释书系

An Illustrated Series of
Masterpieces of the Great
Minds

非凡的阅读

从影响每一代学人的知识名著开始

知识分子阅读，不仅是指其特有的阅读姿态和思考方式，更重要的还包括读物的选择。在众多当代出版物中，哪些读物的知识价值最具引领性，许多人都很难确切判定。

"文化伟人代表作图释书系"所选择的，正是对人类知识体系的构建有着重大影响的伟大人物的代表著作，这些著述不仅从各自不同的角度深刻影响着人类文明的发展进程，而且自面世之日起，便不断改变着我们对世界和自然的认知，不仅给了我们思考的勇气和力量，更让我们实现了对自身的一次次突破。

这些著述大都篇幅宏大，难以适应当代阅读的特有习惯。为此，对其中的一部分著述，我们在凝练编译的基础上，以插图的方式对书中的知识精要进行了必要补述，既突出了原著的伟大之处，又消除了更多人可能存在的阅读障碍。

我们相信，一切尖端的知识都能轻松理解，一切深奥的思想都可以真切领悟。

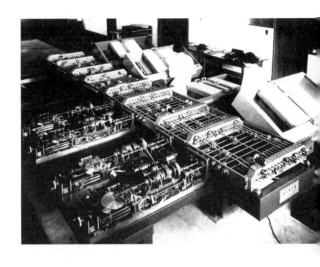

Cybernetics

刘 佳 / 译

控制论（全译插图本）

〔美〕诺伯特·维纳 / 著

重庆出版集团 重庆出版社

图书在版编目（CIP）数据

控制论 /（美）诺伯特·维纳著；刘佳译. —重庆：
重庆出版社，2023.6（2024.6重印）
ISBN 978-7-229-17660-0

Ⅰ.①控…　Ⅱ.①笛…　②刘…　Ⅲ.①控制论
Ⅳ.①0231

中国版本图书馆CIP数据核字（2023）第090496号

控制论
KONGZHILUN

〔美〕诺伯特·维纳　著　刘　佳　译

策　划　人：刘太亨
责任编辑：苏　丰
责任校对：杨　媚
特约编辑：张月瑶
封面设计：日日新
版式设计：冯晨宇

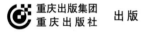 重庆出版集团
重庆出版社 出版

重庆市南岸区南滨路162号1幢　邮编：400061　http：//www.cqph.com
重庆博优印务有限公司印刷
重庆出版集团图书发行有限公司发行
全国新华书店经销

开本：720mm×1000mm　1/16　印张：27.5　字数：440千
2023年7月第1版　2024年6月第2次印刷
ISBN 978-7-229-17660-0

定价：58.00元

如有印装质量问题，请向本集团图书发行有限公司调换：023-61520678

　　《控制论》是控制论这门学科的奠基之作，作者诺伯特·维纳即控制论的创始人之一。本书系统地阐述了控制论理论以及它在相关领域的应用，如在自动控制、通信工程、计算技术乃至生理学、心理学、医学等领域的研究中，它都有着重要的参考和指导价值。不管是在作者成书时的20世纪40年代，还是在高度信息化的当下，它所产生的影响只言片语是无法表述清楚的。

　　什么是控制论？这一命题长期以来众说纷纭，未有定论。幸运的是，维纳通过本书副题"关于在动物和机器中控制和通信的科学"，向人们揭开了它神秘的面纱，明确了控制论的深刻内涵和研究范围。具体说来，控制论就是在动物、人和机器等千差万别的复杂对象中归纳出一些普遍规律，以全学科联合的视角加以研究。自然而然地，之前归属于不同学科的话题，在控制论这门全新学科的名义下得到了统一。可以说，控制论的研究对象是从自然、社会、生物、人、工程、技术等不同对象中总结出来的复杂系统，它是一门包罗万象、举一千从的综合科学。而要理解这些不同系统之间的共同之处，控制论给出了一种接近数学方法，却比后者更加宽泛的通用方法。显然通过计算机加以模拟和仿真，要比常用的数学方法与实验技巧对复杂系统具有更加显著的效果，展示出更广泛的适用范围。当今流行的各种以"Cyber"开头的单词含义与信息时代的两大标志——计算机和网络有关，如Cyberspace、Cyberculture等，足以证明维纳的《控制论》仍是人们用之不竭的思想宝库。

我们知道，要研究这样一个无所不包的领域，普通的科学家想必难以胜任，他必定是位百科全书式的全才。若未广泛涉猎不同领域的知识，缺少锐意进取的创新精神，以及具有旁征博引、触类旁通的能力，是无法驾驭如此复杂主题的。基于此，维纳这位同时精通哲学、数学、科学和工程技术等众多领域知识的专家，不能不令我们肃然起敬。在一篇长达二万多字的序言中，作者交代了写作本书的缘由、创立控制论这一学科的必要性及其前景，介绍了控制论思想来自于四个方面：计算机设计、防空火控系统自动控制装置的理论、通信与信息理论，以及神经生理学理论。从本质上说，控制论就是通信的理论，而输入、输出和反馈的概念则是控制论的基本概念。接着，在第一章里，维纳介绍了开放系统，这是控制论研究对象的本质，其具有统计上的不可逆性，由此得出结论：处理开放系统要用统计学而非牛顿力学的方法。这就引出了第二章群体和统计力学，大致介绍了所要用到的统计方法。第三章是时间序列、信息和通信，阐述了信息载体的时间序列的数学处理。第四章反馈和振荡，阐述了反馈的重要性：如果反馈失调，就会引起系统振荡。第五章计算机和神经系统，用动物的神经系统类比计算机，归纳了信息流正常运作基本条件：二值运算逻辑和运算载体计算机。第六章格式塔与一般概念以及第七章控制论和精神病理学，通过分析病例，阐述控制论在人体上的应用，并设想用控制论设计人工器官。第八章信息、语言和社会则将控制论延伸到社会科学领域。这也是离我们社会生活相对较近的一章。第九章关于学习和自增殖机和第十章脑电波和自组织系统是补充章节，将控制论思想再次延伸，提出了用控制论研究智能机器。其中，第九章重点关注两个问题：人造机器是否能够自我学习和自我复制？答案是肯定的。机器学习正是当下实现人工智能的必经之路，机器人作为一种能够半自主或全自主工作的人工智能机器，具有感知、决策、执行等基本能力，可以代替或协助人类完成危险、繁重、复杂的工作；除了广泛应用于制造业领域外，还可应用于资源勘探开发、救灾排险、医疗服务、家庭娱乐、军事和航天等其他领域，提高工作效率与质量，服务人类生活，扩大或延伸人的活动及能力范围。

可见，尽管控制论研究在20世纪70年代开始在西方式微，但作者的智性预见并未消弭，愈发成为了当下信息社会的重要组成部分。除人工智能外，控制论的思想也应用于作为信息时代新经济社会发展形态的数字经济。数字经济日益成为全球经济发展的新动能，更易实现规模经济和范围经济。当前，数字经济正在由消费互联网向产业互联网转变。产业互联网包括传统产业借力5G、云计算、AI、大数据、物联网等新兴数字技术，提升内部效率和对外服务能力，实现跨越式发展，其本质在于推动企业主体利用数字技术提升效率和优化配置，同时将产业中上下游企业的数据连接起来。

本书出版不久，罗劲柏、侯德彭、陈步和龚育之四人合作将其翻译为中文，以"郝季仁"（意即"好几人"）为笔名于1962年出版。这是第二个中译版，也是目前较为流行的版本。译者自惭于不能像前辈们那样使译作极尽准确和优雅，但依旧怀着一份激动的心情、一种向控制论先驱致敬的态度完成了整个翻译过程。作为20世纪中叶出版的著作，原文的很多表达略显老旧，直译出来较难理解。因此，译者在保留原文意思的前提下，尽量使用较新的表达，且在某些术语的注释中说明了其现有的惯用名称，以便读者阅读和理解。鉴于本人水平有限，难免会有错误和不妥之处，恳请读者批评指正。

刘　佳
2023年5月

第二版序言

约13年前，我是在非常困难的条件下撰写初版《控制论》的，以致不幸地出现了大量印刷错误和少量内容错误。对此，我一直深感遗憾。现在，我认为是时候把《控制论》的重新修订提上日程了，这不仅是因为它将成为未来某个时间段要执行的计划，而且因为它已是一门现有的学科。因此，借此机会，我想根据读者的意见对初版做一些必要的更正，与此同时，还将详述这门学科的现状，以及增补自初版问世以来出现的相关的新思维方式。

一门新学科要想真正地具有活力，就必须随着时间的推移而不断地更新它的关注点。在首次撰写《控制论》时，我表达个人观点的困难之处主要在于：统计信息和控制理论的概念对当时的主流观念来说是新奇，甚至是令人震惊的。而现在，作为通信技术工程师和自动控制设计者使用的工具，这些概念已经变得如此熟悉，以至于我担心这本书看起来是否既陈腐又平庸。反馈在工程设计和生物学领域的作用，是毋庸置疑的。对于工程师、生理学家、心理学家和社会学家来说，信息的作用以及用于测量和传递信息的技术成了一门完整的学科。在本书初版发行时，自动机还仅是一种预测，而现在它已有了自己的地位。我在本书以及另一本受欢迎的同类书籍《人有人的用处：控制论与社会》[1]中所警告的它会带来的相关社会危险也已渐渐浮现。

因此，控制论学者应去关注新的领域，将大部分精力集中到过去十年发展过程中涌现出的思想上。对简单线性反馈的研究曾经在唤醒科学家们研究控制论时起到了很重要的作用，但现在这些反馈看起来远远没有最初显现的那么简单，也远没有那么具有线性特性了。事实上，在早期电路理论中，用于电路网络系统处理的数学手段未超出电阻、电容和电感线性并列的范围。这意味着整个研究对象可以运用所传递信息的谐波分析[2]，以及信息所经电路的电阻、导纳和电压比进行充分描述。

早在《控制论》出版之前人们就意识到，非线性电路的研究（如我们在许多放大器、限压器、整流器[3]等中发现的）并不完全适应这个框架。然而，由于缺乏更好的方法，人们进行了大量尝试，试图将旧的电气工程领域的线性概念推广到新型装置可以自然运转的程度。

当我在1920年左右来到麻省理工学院时就指出，处理非线性装置问

〔1〕Wiener N. *The Human Use of Human Beings*: *Cybernetics and Society*. Houghton Mifflin Company，Boston，1950.

〔2〕谐波分析，又称调和分析，通过基本波的叠加以表示其他函数或信号。它对傅里叶级数及傅里叶变换进行扩展研究，自19世纪以来广泛应用于不同领域，如信号处理、量子力学、潮汐理论及神经科学等。——译者注

〔3〕整流器，电源供应器的一个构成部分，能够将交流电转换为直流电的装置或元件，还能够充当无线电讯号的侦测器，由固态二极管、真空管二极管、汞弧管构成。——译者注

题的常规模式是寻找电阻概念的直接延伸，使其涵盖线性系统[1]和非线性系统。结果使得非线性电气工程的研究进入了一种类似于托勒密天文学体系末期的状态，本轮上堆着本轮，修正后又修正，直到这个巨大的拼接结构最终因不堪自重而破裂。

正如哥白尼体系从过度紧张的托勒密体系的残骸中产生，简单自然的日心说取代复杂晦涩的托勒密地心说一样，非线性结构和系统的研究（无论从电气还是机械，自然还是人工角度）也需要一个全新且独特的起点。我曾尝试在我的《随机理论中的非线性问题》[2]一书中提出一种新方法。事实证明，当我们考虑非线性现象时，三角分析在处理线性现象中的绝对重要作用将不复存在。这在数学上有着明确清晰的理由。与许多其他物理现象一样，电路现象相对于原点的变化也具有时间上的不变性。一个物理实验，如果我们在中午12点开始，将在下午2点钟之前到达某个阶段；如果我们在中午12点15分开始，则将在下午2点15分到达同一阶段。因此，物理定律与平移群在时间上的不变性有关。

三角函数 $\sin nt$ 和 $\cos nt$ 就是对于同一平移群下的某种重要不变量。一般函数

$$e^{iwt}$$

————————

〔1〕线性系统指的是用线性运算子组成的系统，其特性比非线性系统简单。——译者注

〔2〕Wiener N. *Nonlinear Problems in Ranadom Theory*，The Technology Press of M. I. T. and John Wiley & Sons，Inc.，New York，1958.

通过将 τ 的平移添加到 t，从而变成

$$e^{iw(t+\tau)} = e^{iw\tau}e^{iwt}$$

的形式。这是与前面相同的表式。因为，

$$a\cos n(t+\tau) + b\sin n(t+\tau)$$

$$= (a\cos n\tau + b\sin n\tau)\cos nt + (b\cos n\tau - a\sin n\tau)\sin nt$$

$$= a_1\cos nt + b_1\sin nt,$$

换句话说，函数族

$$Ae^{iwt}$$

和

$$A\cos wt + B\sin wt$$

在平移下是不变的。

还有其他函数族在平移下是不变的。如果我考虑所谓的随机游走[1]，这种游走的粒子[2]在任何时间间隔内的运动都具有这样一种分布，其分布仅取决于该时间间隔的长度，并且独立于其开始之前发生的一切分布，那么随机游走的轨迹就是所有曾经到达的点的集合。

---

〔1〕随机游走指由一连串随机轨迹组成的数学统计模型。——译者注

〔2〕在物理科学中，粒子指的是占据微小局域的物体，可对其赋予多个物理或化学性质（如体积、密度或质量）。粒子的大小或数量存在巨大差异，从亚原子粒子（电子），到微观粒子（原子和分子），再到宏观粒子（粉末）和其他颗粒材料。粒子也可用于搭建更大物体的科学模型，前提条件是确定粒子的聚集程度（如人群中移动的人或运动的天体）。——译者注

换句话说，其他函数集也具有三角曲线的单纯平移不变性。

除了这些不变性之外，三角函数还有一个特有属性：

$$Ae^{iwt} + Be^{iwt} = (A + B) e^{iwt}$$

因此这些函数形成一个极其简单的线性集。值得注意的是，该属性涉及直线性；也就是说，我们可以将给定频率的所有振荡都化为两者的线性组合。正是这种特性创造了谐波分析在处理电路线性性质方面的价值。函数

$$e^{iwt}$$

是平移群的特性标，它给出该群的线性表示。

然而，当我们处理的函数组合不只涉及常数系数加法时——例如，当我们将两个函数相乘时——简单的三角函数不再显示此基本群性质。另一方面，随机游走中出现的随机函数确实具有某些性质，非常适合讨论它们的非线性组合。

我不打算在这里详细介绍这项工作，因为它在数学上相当复杂，而且在我的《随机理论中的非线性问题》一书中已经对其作了介绍。那本书中的材料已经在讨论特殊非线性问题中得到了广泛应用，但要实现书中制定的方案，仍有许多工作要做。它的实践意义在于，在非线性系统的研究中，适当的测试输入与其说是一组三角函数集合，不如说是具有布朗运动的特征。就电路而言，这种布朗运动函数在物理上可以通过散粒效应自然产生。这种散粒效应是电流中的一种不规则现象，产生于这样一个事实：电流不是作为电的连续流，而是作为一系列不可分割且相等的电子来承载的。因此，电流具有统计上的不规则性，其本身还具有

某种均匀性，并且当它被增强到某种程度后就可以明显看出它们是由随机噪声构成的。

正如我将在第九章中展示的那样，这种随机噪声理论可以投入实际应用，不仅用于分析电路和其他非线性过程，还可以用于二者合成行为的分析。[1]方法是将随机输入的非线性仪器的输出简化为与埃尔米特多项式[2]密切相关的一系列有明确定义的正交函数[3]。非线性电路分析要解决的问题，主要是通过求平均值来确定在输入某些参数的条件下这些多项式的系数。

这个求值过程的描述相当简单。除了代表尚未分析的非线性系统的黑盒外，还有一些结构已知的物体，我将它称为白盒，它们代表所需展开式中的各种项。[4]我将相同的随机噪声分别放入黑盒和给定的白盒中。白盒在黑盒发展过程中的系数作为它们输出乘积的平均值给出。虽

---

〔1〕我在此使用术语"非线性系统"并不排除线性系统，而是将其包括在一个更大类别的系统内。利用随机噪声分析非线性系统同样适用于线性系统，并已付诸实践。——原注

〔2〕埃尔米特多项式是数学中一种经典的正交多项式族，主要用于概率论中的埃奇沃斯级数的表达式，在组合数学中充当阿佩尔方程的解，并在物理学中提供量子谐振子的本征态。——译者注

〔3〕在数学中，正交函数所属的函数空间是指具备双线性形式的向量空间。类似于有限维空间中的向量基，正交函数能够产生函数空间的无限基。——译者注

〔4〕术语"黑盒"和"白盒"是一种方便而形象的叫法，但它们的含义还不太确定。我将黑盒理解为这样一种装置，它是具有两个输入端和两个输出端的四端网络，它对现在和过去的输入电压执行确定的操作，但我们不一定要了解它靠什么结构执行此操作。另一方面，白盒也具有类似的网络，但它的输入和输出间有确定的关系，根据我们特定的构造计划，这种关系确保先前确定的输入输出关系。——原注

然这个平均值是针对整个散粒效应输入的集合，但有一个定理允许我们在一般情况下（一组概率为0的情况除外），用一段时间内的平均值来替换这个系综的平均值。为了获得这个平均值，我们需要一个乘法器，通过它得到黑盒和白盒输出的乘积，以及一个平均器，我们可以利用以下事实，即电容器两端的电势与电容器中所含的电量成正比，因此与流经电容器的电流的时间积分成正比。

不仅可以逐一确定每个白盒（构成黑盒等值表达式里的加法部分）的系数，而且还可以同时确定这些量。通过使用适当的反馈装置，甚至可以使每个白盒自动调整到与其在黑盒展开式的系数相对应的水平。通过这种方式，我们能够构建一个多重并联白盒，当它正确连接到一个黑盒并在接受相同的随机输入后，即使它的内部结构可能大不相同，它也会在运算上自动变成黑盒的可操作等价物。

这些分析综合的操作，以及将白盒自动调整为与黑盒相等的操作都可以通过其他方法实现，这种方法由阿玛·博赛[1]教授和加博尔[2]教授提出。在所有这些方法中，均经过了通过为黑盒与白盒选择适当输入并对二者进行比较，从而进行操作或学习的过程；而在其中的许多程序中，包括加博尔教授的方法所应用的程序，乘法器都发挥着重要作用。

---

〔1〕Bose A. G., "Nolinear System Characterization and Optimization" *IRE Transactions on Information Theory*, IT-5, 30-40（1959）（Special supplement to IRE Transactions.）

〔2〕Gabor. D., "Electronic Inventions and Their Impact on Civilization", *Inaugural Lecture*, March3, 1959. Imperial College of Science and Technology, University of London, England.

虽然有许多方法可以解决两个函数用电方式相乘的问题，但这个任务在技术上并不容易实现。一方面，一个好的乘法器必须在大振幅的范围上工作。另一方面，为了使它在高频率下能保证准确度，操作几乎必须瞬间就完成。加博尔声称他的乘法器的频率范围可以达到1000个循环。在他为伦敦大学帝国理工学院电气工程教授席位撰写的论文中，他没有明确说明他的乘法方法有效的振幅范围，也没有明确说明需要获得的准确度。我迫切想得到这些属性的明确阐述，以便我们可以对乘法器进行适当评估，从而在依赖它的其他装置中使用。

在所有这些装置中都有一个仪器，能基于过去的经验使它呈现出特定的结构或功能，这种装置引发了工程学和生物学领域中一种非常有趣的新态度。在工程学中，有类似特性的装置不仅可以用于游戏和执行其他有目的的行为，而且可以在过去经验的基础上不断提高性能。我将在本书第九章讨论其中的一些可能性。在生物学上，我们至少可以模拟某些反映生命核心现象的内容。遗传之所以成为可能，细胞之所以能繁殖，必须靠细胞中携带遗传信息的成分（所谓的基因）能够构建出与其自身类似的携带遗传信息的结构。因此，对于我们来说，拥有这样一种方法，使工程结构可以生产出具有与其自身功能相似的其他结构，将是非常令人兴奋的事。我会在第十章专门讨论这一点，特别是讨论给定频率的振荡系统如何将其他振荡系统降低到相同频率。

人们常常认为，以现有分子的形象生成任何特定类型的分子，都与在工程中使用模板的情形相仿，我们在工程中可以使用机器的功能元件为模板制作另一个类似元件。模板的图像是静态的，因此必须存在某种流程，使得基因分子可以根据它自身来制作另一个基因分子。我给出的初步建议是，可以用频率，比如说分子光谱的频率，作为携带生物物质特性的模板要件；而且基因的自组织性可能是频率自组织的一种表现，这一点留待后续讨论。

我已经对学习机进行了大致描述。接下来，我将专门安排一章来更详细地讨论这些机器和其潜力以及在使用它们时所面临的一些问题。在此，我想发表一些概括性的意见。

正如第一章将谈到的那样，学习机的概念与控制论本身一样源远流长。对于我所描述的防空预警器，即在任意给定时间内使用预警器的线性特性，取决于长期以来我们对所要预测到的时间序列系综的统计数据的熟悉程度。虽然这些特性的知识可以根据我在此处给出的原理以数学方式计算出来，但完全有可能根据已经由机器（与用于预测的机器相同）观察并自动计算得出的经验，设计一台计算机来计算这些统计数据，并确定预警器的短期特征。这可能远远超出了纯线性预警器的范畴。在卡里安普尔、马萨尼、阿库托维奇和我本人所著的多篇论文[1]中，我们已经发展了一种非线性预测的理论，它至少可以通过长期观察，以类似方

〔1〕Wiener, N., and P. Masani, "The Prediction theory of multivariate stochastic processes," part I, *Acta Mathemation*, 98：111-150（1957）；part II, *ibid*, 99：93-137（1958）. Alsowiener, N., and E. J. Akutowicz "The Definition and Ergodic Properties of the Stochastic ad Joint of a Unitary Transformation," *Rendiconti del Circolo Matematicodi palermo*, Ser. II, VI, 205-217（1957）.

式进行机械化，为短期预测提供统计基础。

线性预测理论和非线性预测理论均涉及预测拟合优度的一些准则。最简单的准则（尽管绝不是唯一可用的准则），就是使误差均方最小化。这个准则以一种特殊的形式与我用于构造非线性装置的布朗运动的泛函[1]有关，因为我创建的各种项具有某些正交性。确保这些项有限数量的部分和，就是待模拟装置的最优模拟。如果要保持误差的均方准则，则可以通过这些项来进行模拟。加博尔教授的工作也依赖于均方误差准则，但以更通用的方式，适用于通过经验获得的时间序列。

学习机的概念可以扩展到远远超出其对预警器、过滤器和其他类似装置的使用范围。这对于研究和制造跳棋这样的竞技游戏机器来说尤其重要。塞缪尔[2]和渡边[3]已经在国际商业机器公司（IBM）的实验室完成了这方面的重要工作。就过滤器和预警器的情况而言，时间序列的某些函数是根据这类可以扩展的函数创建的。这些函数可以对游戏胜利所依赖的一些重要的量进行数值评估。例如，它们包括双方棋子的数

---

〔1〕泛函，是以函数构成的向量空间为定义域、实数为值域的"函数"，依赖于其他一个或者多个函数确定其值的量，往往称做"函数的函数"。在泛函分析中，泛函也可以指一个从任意向量空间到标量域的映射。泛函中一类特殊途线性泛函促成了对对偶空间的研究。泛函的应用可追溯至变分法，但通常需寻找一个函数使某个特殊泛函最小化。——译者注

〔2〕Samuel, A. L., "Some Studies in Machine Learning, Using the Game of Checkers," IBM *Journal of Research and Development*, 3, 210-229（1959）.

〔3〕Watanabe, S., "Information Theoretical Analysis of Multivariate Correlation," IBM Journal of Research and Development, 4, 66-82（1960）.

量、棋子的总活动范围、棋子的机动性，等等。在开始使用机器时，这些不同因素被赋予了暂定权重，并且由机器选择总权重取最大值的允许走法。到目前为止，机器仍然在使用僵化的走法程序，尚未成为学习机。

然而，有时机器会承担不同的任务。它试图扩展该函数（即1表示赢局，0表示输局，并且可能用 $\frac{1}{2}$ 表示平局），用于表示机器能够识别的不同方案的各种函数。如此一来，机器重新确定了这些方案的权重，以便能够玩更复杂的游戏。我将在第十章讨论这些机器的一些特性，但在这里我必须指出，机器在10到20个小时的学习和训练后已经足以击败它的程序员。我还计划在那一章讨论在类似机器上所做的一些工作，这些机器被设计用于证明几何定理，并在一定程度上对归纳逻辑进行了模拟。

所有这些工作都是程序设计理论和实践的一部分，麻省理工学院电子系统实验室已进行了广泛研究。在这里人们发现，除非使用一些这样的学习机，否则对严格模式化机器的编程本身就是一项非常困难的任务，而现在我们迫切需要对这种程序进行编程的机器。

既然学习机的概念适用于我们自己制造的那些机器，它同样适用于我们称之为动物的那些有生命的机器。这样，我们就有可能对生物控制论提出新的见解。在许多最近的研究工作中，我想特别推荐斯坦利–琼斯撰写的一本关于生命系统的控制论（请注意"控制论"一词的拼写）[1]

---

〔1〕Stanley-Jones, D., and Stanley-Jones K., *Kybernetics of Natural Systems*, *A Study in Putterns of Control*, Pergamon Press, London, 1960.

的书。 在这本书中，他们高度关注那些维持神经系统工作水平的反馈，以及响应特殊刺激的其他反馈。由于系统水平与特定响应的组合在很大程度上是乘法性的，它因此也是非线性的，并且涉及我们已经提到的那种性质。这个活动领域目前非常活跃，我希望它在不久的将来变得更加活跃。

到目前为止，我给出的记忆机器和自相乘机器的方法，在很大程度上（尽管不完全）依赖于那些具有高度专门化的装置，或者我们可称之为蓝图装置。同一过程的生理方面必须更多地与生物体所特有的机能相符，在生命机体中依照蓝图的过程被另一个不那么具体但是系统能自组织的过程所取代。本书第十章专门讨论了自组织过程的实例，即在脑电波[1]中形成狭窄、具有高度特异性的频率。因此，第十章在很大程度上补充了前一章在生理学方面的内容，我在前一章更多的是在蓝图的基础上讨论类似的过程。在脑波中存在这种谱线很细的频率，以及我关于它们是如何产生的、它们能做什么、它们可能用于什么医学用途的解释，在我看来，这都是生理学上重要的新突破。类似的想法可以运用在生理学的许多其他方面，并且能够对研究生命现象的基本原理做出实际贡献。在这个领域中，我刚才所提的在很大程度上只是计划，而不是已经

---

〔1〕脑电波，由大脑活动状态下许多神经元同步形成的突触后电位相加而成，反映了脑神经细胞的电生理活动在大脑皮层或头皮表面的总体状态。——译者注

完成的工作，但这是一个我寄予了深切厚望的计划。

无论是在初版还是目前这一版，我都没有打算让这本书成为控制论方面中所有成就的纲领。这既不是我兴趣所在，也不是我能力所及。我的目的是表达和扩充我对这门学科的想法，并展示最初引导我进入这个领域的一些想法和哲学思想，正是这些想法和哲学思想让我对这门学科的发展一直感兴趣。因此，这是一本高度个性化的书，书中的很大篇幅用于讲述我自己感兴趣的那些发展，而我自己并未研究过的领域则篇幅相对较少。

在修订这本书时，我得到了多方宝贵的帮助。我必须特别感谢麻省理工学院出版社的康斯坦斯·D. 博伊德（Constance D. Boyd）小姐、东京工业大学的池原鹿夫（Shikao

□ 李郁荣

李郁荣（1904—1989年），广东新会人，1924—1930年在麻省理工学院电机工程系求学期间，经其博士导师布什介绍结识了数学系教授维纳，从此便与之开始了长期的合作，二人设计发明的新电网络装置，即李-维纳网络（Lee-Wiener Network）还获得了美国专利。在这个过程中，二人建立了深厚的友谊。在清华大学，李郁荣和维纳又继续合作，发明了新式继电器，为以后控制论的产生打下了基础。

Ikehara）博士、麻省理工学院电子工程系的李郁荣博士和贝尔电话实验室的戈登·雷斯贝克（Gordon Raisbeck）博士提供的协助。此外，在我撰写这些新的章节时，特别是在第十章的计算中，我介绍了在脑电图研究中表现出来的自组织系统，对此我需要感谢我的学生约翰·C. 科泰利（John C. Kotelly）和查尔斯·E. 罗宾逊（Charles E. Robinson），尤其是马萨诸塞州综合医院的约翰·巴洛（John S. Barlows）博士给我的帮助。

索引部分由詹姆斯·W. 戴维斯（James W. Davis）完成。

如果没有以上人士的一丝不苟和大力支持，我可能既没有勇气，也无法准确地提供一个全新的修订版。

诺伯特·维纳

马萨诸塞州剑桥市

1961年3月

目 录 CONTENTS

第二部分 PART TWO

附　录　人有人的用处：控制论与社会

PART ONE

第 一 部 分

导　言

这本书代表了我与阿图罗·罗森布鲁斯[1]博士（当时他在哈佛医学院、现在在墨西哥国立心脏病研究所）历经十余年共同开展的一项工作计划的成果。在那些日子里，作为已故沃尔特·布拉德福·坎农博士的同事和合作者的罗森布鲁斯博士，每月都要举行一系列关于科学方法的研讨会，与会者大多是哈佛医学院的年轻科学家。我们通常聚集在范德比尔特大厅的圆桌旁共进晚餐，谈话气氛热烈而奔放。在这里，每个人不需鼓励就能畅所欲言，也不会有人摆架子。饭后，通常由我们的小组成员或者受邀嘉宾读一篇关于某个科学主题的文章，其中的方法论问

□ 童年的维纳

维纳从小智力超常，3岁就能读写，只用了3年就读完了中学，是当地有名的"神童"。

---

〔1〕阿图罗·罗森布鲁斯（Arturo Rosenblueth，1900—1970年），墨西哥医师、生理学家、控制论的先驱人物，曾担任哈佛大学生理学教授、美国国立心脏病研究所生理学实验室主任，专注于神经冲动传递、突触传递、大脑皮层的生理学等领域的研究，合撰的《行为、目的和目的论》为控制论理论奠定了基础。——译者注

□ **塔夫茨大学**
　　塔夫茨大学建于1852年。1906—1909年，维纳在这所不太起眼但又具有良好文化氛围的大学的数学系学习。选择塔夫茨大学是因为维纳的父亲认为作为神童的维纳在这里学习，可以避免过于惹人注目而招致妒忌或排斥。

题是首要考虑因素，或者至少是主要的考虑因素。演讲者不得不接受尖锐的抨击，出自善意但毫不留情。这样可以净化不成熟的想法、不充分的自我批评、过度的自信和浮夸。那些没有胆量的人退出了，

但在昔日经常参加这些会议的人中间，多数人都认为这种磨炼对我们科学的发展做出了重要而持久的贡献。

　　并非所有与会者都是医师或医学家。曼努埃尔·桑多瓦尔·瓦拉尔塔[1]博士作为我们小组中非常稳定的一员，对讨论提供了很大的帮助。他和罗森布鲁斯博士一样是墨西哥人，同时也是麻省理工学院物理学教授，是我在第一次世界大战后来到麻省理工学院学院时的第一批学生之一。瓦拉尔塔博士过去常带领他在麻省理工学院的一些同事参与这些研

　　〔1〕曼努埃尔·桑多瓦尔·瓦拉尔塔（Manuel Sandoval Vallarta，1899—1977年），墨西哥物理学家，曾担任麻省理工学院、墨西哥国立自治大学物理研究所的物理学教授，研究初级宇宙辐射理论，并将其应用于研究太阳磁场和银河系旋转的影响，开展实验证明宇宙射线由质子组成。——译者注

讨会，在其中的一场会议上，我第一次见到了罗森布鲁斯博士。很长一段时间以来，我一直对科学方法感兴趣，事实上，我曾在1911—1913年间一直参与约西亚·罗伊斯[1]就该主题在哈佛举办的研讨会。此外，我们认为必须有一个能够对数学问题进行批判性研究的人在场。因此，我成了这个小组的积极分子，直到1944年，罗森布鲁斯博士访问墨西哥，战争带来的普遍混乱导致这一系列会议未能继续。

多年来，罗森布鲁斯博士和我一直坚信，科学发展中最富有成果的领域，是在各个既定领域之间被忽视的无人区。自莱布尼茨[2]以后，也许再没有人能够完全掌握他那个时代的所有知识活动了。从那时起，科学发展越来越成为专家的任务，在各个领域中都呈现出日渐狭隘的趋势。一个世纪以前，虽然没有莱布尼茨，但是出现了高斯[3]、法拉第[4]和

---

[1] 约西亚·罗伊斯（Josiah Royce, 1855—1916年），美国哲学家、美国唯心主义的奠基人。他认为实践生活是哲学思想价值的导向和决定因素，将现实描述为一个由思想或符号组成的宇宙，在伦理学、社区哲学、宗教哲学和逻辑方面做出了独特贡献。其主要著作包括《哲学的宗教方面》《世界与个人》《忠诚的哲学》《基督教的问题》。——译者注

[2] 戈特弗里德·威廉·莱布尼茨（Gottfried Wilhelm Leibniz, 1646—1716年），德国哲学家、数学家，罕见的通才，被称为"十七世纪的亚里士多德"。他独立发明微积分，并对二进制的发展做出贡献。其哲学成果预示着现代逻辑学和分析哲学的诞生，对物理学的发展产生了深刻影响。——译者注

[3] 约翰·卡尔·弗里德里希·高斯（Johann Carl Friedrich Gauss, 1777—1855年），德国数学家、物理学家、天文学家、大地测量学家，被认为是那个时代最重要的数学家之一。他发现最小二乘法，发现了质数分布定理，成功获得高斯钟形曲线（正态分布曲线），其函数被称为标准正态分布（或高斯分布），常用于概率计算。——译者注

[4] 迈克尔·法拉第（Michael Faraday, 1791—1867年），英国物理学家，在电磁学及电化学领域做出了大量重要贡献。——译者注

□ 维纳获得博士学位

1913年，18岁的维纳以一篇关于数理逻辑的论文获得了哈佛大学的哲学博士学位。在学位的授予仪式上，执行主席见他一脸稚气，便当众询问他的年龄。维纳的回答十分巧妙："我今年岁数的立方是个四位数，岁数的四次方是个六位数，这两个数正好把0~9这10个数字全用上了，不重不漏。这意味着全体数字都向我俯首称臣，预祝我将来在数学领域里一定能干出一番惊天动地的大事业。"维纳此言一出，满座皆惊，无不被他奇妙的回答所深深吸引。

达尔文。今天，很少有学者可以不受限制地称自己为数学家、物理学家或生物学家。一个人只可以是拓扑学家，或声学家或鞘翅目昆虫学家。他可能充分掌握所在领域的术语，并且了解所有相关文献和所有分支。但他经常会将紧密相关的学科视为走廊上隔着三扇门的房间里其他同事的工作范围，并且认为如果自己对该学科产生任何兴趣，都是无理侵犯他人地盘的行为。

这些专业领域不断发展，并不断侵入新的领域。结果就像美国拓荒者、英国人、墨西哥人和俄罗斯人同时入侵俄勒冈州时发生的情况一样——大家都来探索、命名和立法，纠缠不清。正如我们将在本书正文中讨论，对某些科学工作领域而言，我们从纯数学、统计学、电气工程和神经生理学等不同角度探索它；其中每个单独的概念都被不同方面分别给出不同名称，并且其中一些重要工作已被重复了三四次。与此同时，另有一些重要的工作则由于得不到结果而被推迟，而这些成果可能已经成为临近领域的经典。

正是学科的边缘地带，为有能力的研究人员提供了丰富的机会。同时，它们也是公认的最难用集体攻击和劳动分工对付的目标。如果某个生理问题的难点本质上是数学的，那么十个不懂数学的生理学家的成绩将和一个不懂数学的生理学家的一样，不会再多。如果一个不懂数学的生理学家和一个不懂生理学的数学家合作，那么其中一个人将无法用另一个人熟练使用的术语来陈述他的问题，而另一个人也无法以第一个人可以理解的任何形式给出答案。罗森布鲁斯博士一直坚持认为，要想对科学地图上的空白区域进行适当勘探，只有一个科学家团队才能做到。其中，每个科学家都是各自领域的专家，但同时每个人又对相邻领域有着完全可靠的、训练有素的了解；所有人都习惯于彼此合作，了解彼此的知识专长，并在同事正确表述新建议之前就能认识到它的重要性。数学家不必具备进行生理实验的技能，但他必须具备理解、批评、建议一项生理学实验的技能。生理学家也无须能够证明某个数学定理，但他必须能够掌握其生理学意义，并告知数学家他应该注意什么。多年来，我们一直梦想着成立一个由独立科学家（而不是作为某个伟大行政官员的下属）组成的团队，他们因共同的愿望（实际上是精神上的需要），即从整体上了解这个领域并相互借助这种理解的力量，从而共同研究该学科的边缘地带。

早在我们选定共同的研究领域和确定各自分工之前，我们就已经在这些问题上达成了一致。促成这一新举措的决定性因素是战争。很久之前我就认识到，如果出现全国性的紧急情况，我在其中的作用将主要取决于两件事：我与万尼瓦尔·布什博士开发的计算机程序的密切联系，以及我与李郁荣博士在电网设计方面的合作。事实证明，这两件事都

□ **万尼瓦尔·布什**

万尼瓦尔·布什（Vannevar Bush，1890—1974年），美国工程师、发明家、科学行政人员，被誉为"大科学的先驱"。第二次世界大战期间布什担任美国科学研究与开发办公室负责人，参与了雷达研发、曼哈顿计划的制定和早期实施。布什与维纳早年在麻省理工学院工作时合作密切，曾共同开发了多个计算机程序。

很重要。1940年夏天，我将大部分精力放在了求解偏微分方程的计算机的发展上。我一直对这些感兴趣，并且我相信，与布什博士通过微分分析器[1]完美处理的常微分方程相比，它们的主要问题在于多变量函数的表示。我还相信，如电视采用的过程那样，通过扫描即可回答这个问题。事实上，通过引入这些新技术，电视对于工程设计注定要比作为一个独立的行业更有用。

很明显，与常微分方程问题中的数据量相比，任何扫描过程都必须大大增加其所处理的数据量。为了在合理的时间内呈现合理的结果，有必要将基本过程的速度推向最大值，并避免较慢的步骤中断这些过程的连续性。同时还必须以如此高的准确度执行各个过程，确保基本过程的大量重复不会使累积误差大到超出所有准确度范围。因此，我提出了以下要求：

1. 计算机核心部分的加法和乘法装置应该是数字的，就像在普通加

---

〔1〕微分分析器是首台用于求解微分方程的机械式计算机，通过一系列电机驱动、借助齿轮转动角度模拟计算的结果，被视为电子计算机的先驱。——译者注

法机中一样，而不是像布什微分分析器那样以度量为基础。

2. 这些本质上是转换装置的机械装置，应该依靠电子管而不是齿轮或机械继电器来实现，以确保更快速的动作。

3. 根据贝尔电话实验室现有的一些仪器所采取的策略，在仪器上采用二进制而不是十进制进行加法和乘法可能更经济。

4. 整个操作顺序都由机器本身执行，如此一来，从输入数据到得出最终结果都不会受到人为干预，而且所有必要的逻辑决策都应内置于机器本身。

5. 机器应内置数据存储装置，确保快速记录、可靠保存数据直至擦除；它能快速读取、快速擦除数据，并立即用于新数据的存储。

已将这些建议，连同实现它们的方法的初步建议，递交给万尼瓦尔·布什博士，以供在战争期间使用（如有可能）。在当时的备战阶段，这些建议似乎没有获得足够高的优先级，使其得到重视并立即采取措施。尽管如此，它们还是代表了已经融入现代超高速计算机中的思想。这些概念与当时的思想精神高度吻合，我一点也不希望声明自己对它们的引入作出的贡献。无论如何，它们已被证明是有用的，我希望我的这份备忘录能在工程师中普及它们具有一定的作用。正如我们将在本书正文中看到的那样，它们都是与神经系统研究相关的有趣想法。

这项工作就这样被提上日程，虽然未被证明徒劳无功，但它并没有导致罗森布鲁斯博士和我本人立即对其开展任何研究。我们的实际合作源于另一个项目，该项目同样是为了上次战争的目的而开展的。战争开始时，德国在航空领域的优势和英国的防御姿态，使许多科学家的注意

□ 大型模拟计算机微分分析器的一部分

布什微分分析器被誉为"电子计算机的先驱"。在第二次世界大战中，布什曾启用微分分析器来帮助计算炮弹弹道，并对美国最早的数字计算机进行了研究，这在客观上促进了计算机时代的来临。

力转向了高射炮的改进。但显而易见，甚至在战前，飞机的高度已经使所有关于射击方向的经典方法变得不合时宜，有必要在控制装置中内置所有必需的计算。飞机与我们之前遇到的所有目标不同，飞机的速度比用来击落它的导弹的速度低不了多少，这一情况带来了很大困难。因此，极其重要的一点是，射出炮弹时，不是将导弹瞄准目标，而是确保导弹和目标在未来某个时间某个空间可能相遇。因此，我们必须找到某种方法来预测飞机未来的位置。

最简单的方法是沿一条直线扩展飞机当前的航向。这有很多值得推荐的理由。飞行中的重复路径和曲线运动越多，飞机的有效速度就越低，可用于完成任务的时间就越短，在危险区域徘徊的时间就越长。在其他条件相同的情况下，飞机将尽可能沿直线飞行。然而，等到第一枚炮弹出膛时，其他情况就不一样了，飞行员可能会以曲折路径前进、翻筋斗或用其他方式规避。

如果这些飞行的动作完全受飞行员支配，并且飞行员可以明智地利用这次机会，正如我们对优秀的扑克玩家所预期的那样，那么他有非常多的机会在炮弹到达之前修改预期位置，这样的话，我们就不能准确地计算出将它击中的概率，除非出现大量密集射击的情况。实际上，飞行员并不能完全随心所欲。只提一件事：他是在一架高速飞行的飞机上，任何突然偏离飞机航向的行为都会产生加速度，使他失去知觉，并可能使飞机解体。此外，他也只能通过操作他的控制面板控制飞机，而新的飞行姿态需要一定的时间才能适应。甚至在新的飞行姿态下，也只是改变了飞机的加速度，而这种加速度的变化必须先转化为速度的变化，再转化为位置的变化，才能最终生效。此外，在紧张的战斗状态下，飞行员几乎没有精力作出任何复杂和不受约束的主动行为，而是很可能遵循他所受训的活动模式。

所有这些都使对飞行曲线预测问题的研究变得有价值，无论其结果对涉及这种曲线预测的控制装置的实际使用被证明是否有利。要对曲线的未来进行预测，就要对其过去进行某种运算。真正的预测算符不可能通过任何可构造的装置来实现；但是有些算符能对它作一定的模拟，而且事实上，它们可以通过可构造的装置来实现。我向麻省理工学院的塞缪尔·考德维尔[1]教授建议，表示这些算符似乎很值得一试，他立即建议我们在布什博士的微分分析器上做试验，用它作为预期火控装置的现

---

[1]塞缪尔·考德维尔（Samuel H. Caldwell, 1904—1960年），美国电气工程师，对早期计算机研究有重大贡献。——译者注

成模型。我们付诸了行动，相关结果将在本书正文中讨论。无论如何，我发现自己参与了一个战争项目，其中朱利安·毕格罗[1]先生和我搭档，共同研究预测理论和体现这些理论的装置的构造。

可以看出，这是我第二次从事旨在代替人类特殊功能的机电系统的研究——第一次是执行复杂的计算模式，第二次是对未来的预测。在第二次研究中，我们不应回避讨论某些人类功能的执行情况。在一些火控装置中，指向目标的原始脉冲确实是通过雷达直接输入的，但更为常见的是，火控系统中有枪支瞄准器或枪支训练器，或两者兼而有之，并作为它的重要组成部分。必须了解它们的特性，才能以数学的方式将它们整合到它们控制的机器中。此外，它们的射击目标——飞机，也是人工控制的，因此需要了解其机动特性。

毕格罗先生和我得出的结论是：随意活动中一个极其重要的因素是控制工程师所说的反馈。我将在适当的章节中详细讨论这个问题。这里只需说明，如果我们希望一个运动遵循给定模式，应将此模式与实际运动之间的差值当作新输入值去调节该运动，使受控部件以更接近给定模式的路径。例如，船舶上有一种装置叫转向舵，它将舵轮的读数传递给

---

[1] 朱利安·毕格罗（Julian H. Bigelow，1913—2003年），美国计算机工程师、业余飞行员。1943年他与维纳等合著关于控制论和现代目的论的创始论文《行为、目的和目的论》，促使成立目的论学会和举办后来的梅西会议。他制造的类 IAS 机器成为随后几乎所有通用计算机的原型。——译者注

与舵柄相连的一个偏置上，通过这个偏置调整转向舵各阀门，使舵柄以特定方式移动，从而使这些阀门关闭。因此，舵柄发生转动时，就使阀门调节偏置的另一端出现在船舶中部，并以这种方式将舵轮的角位置记录为舵柄的角位置。显然，任何阻碍舵柄运动的摩擦力或其他延迟力都会增加一侧阀门的蒸汽进入量，同时减少另一侧阀门的蒸汽进入量，这样就使转矩增大，从而使舵柄移动到合适的位置。因此，这个反馈系统就使转向舵的性能与负荷保持相对独立。

另一方面，在一定的时间延迟等状态下，过于粗率的反馈将使方向舵越位，随之而来的反方向的反馈，将使方向舵越位得更厉害，直到转向机构进入剧烈振荡或摆动，及至完全失灵。在类似麦克科尔等所著的书[1]中，有关于反馈的精确论述，说明反馈在什么条件下有利，在什么条件下会失灵。我们可以从量化的角度，非常透彻地理解这一现象。

现在，假设我捡起一支铅笔。要执行这动作，我必须移动某些肌肉。然而，除了少数解剖学专家之外，普通人并不清楚这些肌肉具体是哪些；即使对解剖学专家来说，也只有极少数人（如果有的话），能够通过主动意愿，连续收缩每块相关肌肉来完成这个动作。相反，我们的目标是捡起铅笔。一旦确定了这一点，我们的动作就会以这样一种方式进行，简单地说就是，尚未捡起的铅笔的体积量会在各个阶段逐步减少。

---

〔1〕MacColl，L. A.，*Fundamental Theory of Servomechanisms*，Van Nostrand，NewYork，1946.

这一部分动作并非完全有意识的。

要以这种方式执行动作，首先必须有意识或无意识地向神经系统发送报告，说明在每个瞬间尚未捡起的铅笔的体积量。如果我们把目光放在铅笔上，那么这个报告可能是视觉的，至少部分如此，但它更普遍地是动觉的，或者用现在流行的一个词来说，是本体感受的。如果缺乏本体感觉，并且我们没有用视觉或其他替代物来代替它们，那么我们将无法执行捡起铅笔的动作，并且发现自己处于所谓的共济失调[1]状态。这种类型的共济失调很常见，以被称为脊髓痨的中枢神经系统梅毒的形式存在，其中脊髓神经传递的运动觉[2]遭受到一定程度的破坏。

然而，对于有组织的活动来说，过度反馈很可能与不完全反馈一样，造成严重阻碍。鉴于这种可能性，毕格罗先生和我向罗森布鲁斯博士提出了一个特殊的问题。是否存在这样一种病理状态：患者在尝试执行某些自发行为（如捡起铅笔）时，超出标记范围，进入一种无法控制的振荡？罗森布鲁斯博士立即回答我们，有这样一种众所周知的疾病，称之为目的性震颤，通常与小脑损伤有关。

---

〔1〕共济失调，一种神经疾病，患者特征为行动笨拙、缺乏规律。失调可以泛指中枢神经系统、周围神经系统任何一环出状况表现出的病征，如掌管运动和平衡能力的小脑。——译者注

〔2〕运动觉，又称运动感觉，指对身体各部位的位置和运动状况的一种感觉，即肌肉、腱和关节的感觉，反映了身体各部位的位置、运动及肌肉的紧张程度，是表示内部感觉的一种重要形态。——译者注

我们由此找到了最重要的证据，来支撑我们对某些自发性活动性质的猜想。值得注意的是，我们的观点远超当前神经生理学家流行的观点——中枢神经系统不再是接受来自感官的信息输入并将之释放到肌肉的独立器官。相反，它一些最典型的活动只能解释为循环过程：从神经系统进入肌肉，再通过感觉器官[1]（本体感受器或特殊感觉器官）重新进入神经系统。我们认为这似乎标志着这部分的神经生理学研究进入了新的阶段，它不仅涉及神经和突触的基本过程，还涉及神经系统作为一个整体的性能。

我们三人认为，值得写一篇论文来阐述这个新观点，因此我们将其付诸笔端并最终发表[2]。罗森布鲁斯和我预料到这篇论文可能只是针对大量实验工作的方案声明，因此我们决定，如果我们关于跨学科研究的计划能够实现，那么本课题几乎是我们这项活动最理想的中心内容。

在通信工程方面，毕格罗先生和我本人都清楚，控制工程的问题和通信工程的问题密不可分，不论信息是通过电子、机械还是神经方式传输，它们不仅是电气工程技术的中心，而且是以信息更基本的概念出发

---

[1] 感觉器官是涉及感受器、神经通道和大脑皮层感觉中枢的生理构造。感受器可使刺激的物理化学特性转化成神经冲动；神经通道可用于传输神经冲动、在不同的传输阶段实行选择性加工；大脑皮层感觉中枢可用于得到感觉经验。——译者注

[2] Rosenblueth, A., N. Wiener, and J. Bigelow, "Behavior, Purpose, and Teleology," *Philosophy of Science*, 10, 18–24（1943）.

□ **维纳获得塔夫茨大学荣誉学位**

　　塔夫茨大学自1858年以来一直授予杰出人士荣誉学位。1946年，维纳获得了该荣誉学位。

点展开。信息是在时间上分布的可测量事件的离散或连续序列——这正是统计学家所谓的时间序列。对信息未来的预测，是由某种算符根据过去的信息来完成的，与该算符是通过数学计算方案还是通过机械装置或电气装置实现的具体过程无关。在此，我们发现，最初设想的理想预测机制受到两类错误的困扰，这些错误在本质上基本互为对立。虽然最初设计的预测装置可以预测到极其平滑[1]的曲线，并达到任何理想的近似程度，但是要实现这种精细程度，总是以增加灵敏度为代价。装置对于平滑曲线越适用，它就越会因为平滑度的微小偏差而陷入振荡，并且这种振荡消失所需的时间就越长。因此，为了很好地预测平滑曲线，与获得粗糙曲线的最优预测相比，前者所需的装置似乎应该更精细、更灵敏，并且对于特定情况使用的特殊装置而言，其选择取决于待预测现象的统计性质。这对相互作用的误差类型似

〔1〕在统计学和图像处理中，平滑是通过成立近似函数从而试图捕获数据中的主要模式，消除噪声、结构细节或瞬时现象，可以获得更平滑的信号。——译者注

乎与海森堡[1]量子力学[2]中形成鲜明对比的位置和动量测量问题有一些共同之处，具体参见他的不确定性原理[3]的描述。

我们一旦清楚地认识到，最优预测问题的解决只能通过待预测的时间序列的统计数据来获得，就不难将预测理论中原本看似难以解决的问题转化为实际用于解决预测问题的有效工具。对某个时间序列的统计数据做出假设以后，可以通过给定的方法和给定的线索，推导出针对该预测的均方误差的显式表达式。有了这个公式，我们就可以将最优预测转化为确定一个特定算符的问题，而确定的结果应依赖于将该算符的特定正数减少到最小。这类最小化问题属于公认的数学分支，即变分法，并且该分支还提供了公认的方法。借助于这种方法，针对时间序列未来走向的预测问题，我们能够基于其统计性质，获得明确的最优解决方案，甚至可以通过可构造装置，让这种解决方案得到物理实现。

我们一旦做到了这一点，至少工程设计的一个问题就将呈现全新的面貌。通常情况下，工程设计被认为是一门技术，而不是科学。通过将

---

〔1〕维尔纳·海森堡（Werner Heisenberg，1901—1976年），德国物理学家、量子力学创始人、哥本哈根学派代表人物，因"创立量子力学以及因此造成的氢的同素异形体的发现"而荣获1932年度诺贝尔物理学奖，主要贡献在于确定量子力学的矩阵形式，创立不确定性原理和S矩阵理论。——译者注

〔2〕量子力学主要描述微观物质，如原子、分子等的属性，它与相对论一起构成现代物理学的两大支柱。——译者注

〔3〕不确定性原理指不可能同时确定粒子的位置与动量，两者的不确定性成反比。——译者注

此类问题简化为最小化原则问题，我们在更加科学的基础上建立了这门学科。我们突然意识到，这不是一个孤立的事件，而是存在于整个工程设计领域，其中类似的设计问题可以通过变分法来解决。

我们用同样的方法控制和解决了其他类似问题。其中之一包括滤波器设计的问题。我们经常发现，信息常受背景噪声的干扰。接下来，我们面临的问题是通过应用损坏信息的算符，恢复原始信息、基于给定线索的信息，或由给定滞后修改的信息。对于该算符和实现该算符所用的装置而言，其最优设计取决于信息和噪声各自以及结合在一起后的统计性质。因此，在滤波器的设计过程中，我们已经用具有充分科学依据的做法取代了之前的经验性和相当随意的做法。

通过这样的操作，我们就把通信工程设计成了一门统计科学，成为统计力学的一个分支。一个多世纪以来，统计力学的概念确实已经渗透到科学的各个分支。可以看到，统计力学在现代物理学中占据了主导地位，这对于解释时间的本质有着非常重要的意义。然而，就通信工程而言，统计因素的重要性是显而易见的。信息的传递是不可能的，除非将其作为替代信息的传递。如果传递一个偶然事件，那么完全不发送消息，就可以实现最有效的发送，尽可能地减去不必要的麻烦。只有当所传递的消息不断发生变化，而变化的方式不完全由消息的过去决定时，才能发挥电话和电报应有的作用，并且只有当这些消息的变化符合某种统计规律时，才能有效地被设计出来。

为了解释通信工程的这方面内容，我们必须开发一种关于信息量的统计理论，其中单位信息量是在具备同等可能性的备选方案之间作为单一决策传输的信息量。几位作者几乎同时产生了这个想法，其中包括统计学家 R. A. 费雪[1]、贝尔电话实验室的香农[2]博士和我本人。费雪研究这门学科的动机来源于经典统计理论；香农博士的研究动机来源于信息编码的相关观点；而我的研究动机则源于电子滤波器中的噪声和信息的观点。顺便说一句，我在这方面的一些推测与俄罗斯柯尔莫哥洛夫[3]的早期作品[4]有关，尽管我的相当一部分工作是在我注意到俄罗斯学派的作品之前完成的。

　　信息量的概念非常自然地与统计力学中的一个经典概念熵相关联。正如系统中的信息量是对系统有序程度的量度一样，系统的熵也是对系

---

　　[1] 罗纳德·爱尔默·费雪（Ronald Aylmer Fisher，1890—1962年），英国统计学家、遗传学家、演化生物学家、现代统计学与现代演化论的奠基人。他的著作《研究者的统计方法》（*Statistical Methods for Research Workers*）和《实验设计》（*The Design of Experiments*）建立了实验设计法的基础，被多次翻译与再版。他提出了最大概似估计、充分统计量、费雪线性判别等统计概念。——译者注

　　[2] 克劳德·艾尔伍德·香农（Claude Elwood Shannon，1916—2001年）美国数学家，密码学家、电子工程师，被称为信息论的创始人。他1938年发表的论文 "*A Symbolic Analysis of Relay and Switching Circuits*"，将布尔代数应用于电子领域，为数字电路设计奠定了理论基础；1948年发表的论文《通信的数学原理》奠定了现代信息理论的基础。——译者注

　　[3] 安德雷·尼古拉耶维奇·柯尔莫哥洛夫（A. N. Kolmogoroff，1903—1987年），俄国数学家，他认为概率论作为数学学科和几何、代数一样，应该从公理开始建设。——译者注

　　[4] Komogoroff, A. N., "Interpolation und Extrapolation von stationären Zufälligen Folgen," *Bull. Acad. Sci. U. S. S. R.*, Ser. Math. 5, 3–14（1941）.

统无序程度的量度；二者的关系只是一方是另一方的负数。这种观点引导我们对热力学第二定律[1]产生了一定思考，并对所谓的麦克斯韦妖[2]的可能性问题进行了研究。此类问题在酶和其他催化剂的研究中独立地产生，它们的研究对正确理解生命的新陈代谢和繁殖等基本现象至关重要。生命的第三种基本现象：应激性，则属于传播理论的范畴，可以归入我们刚才讨论的那组概念[3]。

因此，早在四年前，我和罗森布鲁斯博士的科学家小组就已经意识到，以通信工程、控制论和统计力学为中心的一系列问题在本质上是统一的，无论这些是机器还是生物组织中的问题。另一方面，由于针对这些问题的文献缺乏统一性，没有任何通用术语，甚至没有该领域的专有名词，我们的工作严重受阻。经过深思熟虑，我们得出结论：现有的所有术语都过于偏向一方或另一方，无法为该领域的进一步发展做出应有贡献；就像科学家经常遇到的那样，我们被迫创造至少一种新的、人造的希腊语表达式来填补这个空白。我们决定将这个关于既是机器又是生物控制和通信理论的整个领域都称为控制论。这个名称来源于希腊语

---

〔1〕热力学第二定律是热力学的基本定律之一，指出热力学过程的不可逆性，即孤立系统自发朝热力学平衡方向（熵最大化）演进。——译者注

〔2〕麦克斯韦妖是物理学中设想的妖，可以检测并控制单个分子的运动，由英国物理学家詹姆斯·麦克斯韦于1871年提出，旨在说明违反热力学第二定律的可能性。——译者注

〔3〕Schröinger, Erwin, *What is Life?*, Cambridge University Press, Cambridge, England, 1945.

κυβερνήτης 或 "舵手"。之所以选择这个术语，是因为我们希望以此纪念关于反馈机制的第一篇重要论文，该文章由麦克斯韦[1]于1868年发表[2]，是一篇关于调速器的文章，并且该调速器引申自拉丁语κυβερνήτης。我们还希望提及这样一个事实，即船舶的舵机确实是最早出现、发展最完善的一种反馈机制。

尽管 "控制论" 一词的历史不早于1947年夏天，但我们会发现，用它来指代该领域发展的早期阶段很方便。从1942年左右开始，这门学科在多个方面取得了进展。首先，在毕格罗、罗森布鲁斯和我联合撰写的论文中的思想，由罗森布鲁斯博士于1942年在纽约召开的一次会议上传播，该会议由小乔赛亚·梅西基金会赞助，致力于解决神经系统中的中枢抑制问题。参加该会议的有伊利诺伊大学医学院的沃伦·麦卡洛克[3]博士，他已经与罗森布鲁斯博士和我有过联系，并且热衷于研究大脑皮层的组织。

此时，加入了控制论史上反复出现的一个因素——数理逻辑的影

---

〔1〕詹姆斯·克拉克·麦克斯韦（James Clerk Maxwell，1831—1879年），苏格兰数学家、物理学家。其最大贡献是提出将电、磁、光统称为电磁场现象的麦克斯韦方程组，在电磁学领域的贡献促成了物理学自牛顿之后的第二次统一。——译者注

〔2〕Maxwell, J. C., *Proc. Roy. Soc.*（*London*），16，270–283，（1868）.

〔3〕沃伦·斯特吉斯·麦卡洛克（Warren Sturgis McCulloch，1898—1969年），美国神经科学家、控制论学者，其研究涉及控制论、人工神经网络、生物物理学、计算机科学，最著名的是对电脑理论基础的工作和对控制论运动的贡献，提出了阈值逻辑（以数学算法为基础的计算模型）和等级制度。——译者注

□ **莱布尼茨纪念银币**

　　1966年，德意志民主共和国为纪念莱布尼茨逝世250周年而发行了50000枚面值为20马克纪念银币。左（上）图为银币正面；右（上）图为银币背面，印有莱布尼茨头像。

响。如果让我从科学史中选择一位控制论的守护神，我会选择莱布尼茨。莱布尼茨的哲学围绕两个密切相关的概念——普遍符号论和推理演算概念展开。当今的数学符号和符号逻辑就是从这里衍生而来。

现在，正如算术演算经历了从算盘和台式计算机发展到当今的超高速计算机的机械化过程一样，莱布尼茨的微积分推理器也包含了推理机械的萌芽，即理解机。事实上，莱布尼茨本人和他的前辈帕斯卡[1]一样，热衷于用金属制造计算机。因此，同样的智力冲动推动了数理逻辑的发展，同时也推动了思维过程的理想或实际机械化，就根本不足为奇了。

　　我们可以遵循的数学证明，是一种可以用数量有限的符号编写的。事实上，这些符号可能会引发无穷的概念，这一点我们可以通过有限次

---

　　〔1〕布莱士·帕斯卡（Blaise Pascal，1623—1662年），法国神学家、数学家、物理学家、化学家。他的早期研究主要集中于自然和应用科学，对机械计算器的制造和流体的研究产生卓越贡献，拓宽了托里切利的研究范围，阐明了压强与真空的概念。——译者注

的相加总结出来，就像在数学归纳法的情况下，我们可以证明一个仅含
参数 n 的定理，其中为 $n=0$，并且可证明了条件 $n+1$ 来自条件 n，从而
就证明了所有正值 n 的定理成立。此外，我们的演绎机制的运算法则在
数量上必须是有限的，尽管它们因为与无穷的概念有联系从而看起来
并非如此，但无穷的概念本身可以用有限的术语来表述。总而言之，就连
对希尔伯特[1]这样的唯名论[2]者以及外尔[3]这样的直觉主义[4]者
来说，数学逻辑[5]理论的发展所受到的限制与计算机性能所受到的限制
相同。正如稍后看到的那样，我们甚至可以用这种方式来解释康托尔悖

---

〔1〕大卫·希尔伯特（David Hilbert，1862—1943年），德国数学家，在19世纪末和20世纪
初颇具影响力，研究涉及代数数域、变分法、物理学和数学基础等多个方面，提出大量思想观
念（如希尔伯特基底定理、公理化几何、希尔伯特空间等），因而被称为"数学世界的亚历山
大"。——译者注

〔2〕作为形而上学的观点，唯名论源于古希腊柏拉图学派，经中世纪欧洲经院哲学家发展，
长期成为哲学探讨的重心。旨在分析事物的概念（共相）与实际事物之间的关系及其出现的先后
顺序，认为现实事物并不存在普遍的本质，而仅存在实质的个体；共相并不是实存，而只是指代
事物属性的名称，因此称为"唯名"。——译者注

〔3〕赫尔曼·克劳斯·胡戈·外尔（Hermann Klaus Hugo Weyl，1885—1955年），德国数学
家、物理学家、哲学家。他师从希尔伯特，引入规范的概念，以埃德蒙德·胡塞尔在《纯粹现象
学通论、纯粹现象学和现象学哲学的观念（Ⅰ）》中提出的现象哲学为基础，进行物理学研究。
外尔从作为物理量度的形式的观点，发展了规范理论，对流形与物理学的几何基础做出了重大贡
献。——译者注

〔4〕直觉主义指的是借助人类的构造性思维活动开展数学研究的方法。它将数学对象看作思
维构造的结果，因此对象的存在性与其构造的可能性相当。——译者注

〔5〕作为数学的分支，数学逻辑是数学基础不可少的构成因素。其研究的内容是将证明
和计算这两个直观概念符号化之后的形式系统，研究的范围是逻辑中可以进行数学模型化的部
分。——译者注

论[1]和罗素悖论[2]。

我曾经是罗素的学生,从他身上受益匪浅。香农博士在麻省理工学院的博士论文中,将经典布尔代数[3]方法应用于电气工程中的开关系统研究。图灵也许是第一个将机器的逻辑可能性作为智力实验进行研究的人,他在战争期间以电子工人的身份为英国政府服务,现在他负责泰丁顿国家物理实验室的现代计算机开发项目。

另一位从数理逻辑领域转向控制论的年轻学者是沃尔特·皮茨[4]。他曾是芝加哥大学卡尔纳普[5]的学生,并与拉舍夫斯基[6]教授及其生物物理学派有过接触。顺便说一句,这个学派对引导具有数学头脑的人关注生物科学做出过卓越贡献,尽管在我们中的一些人看来,他们好像

---

　　[1] 作为集合论的一个定理,康托尔悖论由格奥尔格·康托尔于1899年提出,认为不存在最大基数,因而"无限大小"的搜集本身是无限的。和多数数学悖论一样,它实际上并不矛盾,而是对无限本质和集合概念前提下错误直觉的反应,该悖论已在各个公理化集合论中得到解决。——译者注

　　[2] 罗素悖论,由罗素于1901年提出,是一个关于类的内涵问题。迄今为止,该悖论仍未解决,引发了从形式构造、逻辑系统,甚至修正经典二值逻辑等方面的研究,尚未得出公认的消解方法。——译者注

　　[3] 在抽象代数中,布尔代数指的是获取集合运算和逻辑运算根本属性的代数结构(即一组元素和服从定义的公理在这些元素上的运算)。——译者注

　　[4] 沃尔特·皮茨(Walter Pitts, 1923—1969年),美国逻辑学家、计算神经科学家,与沃伦·麦卡洛克共同提出了人工神经网络的概念。——译者注

　　[5] 鲁道夫·卡尔纳普(Rudolf Carnap, 1891—1970年),德裔美籍分析哲学家、经验主义、逻辑实证主义的代表人物,维也纳学派领袖,主要研究逻辑学、数学、语言的概念结构,受到罗素和弗雷格著作的影响。——译者注

　　[6] 尼古拉斯·拉舍夫斯基(Nicolas Rashevsky, 1899—1972年),美国理论物理学家,数学生物学之父。他制定了第一个模型神经网络,专注于生物系统的拓扑结构研究。——译者注

过于受能量、势能问题以及经典物理学方法的支配，以至于无法在神经系统等系统的研究中做到最好，而神经系统不是用能量封闭就能说明的。

皮茨先生有幸受到麦卡洛克的影响，两人很早就开始研究有关突触将神经纤维连接到具有给定综合性能的系统的问题。不同于香农的是，他们使用数理逻辑的方法来讨论本质上是转换的问题。他们增加了香农早期工作中并不突出的因素，尽管图灵的思想确实启发了他们：用时间作为参数，考虑含有循环的网络，以及突触和其他延迟。[1]

1943年夏天，我遇到了波士顿市立医院的莱特文[2]博士，他对神经机制的问题非常感兴趣。他是皮茨先生的密友，这让我熟悉了皮茨先生的工作[3]。他说服皮茨先生到波士顿来，结识了罗森布鲁斯博士和我。我们欢迎他加入我们的团队。皮茨先生于1943年秋天来到麻省理工学院，与我一起工作，并强化他的数学背景知识，以便研究控制论这门新兴学科。当时这门新兴学科刚刚诞生，但尚未命名。

当时，皮茨先生已经对数理逻辑和神经生理学了如指掌，但还没有机会接触很多工程技术方面的知识。尤其是他对香农博士的工作并不熟

---

〔1〕Turing, A. M., "On Computable Numbers, with an Application to the Entschei. dungs-problem," *Proceedings of the London Mathematical Society*, Ser. 2, 42, 230-265（1936）.

〔2〕杰罗姆·莱特文（Jerome Lettvin, 1920—2011年），美国认知心理学家，麻省理工学院教授。他1959年发表的论文 *What the frog's eye tells the frog's brain* 被广泛引用。——译者注

〔3〕McCulloch, W. S., and W. Pitts, "A logical calculus of the ideas immanent innervous activity," *Bull. Math. Biophys*, 5, 115-133（1943）.

□ **真空管组件**

　　真空管因内部真空，有利于电子的流动，也可有效降低灯丝氧化带来的损耗。1904年，弗莱明成功研制出了第一支二极管，三年后，李·德弗雷斯特在二极管的基础上改良，研制出了第一支三极管。三极管是最基础的真空管。图为埃尼阿克（ENIAC）计算机中的真空管组件，由22000个真空管组成。

悉，对电子学的潜能也没有太多了解。我向他展示了现代真空管[1]的样品，并向他解释这些器件是在金属中实现他的神经电路和系统等效的理想方法，他非常感兴趣。从那时起，我们就清楚地认识到，这种依赖于连续转换装置的超高速计算机，是各种神经系统问题的几乎理想的模型。神经元[2]放电的全有或全无特性，恰好类似于在二进制标度上确定一个数字时所做的单一选择，我们不止一个人设想过这就是计算机设计最适当的基础。突触无非是这样一种机制，它用于确定来自其他选定元素的输出的特定组合是否会对下一个元素的放电产生足够的刺激效果，并且必须在计算机

　　[1]真空管，用于控制电路中的电子流动。产生作用的电极被封装于真空容器内，因此取名为真空管。早期真空管内均为真空状态，然而，随着技术发展情况有所变化，产生了充气震荡管、充气稳压管及水银整流管。——译者注

　　[2]作为神经系统的基本结构与功能单位，神经元能够感知环境的变化，然后将信息传递至其余神经元。神经系统约一半由神经元构成，其余大部分为神经胶质细胞。其基本构造包括树突、轴突、髓鞘和细胞核。——译者注

中进行精确模拟。解释动物记忆的性质和种类的问题与为机器构建人工记忆的问题颇为相似。

此时，事实证明，对于战争时期来说，构造计算机比布什博士最初的观点可能暗示的内容更为重要，并且正在几个中心执行，方向大致与我之前的报告所指出的路线相同。哈佛大学、阿伯丁试验场和宾夕法尼亚大学已经在制造机器，普林斯顿高等研究所和麻省理工学院也很快进入了这一领域。在这个计划中，从机械装配到电气装配、从十进制到二进制、从机械继电器到电气继电器、从人工指令操作到自动指令操作，是一个渐进的过程；总之，每台新机器都比上一台更加证明了我提供给布什博士的备忘录的正确性。对这些领域感兴趣的人不断涌现，因此我们有机会将我们的想法传达给同事们，特别是与哈佛大学的艾肯博士、普林斯顿高等研究所的冯·诺依曼[1]博士以及宾夕法尼亚大学的ENIAC[2]和EDVAC[3]计算机中心的戈德斯汀[4]博士。无论在哪里，我们只要一见面就会关心对方的进展，工程师们的词汇很快被神经生理

---

〔1〕约翰·冯·诺依曼（John von Neumann，1903—1957年），美籍匈牙利数学家、理论计算机科学、博弈论的奠基人，对泛函分析、几何学、遍历论、测度论、集合论、算子理论、拓扑学、数值分析等数学领域及量子力学、计算机科学和经济学做出了卓越贡献。——译者注

〔2〕ENIAC，全称电子数值积分计算机，简称埃尼阿克，于1946年公布，由图灵完成设计，可重新编程以解决各类计算问题，其计算速度比机电机器提高了一千倍。——译者注

〔3〕EDVAC，全称离散变量自动电子计算机，美国早期电子计算机，采用二进制、冯·诺依曼结构，与ENIAC有所不同。——译者注

〔4〕赫尔曼·海涅·戈德斯汀（Herman Heine Goldstine，1913—2004年），美国数学家、计算机科学家，曾在普林斯顿大学高级研究所担任IAS机器主管，并协助开发ENIAC。——译者注

学家和心理学家的术语所影响。

进展到这个阶段，冯·诺依曼博士和我觉得有必要召开一次联合会议，召集所有对我们现在讨论的控制论感兴趣的人参加。这次会议于1943年至1944年冬末在普林斯顿举行。工程师、生理学家和数学家都有代表出席了会议。遗憾的是罗森布鲁斯博士未能加入我们，因为他刚好受邀担任墨西哥国立心脏病研究所生理学实验室的主任。不过，洛克菲勒研究所的麦卡洛克博士和洛伦特·德诺[1]博士代表生理学家参加了会议。艾肯博士也无法出席，戈德斯汀博士代表了几位计算机设计师参加了会议。冯·诺依曼博士、皮茨先生和我则以数学家的身份出席。生理学家从生理学的角度对控制论的问题进行了联合陈述；同样，计算机设计师提出了他们的方法和目标。会议结束时，大家都清楚地认识到，不同领域的人员之间有着实质性的共同思想基础，每个领域的研究人员都可以使用已经在其他领域得到更好发展的概念，而且应该尝试加强不同领域之间的沟通以达成一致共识。

在此次会议之前相当长的一段时间内，瓦伦·韦弗[2]博士领导的战

---

〔1〕拉斐尔·洛伦特·德诺（Rafael Lorente de Nó，1902—1990年），西班牙神经科学家、美国国家科学院院士，其开创性研究促进了对神经系统的科学理解。——译者注

〔2〕瓦伦·韦弗（Warren Weaver，1894—1978年），美国数学家、机器翻译的早期研究人员、美国多项科学研究的推动人士。他深入探讨信息理论的哲学内涵，将与信息相关的问题分为三个层次：技术层面：通信中如何准确传送符号；语义学层面：被传送的符号如何精确承载所需的信息；影响力层面：接收到的信息如何有效起作用。——译者注

争研究小组发表了一份文件。最初为机密文件，后来为受限发行，内容涉及毕格罗先生和我在预警器和滤波器方面的工作。我们发现，在有防控火力的条件下，曲线预测的专用装置设计得并不合理，但这些原理却被证明具有合理性和实用性，并且已被政府用于平滑化，以及多个相关领域的工作。须特别注意的是，从变分法问题简化而来的这类积分方程已经出现在波导问题和许多其他与应用数学相关的问题中。因此某种程度上，到战争结束时，英美两国大部分统计学家和通信工程师都已熟悉预测理论和通信工程统计方法中的许多概念了。人们也注意到了那份政府文件（现已绝版），以及莱文森、沃尔曼、丹尼尔、菲利普斯和其他人为填补空白而撰写的大量说明性论文[1]。我还有一篇写了好几年的关于数学的长篇说明性论文，以永久记录我所做的工作。然而由于一些不受我控制的外部因素，这篇论文无法迅速发表。最后，1947年春天，美国数学学会和数理统计研究所于纽约举行了一次联合会议，专门从与控制论密切相关的角度研究随机过程，我在这之后才把已经写好的手稿交给伊利诺伊大学的杜布教授，以他的标记并根据他的建议编写为"美国数学学会数学调查系列丛书"。1945年夏天，我已经在麻省理工学院数学系的系列讲座中宣读了我的部分工作。从那之后，我之前的学生和同事李郁荣[2]博士从中国返回了。1947年秋天，他在麻省理工学院电气工

---

〔1〕Levinson, N., *J. Math. and Physics*, 25, 261–278; 26, 110–119（1947）.

〔2〕Lee, Y. W., *J. Math. and Physics*, 11, 261–278（1932）.

程系开设了一门课程，讲授滤波器和类似装置设计的新方法，并计划将这些讲座的材料编成一本书。与此同时，那份绝版的政府文件也将得到重印。[1]

如前所述，罗森布鲁斯博士大约在1944年初回到墨西哥。1945年春天，我收到墨西哥数学学会的邀请，参加于同年6月在瓜达拉哈拉举行的会议。在上文提到的曼努埃尔·桑多瓦尔·瓦拉尔塔博士领导下，科学研究机构和协调委员会又发出了这一邀请。罗森布鲁斯博士邀请我与他分享一些科研成果，墨西哥国立心脏病研究所主任伊格纳西奥·查韦斯[2]博士热情地款待了我。

随后我在墨西哥待了大约十周时间。罗森布鲁斯博士和我决定继续按我们与沃尔特·坎农博士的讨论研究下去。沃尔特·坎农博士也曾与罗森布鲁斯博士合作过，不幸的是，这是他们的最后一次合作。这项工作一方面与癫痫的强直性、阵挛性和阶段性收缩之间的关系有关，另一方面与心脏的强直性痉挛、搏动和纤维性颤动之间的关系有关。我们认为，心肌组织作为一种应激性组织，与神经组织一样对研究传导机制很有用；此外，心肌纤维的吻合与交叉向我们展示了比神经突触问题更简单的现象。我们也非常感谢查韦斯博士的盛情款待，虽然研究所的政策

---

〔1〕Wiener, N., *Extrapolation*, *Interpolation*, *and Smoothing of Stationary Time Seriea*, Technology Press and Wiley, New York, 1949.

〔2〕伊格纳西奥·查韦斯·桑切斯（Ignacio Chávez Sánchez, 1897—1979年），墨西哥著名教育家、心脏病学家。——译者注

从未限制罗森布鲁斯博士进行心脏研究，但我们很高兴能有机会为其主要研究目的做些贡献。

我们的研究有两个方向：二维或多维均匀导电介质中电导率与潜伏期现象的研究，以及导电纤维随机网络的导电特性的统计研究。前者使我们对心脏颤动理论有了初步的认识，后者使我们对纤维性颤动有了某种可能的理解。这两项工作都写作一篇论文发表了[1]，尽管在这两个方向上，我们早期的研究结果还需要大量的修改和补充，但麻省理工学院的奥利弗·塞尔弗里奇[2]先生正在对振颤的研究工作进行修改，而用于心肌网络研究的统计技术已经被目前是古根海姆基金会[3]研究员的沃尔特·皮茨先生推广到神经元网络的治疗。在国立心脏病研究所和墨西哥陆军医学院的加西亚·拉莫斯博士的帮助下，罗森布鲁斯博士正在进行这项实验工作。

在墨西哥数学学会的瓜达拉哈拉会议上，我和罗森布鲁斯博士介绍了我们的一些研究成果。我们已经得出这样的结论：我们之前的合作计

---

〔1〕Wiener, N., and A. Rosenblueth, "The Mathematical Formulation of the Problem of Conduction of Impulses in a Network of Connected Excitable Elements, Specifically in Cardiac Muscle," *Arch. Inst. Cardiol. Mex*, 16，205–265（1946）.

〔2〕奥利弗·塞尔弗里奇（Oliver Gordon Selfridge，1926—2008年），英国数学家，人工智能先驱之一，被誉为"机器知觉之父"，于1965年发表的论文《群魔乱舞》（*Pandemonium*）是人工智能领域公认的经典之作。——译者注

〔3〕古根海姆基金会，全称所罗门·R.古根海姆基金会，于1937年由所罗门·罗伯特·古根海姆及其艺术顾问希拉·雷贝发起建立。作为现代与当代艺术的重要典藏及研究机构，它在各地经营多个古根海姆美术馆，如所罗门·R.古根海姆美术馆、佩姬·古根海姆美术馆、毕尔巴鄂古根海姆美术馆等。——译者注

划已经证明是可行的。我们很幸运能有机会向更多的观众展示我们的成果。1946年春天，麦卡洛克博士与小乔赛亚·梅西基金会安排了在纽约举行的一系列会议中的第一次会议，专门讨论反馈问题。这些会议由弗兰克·弗里蒙特·史密斯[1]博士代表基金会组织，以传统的梅西基金会的方式举行，效果显著。会议集结了一个规模适度的集体，成员不超过20人，分别来自各个相关领域。会议持续了两天，全天都在非正式地宣读论文、互相讨论、共同进餐，直到他们摒弃异议，沿着相同的思路一致向前。会议的核心是1944年在普林斯顿聚集过的那些成员，但麦卡洛克博士和弗里蒙特·史密斯博士早已准确认识到该学科的心理学和社会学影响，因此又邀请了许多著名的心理学家、社会学家和人类学家加入。纳入心理学家的必要性，从一开始就很明显。正如研究神经系统不能不谈及心理一样，研究心理也无法不涉足神经系统。事实证明，过去的心理学实际上只不过是针对特殊感觉器官的生理学；控制论引入心理学的整个思想体系，涉及高度专业化的皮层区域的生理学和解剖学，而这些区域与特殊感觉器官是相连的。从一开始，我们就预料到，格式塔[2]的知觉问题，或共性知觉的形成问题，将会证明属于这种性质。我们将正方形识别为正方形，无论它的位置、大小和方向如何，其

---

〔1〕弗兰克·弗里蒙特·史密斯（Frank Fremont-Smith, 1895—1974年），美国行政人员、小乔赛亚·梅西（Josiah Macy, Jr.）基金会执行官、世界心理卫生联合会主席、与劳伦斯·K. 弗兰克（Lawrence K. Frank）共同担任梅西会议和跨学科会议的发起者。——译者注

〔2〕德文 Gestalt 的音译，即"完形心理学"，指"模式、形状、形式"等。——译者注

机制是什么呢？芝加哥大学的克鲁弗（H. Kluver）教授、已故的麻省理工学院的库尔特·勒温（K. Lewin）[1]博士和纽约的爱立信（M. Ericsson）博士等一批心理学家加入了进来，对我们解决这些问题提供了很大帮助，同时也将我们的概念对心理学有些什么用处、可能产生什么效果传播给了其他心理学家。

就社会学和人类学而言，很明显，信息和交流作为组织机制的重要性，已经超越了个体范畴，扩展到了群体层面。对于像蚂蚁这样的社会团体，如果不彻底调查它们的通信方式，就完全不可能理解蚂蚁这样的社会群体，而在这方面，我们有幸得到了蚂蚁生物学家施耐拉[2]博士的帮助。对于人类组织的类似问题，我们向人类学家贝特森[3]博士和玛格丽特·米德[4]博士寻求帮助；而普林斯顿高等研究所的莫根斯坦[5]

---

〔1〕库尔特·勒温（Kurt Lewin, 1890—1947年），德裔美国心理学家，现代社会心理学、应用心理学、组织心理学的创始人，被誉为"社会心理学之父"，最早致力于群体动力学和组织发展的研究。——译者注

〔2〕西奥多·克里斯蒂安·施耐拉（T. C. Schneirla, 1902—1968年），美国动物心理学家，对儿童的行为模式做了基本研究。——译者注

〔3〕格雷戈里·贝特森（G. Bateson, 1904—1980年），英国人类学家、社会科学家、符号学家、控制论学者，其著作涉及许多其他学科。20世纪40年代，他促使系统论/控制论拓展至社会行为科学领域，晚年专注于发展认识论的"元科学"，旨在对系统论的各种早期形式进行统一，主要观点见《迈向心智生态学之路》和《心灵与自然》。——译者注

〔4〕玛格丽特·米德（Margaret Mead, 1901—1978年），美国人类学家、美国现代人类学成形过程中的主要学者，1935年出版的《三个原始部落的性别与气质》一书影响了整个世代的女权运动者，以此书奠定了性别的文化决定论。——译者注

〔5〕奥斯卡·莫根斯坦（Oskar Morgenstern, 1902—1977年），德裔经济学家，与约翰·冯·诺依曼合著《博弈论》一书，从数学角度创立了博弈论。——译者注

博士则是我们在经济理论中社会组织这一重要领域的顾问。顺便说一句，他与冯·诺依曼博士合作的非常重要的博弈论著作，就使用了与控制论密切相关但又不同的方法，对社会组织进行了十分有趣的研究。勒温博士和其他代表关于意见抽样理论和意见形成实践方面的最新进展，而诺斯洛普[1]博士则对分析我们工作的哲学意义很感兴趣。

这并不是与会人员的完整名单。我们还扩大了这个集体，吸纳了更多的工程师和数学家，比如毕格罗和萨维奇[2]，以及更多的神经解剖学家和神经生理学家，比如冯·博宁（von Bonin）和劳埃德（D. P. C. Lloyd）等。我们的第一次会议于1946年春天举行，主要是讨论我们这些参加过普林斯顿会议的人员的启发性论文，同时所有与会者对该领域的重要性进行了总体评估。这次会议让大家感受到，控制论背后的思想非常重要和有趣，因此我们有必要每隔六个月召开一次会议；并且在下一次全体会议之前，我们应该举行一次小型会议，以使数学训练较少

---

〔1〕F. S. C. 诺斯洛普（F. S. C. Northrop，1893—1992年），美国著名哲学家。其著作《东西方会议》（1946年）提出东西方必须相互学习，以免进一步冲突，实现共同繁荣。作为20世纪40—50年代梅西控制论会议的常客，他召集关键与会者（如沃伦·斯特吉斯·麦卡洛克）参加温纳-格林人类学研究基金会关于确定文化哲学主题的研讨会。——译者注

〔2〕伦纳德·吉米·萨维奇（L. J. Savage，1917—1971年），美国数学家、统计学家，被密尔顿·弗里德曼称为天才人物。他于1945年出版的《统计学基础》提出主观和个人概率与统计理论，构成贝叶斯统计的基本线索，并用于博弈论，发现路易斯·巴切里尔（Louis Bachelier，1870—1946年，法国数学家）关于资产价格随机模型和期权定价数学理论的工作，后续著作使"随机行走"（以及后来的布朗运动）成为数学金融的基础，并引入决策理论中使用的极大极小后悔准则。——译者注

的人能够以尽可能简单的语言向他们解释所涉及的数学概念的性质。

1946年夏天，我在洛克菲勒基金会的支持下，应墨西哥国立心脏病研究所的热情邀约回到墨西哥，继续我和罗森布鲁斯博士的合作。这一次，我们决定直接从反馈的主题中解决关于神经的问题，通过实验的方式验证我们到底能做些什么。我们选择猫作为实验动物，股四头肌作为用来研究的对象。我们切断肌肉的附着点，将其固定在已知张力的杠杆上，并记录其等长收缩或等张收缩数据。我们还用示波器记录肌肉本身同时发生的电位变化。我们主要对猫进行研究，首先在乙醚麻醉下去除大脑，然后通过脊髓的胸部横断切除脊髓。在许多情况下，还使用马钱子碱来增加反射反应。这时的肌肉负荷达到了这样的程度：轻拍就会使肌肉进入周期性收缩模式，用生理学家的话说就是阵挛。我们观察了这种收缩模式，注意猫的生理状况、肌肉负载、振荡频率、振荡的基本水平及其振幅。我们试图分析这些因素，就像分析显示相同狩猎模式的机械或电气系统一样。例如，我们采用麦克科尔的著作里关于伺服系统的方法。在此我不准备讨论我们研究结果的全部意义，我们现在正在重复这些实验，并准备撰写论文发表。然而，以下说法即使未被公认的，也是非常可能的：阵挛振荡的频率对负载条件的变化远没有我们预期的那么敏感，而且它更接近于由闭合弧——（传出神经）→肌肉→（动觉端体）→（传入神经）→（中枢突触）→（传出神经）——的常数决定，而不由其他任何因素决定。如果我们以传出神经每秒传输的脉冲数作为线性基础，则该电路甚至不是近似的线性算符的电路，但如果我们用其对数替换脉冲数，则似乎变得更加接近。这与这样一个事实相对应，即传出神经刺激的包络形式不是近似正弦曲线，而是该曲线的对数更接近正弦曲线；而在能量水平恒定的线性振荡系统中，刺激曲线的形式除了一组零概率的情况外，必须是正弦曲线。同样，促进和抑制的概念在本质上更接近于乘法而不是加法。例如，一个完全抑制表示乘以零，部分抑制表示乘以少量的倍数。在反射弧的讨论中使用的正是这些抑制和促进的概念[1]。此外，突触是一个重合记录仪，只有在一个很小的求和时间内传入的脉冲数超过某个阈值时，传出纤维才会被激发。如果这个阈值与传入突触的全部数量相比足够低，则突触机制可以使概率成倍增加，甚至它只有在对数系统中才可能实现近似线性的链接。突触机制的这种近似对数性，显然与关于感觉强度的韦伯-费希纳定律[2]的近似对数性一致，尽管该定律只是一个初步近似值。

最引人注目的一点是，在这个对数基础上，根据单次脉冲通过神经肌肉反射弧的各个元件传导获得的数据，我们就能够利用伺服工程师开发的用于确定发生故障的反馈系统的振荡频率的技术，获得非常接近阵挛振动实际周期的数据。我们获得了大约每秒13.9次的理论振荡值，此时观察到的振荡频率在7和30之间变化，但通常保持在12和17之间的某个范围内。在这种情况下，这种一致性非常好。

----

〔1〕见墨西哥国立心脏病研究所撰写的关于阵挛的未发表文章。——原注

〔2〕韦伯-费希纳定律包括韦伯定律（又称"感觉阈限定律"，用于界定差异阈限）和费希纳定律（于1860年由德国心理学家的古斯塔夫·费希纳提出，用于界定绝对阈限之上，心理量与物理量之间的关系）。——译者注

阵挛的频率并不是我们可以观察到的唯一重要现象，还有基础张力相对缓慢的变化，甚至更慢的振幅变化。这些现象肯定不是线性的。如果可以将线性振荡系统常数变化得足够缓慢，那么作为第一近似值，就可以假定它们无限缓慢，并且在系统振荡的每个时间段内，都可以把系统的行为看作参数不变的线性系统的行为。这是在物理学其他分支中称为长期微扰的方法。这个方法可用于研究阵挛的基础水平和振幅问题。这项工作虽然尚未完成，但很明显，它是有可能的，也是有希望的。强有力的证据表明：尽管阵挛时主弧也同步地在运动，证明它是一个双神经元反射弧，但该反射弧中脉冲的放大在一个点上仍是可变的，甚至可能在更多的点上是可变的。而这种增强的某些部分可能受缓慢的多神经元过程的影响，这些影响发生在中枢神经系统中，且这种影响在中枢神经系统比主要负责阵挛计时的脊髓链中要高得多。这种可变的增强效应可能受中枢活动的总体水平、马钱子碱或麻醉剂的使用情况、去脑，以及许多其他原因的影响。

这些就是我和罗森布鲁斯博士在1946年秋天举行的梅西会议上报告的主要结果，在同一时间举行的纽约科学院的一次会议上，我们再次报告了这些结果，目的在于将控制论的概念传播给更多的公众。虽然我们对结果满意，并完全相信这方面的工作具有广泛可行性，但我们仍然觉得合作时间太短，面临的工作压力太大，无法保证公布的结果无须进一步实验证实。这种证实——实际上可能是反驳——正是我们在1947年的夏天和秋天正在进行的工作。

洛克菲勒基金会已经为罗森布鲁斯博士提供了一笔经费，用于购置墨西哥国立心脏病研究所新实验大楼所需的设备。我们觉得现在时机已经成熟，可以一起向他们——负责物理科学系的沃伦·韦弗博士和负责医学系的罗伯特·莫里森博士——提出建立长期科学合作的基础，以便以更从容、更健康的节奏开展我们的项目。在这方面，我们得到了各自机构的热情支持。在这些协商中，理学院院长乔治·哈里逊博士是麻省理工学院的首席代表，而伊格纳西奥·查韦斯博士则代表他所在的墨西哥国立心脏病研究所。在协商期间，大家认为联合活动的实验室中心显然应该设在研究所，既是为了避免实验室设备的重复采购，又是为了照顾洛克菲勒基金会在拉丁美洲建立科学中心的强烈意愿。最终通过的计划是为期五年，在此期间，我每隔一年就要在研究所待六个月，而罗森布鲁斯博士将在其间的几年中在研究所待六个月。在研究所的时间将用于获取和阐明与控制论有关的实验数据，而中间几年将用于进行更多的理论研究、解决制定培训计划这一重大难题，尤其是针对那些希望进入这个新兴领域的人员，确保他们获得必要的数学、物理和工程背景知识，以及对生物学、心理学和医学技术有适当了解。

1947年春天，麦卡洛克博士和皮茨先生完成了一项对控制论具有重要意义的工作。麦卡洛克博士接受了设计一种装置使盲人能够通过耳朵阅读印刷作品的任务。通过光电池的作用，按类型产生不同音调，这是一种古老的做法了，可以通过多种方法实现；难点是在给定字母样式时，无论字母大小如何，都要使声音的样式基本相同。这与形式感知、格式塔感知问题有明确的相似之处，它使我们能够通过大量的大小和方向不同的知觉，将正方形识别为正方形。麦卡洛克博士的装置包括一个对字体印记进行选择性读取的诵读器。这种选择性读取可以作为扫描过程自动执行。这种扫描能对一个图形和另一个大小与它不同的给定标准图形进行比较，这是我在一次梅西会议上曾提到过的一种装置。选择性诵读器的一张示意图引起了冯·博宁博士的注意，他立即问道："这是大脑视觉皮层第四层的示意图吗？"受到这个启发，麦卡洛克博士在皮茨先生的帮助下，提出了一种将视觉皮层的解剖学和生理学联系起来的理论。在这个理论中，扫描一组转换的操作起着主要作用。1947年春天，梅西会议和纽约科学院的会议提到了这个成果。最后，这个扫描过程涉及一定的周期性时间，相当于普通电视中的"扫描时间"。在围绕一个周期的表现所需的连续突触链的长度中，有各种各样的解剖学线索指向这个时间。这些线索给出了完整的操作循环执行大约十分之一秒的量级，这就是所谓的大脑"α节律"的大致周期。最后，根据大量其他证据，人们推测 α 节律起源于视觉，并在形式感知的过程中起着重要作用。

　　1947年春天，我应邀参加在南锡举行的数学会议，讨论由谐波分析引起的问题。我接受了邀请，在往返的旅途中，总共在英国待了三周，主要拜访我的老朋友霍尔丹[1]教授。这期间，我有极好的机会见到许多

―――――――――――

　　〔1〕约翰·伯顿·桑德森·霍尔丹（John Burdon Sanderson Haldane，1892—1964年），英国遗传学家、进化生物学家，与罗纳德·费雪和休厄尔·赖特一同被称为种群遗传学的奠基者。——译者注

从事超高速计算机研究的相关人员，尤其是在曼彻斯特和泰丁顿的英国国家物理实验室，最重要的是，我在泰丁顿与图灵先生讨论了控制论的基本思想。我还参观了剑桥大学的心理实验室，并有极佳的机会讨论巴特利特[1]教授和他的工作人员正在研究的涉及人为因素控制过程中的人为因素。我发现英国人和美国人对控制论有着同样的浓厚兴趣和科学素养，工程方面的工作也做得非常出色，尽管不可避免地受到经费较少的限制。我发现许多人对控制论在各个方面的可能性产生了浓厚的兴趣和理解，霍尔丹教授、海曼·莱维[2]教授和伯纳尔[3]教授将其视为学科和科学哲学研究上最紧迫的问题之一。然而，我却没有发现，在统一学科和整合各种研究线索方面取得的进展，不如美国做得好。

在法国南锡举行的关于谐波分析的会议包含了大量论文，它们以完全符合控制论观点的方式，将统计学的观点和通信工程观点结合在一起。在这里我必须特别提到勃朗·拉皮尔（M. Blanc Lapierre）先生和米歇尔·洛夫[4]先生。我还发现数学家、生理学家和物理化学家对这门学

---

〔1〕巴特利特（C. F. Bartlett，1886—1969年），英国心理学家、剑桥大学实验心理学教授、认知心理学的先驱。——译者注

〔2〕海曼·莱维（H. Levy，1889—1975年），苏格兰哲学家、伦敦帝国理工学院荣誉教授、数学家、政治活动家。——译者注

〔3〕约翰·德斯蒙德·伯纳尔（John Desmond Bernal，1901—1971年），英国科学家，主要研究 X 射线晶体学。——译者注

〔4〕米歇尔·洛夫（M. Loeve，1907—1979年），法裔美国人，统计学家，提出著名的Karhunen-Loève定理和Karhunen-Loève变换。——译者注

科也有相当浓厚的兴趣，特别是关于它的热力学方面，因为他们涉及生命本身性质这一更普遍的问题。事实上，在我离开之前，曾在波士顿与匈牙利生物化学家圣捷尔吉[1]教授讨论过这个问题，并发现他的观点和我的一致。

我在访问法国期间发生的一件事特别值得一提。我的同事，麻省理工学院的桑蒂利亚纳[2]教授，把我介绍给赫尔曼公司的弗莱曼先生，他希望能出版我的这本书。我特别高兴收到他的邀请，因为弗莱曼先生是墨西哥人，而这本书的撰写和大量研究都是在墨西哥完成的。

我已经提到过，梅西会议上提到的工作方向之一涉及社会系统中概念和交流技术的重要性。诚然，社会系统与个人一样是一个组织，它由一个交流系统联系在一起，并且具有动态属性，其中反馈性质的循环过程发挥着重要作用。这一点在人类学和社会学的常规领域，以及更具体的经济学领域都是如此；我们之前提到的冯·诺依曼和莫根斯坦关于博弈论的非常重要的工作，都属于这一思想范围。在此基础上，鉴于当前混乱时代所面临的社会和经济问题的高度紧迫性，格雷戈里·贝特森博士和玛格丽特·米德博士敦促我将大部分精力投入到讨论这方面的控制

---

〔1〕阿尔伯特·纳扎波尔蒂·圣捷尔吉（A. Szent-Györgyi，1893—1986年），匈牙利生理学家，因"与生物燃烧过程有关的发现，尤其是关于维生素C和延胡索酸的催化作用"荣获1937年诺贝尔生理学或医学奖。——译者注

〔2〕乔治·迪亚兹·德·桑蒂利亚纳（G. de Santillana，1902—1974年），意大利裔美国人、哲学家、科学史学家，曾任美国科学院科学史教授。——译者注

论问题上。

　　尽管我对形势的紧迫感与他们有同感，也非常希望他们和其他有能力的学者能够肩负起解决此类问题（我将在本书后面的章节中讨论这些问题的责任），但我既不同意他们的看法，即我应该优先考虑这一领域，也不赞成他们的看法，即在这一方向上能够取得足够的进展，从而对目前社会上的痼疾产生明显的治疗效果。首先，影响社会的主要因素不仅是统计性的，而且它们所依据的统计数据涉及的时间远远不够。将引入贝塞麦转炉炼钢法[1]前后钢铁工业的经济情况归为一类并没有太大用处，更不用说比较汽车工业蓬勃发展和马来亚橡胶树种植前后的橡胶生产统计数据。将性病发病率的统计数据放入单一表格中，涵盖使用洒尔佛散[2]之前和之后的时期，这种做法也没有任何意义，除非出于研究这种药物有效性的特定目的。为了获得良好的社会统计数据，我们需要在基本恒定的条件下进行长时间的统计，就像为了获得良好的光线分辨率，我们需要大光圈的镜头一样。镜头的实效光圈不会通过增加其标称光圈而明显增加，除非镜头由均匀的材料制成，使得镜头不同部分的光延迟与适当的设计量相符，小于一个波长的一小部分。同样，在广泛变化的条件下进行长时间统计的优势是似是而非的。因此，人类科学不

---

　　〔1〕平炉炼钢法发明之前用生铁进行钢量产的一种廉价工艺，起源于工业革命，发明者为亨利·贝塞。——译者注

　　〔2〕洒尔佛散，又称砷凡纳明、胂凡纳明或606，首个有效治疗梅毒的有机砷化合物，还可用于治疗昏睡病，作为第一种现代化疗药物于20世纪初投入使用。——译者注

是新的数学技术很好的试验场：就像气体的统计力学对分子大小的存在一样糟糕，因为我们从更大的角度忽略的波动恰恰是最重要的问题。然而，在缺乏合理安全的常规数值技术的情况下，专家在确定对社会学、人类学和经济学数量的估值时，影响其判断的因素数量是如此之大，以至于对尚不具备专家所需的大量经验的新手来说，根本无从下手。顺便说一句，对小样本理论的现代装置，一旦它超越了特别定义的参数的确定范围，而成为一种在新情况下进行积极统计推断的方法，除非应用该方法的统计学家已经明确地知道或隐晦地感受到形势动态的主要因素，否则它不会使我对它有任何信赖。

我刚刚谈到了一个领域，在这个领域中，由于希望获得的数据无法获得，因此我对控制论的期望相应地降低了。还有其他两个领域，我最终希望借助控制论的思想来获得一些实际的成果，但这一希望必须等待该领域进一步的发展。其中之一是为失去肢体或瘫痪者安装假肢。正如我们在格式塔的讨论中看到的那样，麦卡洛克已经将通信工程的思想应用于替代失去的感官的问题上，目的是制造一种工具，使盲人能够通过听觉来阅读印刷品。在此，麦卡洛克所提到的装置就非常明确地接管了某些感官的功能，不仅是眼睛的功能，还有视觉皮层的功能。对于假肢来说，很明显有可能发挥类似作用。失去肢体的某一部分不仅意味着失去了缺失部分的纯粹被动支撑能力，或失去了其作为残肢机械延伸的价值，也意味着失去了相应肌肉的收缩能力，还意味着失去了源于缺失部分的所有皮肤感觉和动觉。前两种缺失正是假肢制造商试图弥补的方向。而第三种缺失到目前为止已经超出了厂商的能力范围。对于简单的假肢来说，这并不重要：替代缺失肢体的杆子本身并没有自由度可言，并且残肢的动觉机制完全足以报告其自身的位置和速度。而患者借助其残余的肌肉组织，让带有活动膝盖和脚踝的假肢向前运动，则完全不是一回事了。由于无法报告它所在的位置和运动，患者无法在不规则地面上踏出坚定有力的脚步。在给人工关节和人工足底配备应变或压力计方面，似乎不存在无法克服的困难，因为可以通过电动或其他方式，例如通过振动器，将应变或压力计附加到完整的皮肤区域上。当前的假肢可以避免截肢造成的瘫痪，但同时也导致了共济失调。通过使用适当的感受器，应该可以消除大部分类似的共济失调症状，使患者得以获得反射性感觉，比如我们在开车时都会用到的那种反射性感觉，这应该可以帮助患者以更确定的步态行走。我们刚才谈论过的截肢对腿部的种种影响，对手臂来说会产生更严重的影响，学过神经内科学的人都知道，拇指截肢所造成的感觉损失甚至比髋关节截肢造成的感觉损失要严重得多。

我曾尝试向有关当局报告这些方面的问题，但迄今为止，我还不能取得更多成果。我不知道其他领域是否也产生了同样的想法，也无从得知这些想法是否已经被试验过，并在技术上证明不可行。如果这些想法尚未得到真正切实可行的实践，那么这些应该在不久的将来就会发生。

现在来谈谈我认为值得关注的另一点。我很早就清楚，现代超高速计算机原则上是一种用于自动控制装置的理想的中枢神经系统；它的输入和输出不一定是数字或图表的形式，而很可能分别是诸如光电池或温度计等人工感觉器官的读数，以及电动机或螺线管的性能。借助应变仪或类似机构来读取这些运动器官的性能指数，并作为人工动觉向中央控制系统进行报告和"反馈"，我们已经有能力构建性能精细程度各异的人工机器。早在长崎事件和公众意识到原子弹之前，我就已经想到，当前面临着另一种社会潜能，它的重要性前所未闻，无论是善还是恶。不需要人类参与的自动化工厂和装配线之所以如此领先于我们，是因为我们对相关设计投入了巨大精力，正如在第二次世界大战中我们在发展雷达技术上付出的努力一样[1]。

　　我说过，这种新的发展带来了无限善与恶的可能。首先，正如塞缪尔·巴特勒[2]所构想的那样，这使得机器隐喻性的主导地位成为一个最直接且非隐喻的问题。它为人类提供了一批新型高效的机械奴隶来从事劳动。这种机械劳动具有奴隶劳动的大部分经济属性，与奴隶劳动不同的是，它不涉及人类残忍行为造成的直接影响。然而，任何劳动，只要接受与奴隶劳动竞争的条件，就表示接受奴隶劳动的条件，本质上就是奴隶劳动。这个说法的关键词在于竞争。对人类来说，机器使人类不再需要完成那些繁重和令人不快的工作，这很可能是好事，但也有可能不是。我不知道答案。但是我们不能用市场反应和它们所节省的资金来断定这些新的可能性是好的；恰恰是开放市场这种说法，即"第五自

---

〔1〕《财富》，1945年10月、11月刊。——原注

〔2〕塞缪尔·巴特勒（Samuel Butler，1835—1902年），英国反传统作家，活跃于维多利亚时代，乌托邦式讽刺小说《埃瑞璜》和半自传体小说《众生之路》是其代表作。——译者注

由"，成为了以美国制造商协会和《周六晚间邮报》为代表的美国舆论界的陈词滥调。我之所以说美国舆论，是因为作为一个美国人，我最清楚这一点，但商人是不分国界的。

如果我说第一次工业革命，即"黑暗的撒旦磨坊"[1]的革命，是因机器竞争使人类的手臂贬值，那么或许我可以澄清当前形势的历史背景。没有任何一个美国的挖铲工人的工资水平低到足以与作为挖掘机的蒸汽铲的工作相竞争。现代工业革命同样必然会让人脑贬值，至少在其更简单、更常规的决策方面是如此。当然，正如熟练的木匠、机械师、裁缝某种程度上在第一次工业革命中幸存下来，熟练的科学家和管理人员也可能在第二次工业革命中幸存。但当第二次革命已经完成后，无论如何，造诣平平或天资稍低的普通人，将会轻易地被取代。

答案当然是建立一个以人的价值为基础，而不是以买卖为基础的社会。要建立这样一个社会，我们还需要大量的计划和大量的奋斗。如果能做到最好，自然很理想。否则，谁知道呢？因此，我认为我有责任向关心劳工条件和未来的人，即劳动联合会，转达我对这个局势的所知和理解。我确实设法与一两个产业组织协会的高层取得了联系，他们耐心倾听了我的意见。但我和他们中的任何人都无法将这些意见传到更高层那里。正如我之前在美国和英国观察了解到的信息一样，他们认为，工

---

[1] "黑暗的撒旦磨坊"来自于英国诗人威廉·布莱克的作品《耶路撒冷》，后用于喻指英国工业革命。——译者注

会和劳工运动掌握在非常有限的人员手中，尽管他们在工场管理以及处理有关工资和工作条件的争议等专业问题上训练有素，但他们对讨论与劳动存在本身有关的更大的政治、技术、社会学和经济问题则完全没有准备，而这些问题恰恰涉及劳动。不难看出其原因：工会官员通常从艰苦的工人身份转变而来，进而从事艰苦的行政工作。他们没有任何机会接受更广泛的培训；而对于那些接受过这种培训的官员来说，工会职通常没有吸引力；当然，工会也会接受这样的人。

因此，我们这些对控制论这门新兴学科做出贡献的人都处于一种至少可以说不那么轻松的道德立场。我们为开创一门新兴学科做出了贡献。但正如我所说的，它包含的技术发展，为善与恶均提供了巨大的可能性。我们只能把它交给我们存在的世界，这是一个存在贝尔森集中营[1]和广岛核爆[2]的世界。我们甚至无法选择压制这些新技术的发展。它们属于当今这个时代，而我们任何人通过压制可能产生的最大影响，就是把这个学科的发展交到最不负责任、最贪腐的工程师手中。我们能做的最好的事情就是让广大公众了解当前工作的趋势和意义，并将我们的个人努力限制在那些远离战争和剥削的领域，如生理学和心理学。正如我们所看到的，由于这一新的工作领域让我们能够更好地了解人类和社会

---

〔1〕贝尔森集中营，纳粹德国在德国西北部下萨克森建立的一座集中营，曾关押过犹太人、战俘、政治犯、吉卜赛人、罪犯、耶和华见证会成员和同性恋者。——译者注

〔2〕广岛核爆，指的是第二次世界大战末期发生的广岛原子弹爆炸，人类历史上第一次在战争中使用核武器，结果促使日本投降及第二次世界大战结束。——译者注

的好处，有些人希望这种好处能够被预见并超过我们无意中对权力集中（权力总是集中在最肆无忌惮的人手中）所做的贡献。我在1947年写下这些话时也不得不说，这个希望非常渺茫。

作者谨向沃尔特·皮茨先生、奥利弗·塞尔弗里奇先生、乔治·杜贝先生和弗雷德里克·韦伯斯特先生表示感谢，感谢他们在修改手稿和准备出版材料方面提供的帮助。

国立心脏病研究所

墨西哥城

1947年11月

第一章　牛顿时间和柏格森时间

　　通过对牛顿力学的相对性、局限性的分析，指出没有一门科学完全符合严格的牛顿样式，统计的、进化的观点正渗透到科学的各个部门。要建立关于自动控制的理论，要用统计学而非牛顿力学的方法。

有一首每个德国孩子都熟悉的儿歌，歌词是这样的：

" Weisst du，wieviel Sternlein stehen

An dem blauen Himmelszelt?

Weisst du， wieviel Wolken gehen

Weithin iiber alle Welt?

Gott，der Herr，hat sie gezählet

Dass ihm auch nicht eines fehlet

An der ganzen，grossen Zahl. "

译成中文就是："你可知蓝天上有多少颗小星星？你可知大地上飘拂过多少朵云？主耶和华全数过了，一个都不曾漏遗。"

这首小曲对于哲学家和科学史家是一个有趣的主题，因为它并举了天文学和气象学。两门学科的相似之处在于，二者关注的领域都是我们头顶上的天空；但除此之外，它们几乎在所有其他方面都非常不同。天文学是最古老的学科，而气象学是刚刚够格的年轻学科之一。好几个世纪以来，人们就可以预测常见的天文现象，而要准确地预测明天的天气，通常并不容易。在许多方面，气象学确实还很粗略。

回到这首儿歌。歌中第一个问题的答案是：在一定条件下，我们的确知道星星的具体数目。因为首先，除了一些双星和变星存在些微不确定性以外，每一颗恒星都是确定的物体，非常便于计数和编目；其次，如果人类关于恒星的《波恩星表》——我们如此称呼星的目录——未能将亮度低于某一星等的恒星包括在星表里，那么，圣智的上帝的星表里所收录的恒星数一定多得多。对这一想法，我们并不反感。

然而，如果要求气象学家提供类似于《波恩星表》的云表，他可能当面嘲笑你，也可能耐心地向你解释说，在气象学的全部词汇中，就没有词语能够将一朵云定义为一个具有准永久身份的物体；即便有这样的词汇，气象学家也没有清点它们的能力和兴趣。一名具有拓扑学倾向的气象学家可能会将一朵云定义为空间的某个相连区域，在该区域里固态或液态的那部分水的密度超过了一定的量，但这个定义对任何人都没有用处，它最多只能代表一种极其短暂的状态。气象学家真正关心的，是诸如"波士顿，1950年1月17日：云量38%，卷云"之类的统计数据。

诚然，天文学中有一个被称作宇宙气象学的分支，对星系、星云和星团及其统计数据进行研究，如钱德拉塞卡（S. Chandrasekhar）就是研究这一天文学分支的。但这一分支在天文学中极其年轻，比气象学本身还年轻，并且研究的是古典天文学传统之外的东西。按照传统，古典天文学除了纯粹分类——编制《波恩星表》之外，着重关注的是太阳系，而不是恒星世界。与哥白尼、开普勒、伽利略和牛顿等人的名字相关联的太阳系天文学，也是近代物理学的乳母。

这的确是一门理想的简单学科。在任何一门称得上是动力学[1]的理论出现之前，甚至早在巴比伦时代，人们就已经意识到日食的发生遵循一定的周期规律，是可以预测的，无论是向后回溯还是向前推演，均能应验。人们认识到，用恒星在其轨道上周而复始的运动来衡量时间本身，可比任何其他方法都要好。太阳系中一切事件的运行模式均可用一个轮子或一系列轮子的转动来表示，无论是托勒密的本轮理论还是哥白尼的轨道理论，都是如此。而且，在任何一种这样的理论中，未来总是以某种方式重复着过去。天体音乐就是一首回文诗，天文历书倒着读和顺着读一样。

除了初始位置和方向之外，顺时针转和逆时针转的两个太阳仪之间的运动，没有任何区别。最后，当所有这一切被牛顿归结为一组抽象的公设并推演出一门逻辑自洽的力学时，这种力学的基本定律不会因时间变量 t 变换为负值而改变。

因此，如果我们将一组行星运动的图像加速放映，我们即可感知到行星的运动，再将图像倒着放映，它所呈现出的状态仍然符合牛顿力学下可能的一种行星运动轨迹。然而，如果我们将一组雷雨云湍流的运动图像倒过来放映，它看起来就不是那么回事了。我们会在应当看见上升气流的地方看到下沉气流，湍流的纹理变得越来越粗糙，闪电出现在乌

---

[1]动力学是经典力学的一个分支，专注于运动的变化与造成该变化的各种因素。运动学则纯粹描述物体的运动，根本不考虑导致运动的因素。动力学的基础定律是牛顿提出的牛顿运动定律。——译者注

云交会之前而不是在乌云交会之后，甚至还有其他许多诸如此类的怪异现象。

　　天文学和气象学之所以有这些差异，特别是天文学时间明显是可逆的，而气象学时间明显是不可逆的，原因何在？首先，气象系统包含着数目极多且大小近乎相等的质点，其中一些质点相互之间的耦合非常紧密；而以太阳为中心的天文系统只包含数目较小且大小极为悬殊的质点，这些质点以极其松散的方式相互耦合；以至于二阶耦合效应，不会改变我们观察到的图像的全貌，更高阶的耦合效应则完全可以忽略不计。作用于行星的有限几种力孤立起来分析，要比我们在实验室里分析任何物理实验所涉及的力更有利。与行星之间的距离相比，行星，甚至太阳，均可看作接近完美的质点。与它们所遭受的弹性变形和塑性变形相比，这些行星几近于刚体，即便不在这种场合，它们内部的力对其中心的相对运动的贡献也是极其微弱的。在它们运动的空间里，几乎完全没有阻碍物；在它们的相互吸引中，可以认为它们的质量近乎位于其中心，且是恒定的。万有引力定律对平方反比定律的偏离可以说极小。太阳系各天体的位置、速度和质量，在任何时候都众所周知，计算它们未来和过去的位置，虽然在细节上有碍难之处，但原则上还是容易且准确的。另一方面，在气象学中，由于涉及的质点数量太大，我们无法精确记录它们的初始位置和速度；即使确实做了记录，并且计算出它们未来的位置和速度，我们得到的也不过是一大堆令人费解的数字而已，需要对它们重新做全新的解读，才能对我们有所帮助。"云""温度""湍流"等术语指的都不是一种单一的客观环境，而是各种可能情形的分布情况，其中仅有一种实际情况是得到实现的。如果我们同时获取地球上所有气象站的所有读数，那么从牛顿力学的角度描述环境实际状态，这些数据不过是所需数据的十亿分之一。它们只是给出与无数不同大气状况相一致的某些常数，并且最多结合某些先验[1]假设，以概率分布的形式，对一组可能的环境变量进行度量。使用牛顿定律[2]或任何其他因果定律系统，我们在未来任何时间所能预测的只是系统常数的概率分布，甚至这种可预测性也会随着时间的延长而逐渐消失。

现在，即使在时间完全可逆的牛顿体系中，概率和预测问题也会发生过去和未来之间答案不对称的现象，因为这类问题本身就是不对称的。如果我设计一个物理实验，将考虑使用的系统从过去状态转换为当前状态，确定其中的某些量，并有合理的权利假设某些其他量具有已知的统计分布，然后在一定的时间后观察结果的统计分布情况。这不是一个可以逆转的过程。为了做到这一点，有必要挑选出一个公平分布的系统，这些系统在不被我们干预的情况下，最终会出现在一定的统计范围内，并了解给定时间之前是什么样的先决条件。然而，对于一个系统来说，从未知位置开始，到最终在任何严格定义的统计范围内，这种情况是非常罕见的，我们甚至可以将其视为奇迹，但我们不能将实验技术建

---

〔1〕先验，哲学用语，指根据经验证据或经验来区分知识、证明或论证的类型。先验知识不同于经验知识，如数学、重言式和出自纯粹理性的演绎推理。——译者注

〔2〕牛顿力学三大定律为：惯性定律、加速度定律、作用力与反作用力定律。作为研究动力学的基础，它们对人类探索物质世界的规律具有重要意义。——译者注

立在等待和依赖奇迹的基础上。简而言之，我们是以时间为导向的，我们与未来的关系不同于我们与过去的关系。我们所有的问题都受到这种不对称性的制约，而且我们对这些问题的所有答案也同样受到这种不对称性的制约。

一个有趣的关于时间方向性的天文学问题与天体物理学的时间有关。在天体物理学中，我们是在一次观测中观测到多个遥远的天体的；这一实验的性质中似乎没有单向性。那么，为什么基于实验性地面观测的单向热力学在天体物理学中对我们如此有利呢？答案很有趣，但不那么直白。我们对恒星的观测是通过光、从被观测的物体发出并被我们感知的光线或粒子来实现的。我们可以感知入射光，但无法感知出射光，或者至少感知出射光不像感知入射光那样可以通过简单直接的实验来实现。在对入射光的感知中，我们最终用的是眼睛或感光板。为使它们适用于接收图像，我们将它们置于隔离状态一段时间：将眼睛置于黑暗环境中，以免被之前滞留的图像干扰，并且用黑纸包裹感光板以防出现光晕。很明显，只有这种状态的眼睛和感光板才对我们有用：如果沉溺于前像，我们无异于处于盲目状态；如果我们必须在使用后把感光板放在黑色的纸中，并在使用之前进行显影，那么摄影将是一门非常困难的艺术。通过这种条件的设置，我们就可以看到那些恒星向我们和整个世界辐射；然而，如果有任何恒星的演化方向是相反的，那么它们会吸引来自整个天空的辐射，即使是对我们辐射的吸收也不会以任何方式被察觉，因为我们已经知道我们自己的过去，却不知道我们的未来。因此，我们所看到的那部分宇宙，就辐射的发射而言，必然有其过去与未来的关系，与我们自己的过去与未来的关系一致。我们能看到恒星这一事实就意味着它的热力学和我们的热力学相似。

这的确是一个非常有趣的智力实验：想象有一种智慧生命，与我们的时间方向相反。这样的生命不可能与我们进行任何交流。从他的角度来看，他可能发出的任何信号都会传达给我们一系列的逻辑结果，从我们的角度看则是其前因。这些前因已经存在于我们的经验中，并且可以作为对他的信号的自然解释，而无需预先假定是智慧生命发出的信号。如果他给我们画一个正方形，我们会把他画的最后几笔看作前面几笔，他所画的正方形就像是这几笔的奇特结晶——这总是完全可以解释的。这个图形的意义似乎是偶然的，就像我们解读山峦和悬崖的面孔一样。正方形的图样在我们看来是一场变动——确实很突然，但可以用自然法则来解释——由此正方形将不复存在。我们的对手对我们也会有完全相同的想法。在我们可以与之交流的任何世界中，时间的方向都是和我们一致的。

回到牛顿天文学和气象学之间的对比上来：大多数学科处在中间地位，但大多数更像气象学而不是天文学。正如我们所看到的，甚至天文学包含了宇宙气象学。它还包含乔治·达尔文爵士[1]研究过的一个极其

---

〔1〕乔治·霍华德·达尔文爵士（Sir George Howard Darwin，1845—1912年），英国天文学家、数学家，主要研究太阳、月球、地球之间的潮汐力，曾提出分裂说解释月球的起源。——译者注

有趣的领域，叫做潮汐演化论。我们曾说过，可以把太阳和行星的相对运动看作刚体的运动，但事实并非如此。例如，地球几乎被海洋包围。离月球而不是地心较近的水对月球的引力比对地球的固体部分的更大，而另一侧的水则没有那么大的引力。这种相对轻微的影响将水分成两座山丘，一座在月球下，另一座在月球对面。在一个完全液态的环境下，这些山丘可以跟随月球绕地球旋转，而不会发生巨大的能量分散，因此几乎可以精确地保持在月球下方，并与月球相对。因此，它们对月球产生引力，但不会对月球在天空中的角位置产生巨大影响。然而，它们在地球上产生的潮汐波在海岸和浅海（如白令海和爱尔兰海等）陷入混乱和延迟。因此，它落后于月球的位置，而产生这种现象的力主要是湍流耗散力，其性质很像气象学中遇到的力，需要进行统计处理。事实上，海洋学可以叫做水圈气象学，而不是大气气象学。

这些摩擦力阻碍了月球绕地球的轨道运行，并加速了地球自转。它们往往会使一个月和一日的长度越来越接近。确实，月球上的一日就是一个月，而月亮总是对地球呈现几乎相同的一面。有人认为，这是古代潮汐演化的结果，当时月球含有一些液体、气体或塑性物质，这些物质在地球的引力下会形成潮汐，并且消耗大量的能量。这种潮汐演化现象并不仅限于地球和月球，在所有引力系统中都可以在一定程度上观察到。在过去的岁月里，它严重地改变了太阳系的面貌，尽管在任何类似历史时期，与太阳系行星的"刚体"运动相比，这种改变微不足道。

因此，即使是引力天文学也涉及逐渐衰退的摩擦过程。没有一门学科完全符合严格意义上的牛顿力学模式。生物科学当然也有单向现象。出生并不是与死亡完全相反的过程，合成代谢也不是与分解代谢完全相反的过程。细胞的分裂不遵循时间上的对称模式，生殖细胞结合形成受精卵同样并不遵循。个体是朝单个方向指向时间的箭头，种族的演化也同样从过去指向未来。

古生物学的记载表明一种从简单到复杂的明确的长期趋势，尽管在过程中可能有所中断且略显复杂。到19世纪中叶，所有持开放态度的科学家都认为这种趋势是显而易见的，而且其机制的发现得益于两个几乎同期进行研究的人——查尔斯·达尔文[1]和阿尔弗雷德·华莱士[2]。他们将发现其机制的工作向前推了一大步，这绝非偶然。这一步指的是我们认识到：无论从个体的角度还是从种族的角度来看，一个物种不同个体的偶然变异，可以根据多个变异的活力程度的不同，将每条变异线塑造成一定程度的单向或多向发展的形式。没有腿的变异狗肯定会挨饿，而已经发展出依靠肋骨爬行机制的细长蜥蜴，如果线条简洁，没有四肢的阻碍，可能会有更好的生存机会。水生动物，无论是鱼、蜥蜴还

〔1〕查尔斯·罗伯特·达尔文（Charles Robert Darwin, 1809—1882年），英国博物学家、地质学家、生物学家，著名研究成果为天择进化，阐释适应的来源，还指出所有物种均从少数共同祖先进化而来，其进化论在物种起源和人类起源解释方面的科学性，成为学界共识。——译者注

〔2〕阿尔弗雷德·拉塞尔·华莱士（Alfred Russel Wallace, 1823—1913年），英国博物学者、地理学家、人类学家、生物学家，因"天择"独立构想演化论而成名，被誉为19世纪动物物种地理分布的权威专家、"生物地理学之父"、"达尔文的挡箭牌"。——译者注

是哺乳动物，如果有纺锤状的体形、强大的身体肌肉，以及能够抓水的后附肢，都可以更好地在水中游行；如果它依赖迅捷地追捕猎物为生，那么它生存的机会就必须依赖于它的这种形态。

达尔文进化论就是这样一种机制，通过这种机制，一定程度的偶然变异被组合成一个相当明确的模式。达尔文的原理今天仍然适用，尽管我们对它所依赖的机制有了更多的了解。孟德尔[1]的工作为我们提供了比达尔文更精确和不连续的遗传观点，而从德弗里斯[2]时代开始，突变的概念彻底改变了我们对突变统计基础的看法。我们研究了染色体的精细解剖结构，并将基因定位在染色体上。现代遗传学家的名单很长，也很有名。他们中的一些人，如霍尔丹，使孟德尔遗传学[3]的统计研究成为研究进化的有效工具。

我们已经谈到了查尔斯·达尔文之子乔治·达尔文爵士的潮汐演化论。将父子二人的思想联系起来，共同选用"进化"这个名字，都不是

---

〔1〕格雷戈尔·约翰·孟德尔（Gregor Johann Mendel，1822—1884年），奥地利科学家，现代遗传学创始人，在1856年至1863年之间进行的豌豆植物实验发现了许多遗传规则，也就是现在所说的孟德尔定律。——译者注

〔2〕雨果·马里·德弗里斯（Hugo Marie de Vries，1848—1935年），荷兰生物学家，孟德尔遗传学的再发现者之一。——译者注

〔3〕孟德尔遗传学又称经典遗传学，是奥地利科学家孟德尔创立的遗传学说，涉及孟德尔定律：显性原则，分离律（孟德尔第一定律）、自由组合定律、独立分配律（孟德尔第二定律），奠定了现代遗传学的基础。——译者注

偶然的。在潮汐演化和物种起源中，我们有一种机制，通过这种机制，偶然的变异性，即潮汐波的随机运动和水分子的随机运动，通过动态过程转化成一种单向的发展模式。潮汐演化论无疑是达尔文老先生思想在天文学上的应用。

达尔文家的第三代查尔斯爵士，是现代量子力学的权威之一。这一事实也许出于偶然，但它仍然代表了统计学思想对牛顿思想的进一步影响。麦克斯韦—玻尔兹曼[1]、吉布斯[2]这一连串的名字，象征着热力学正逐步被归结为统计力学，也就是说，将有关热和温度的现象归结为这样一种现象：在牛顿力学的应用场景中，我们处理的不是单个动力系统，而是动力系统的统计分布；我们的结论并不针对所有系统，而是其中的绝大多数系统。大约在1900年，很明显，热力学存在严重的错误，特别是在辐射问题上。正如普朗克黑体辐射定律[3]所表明的那样，以

〔1〕路德维希·爱德华·玻尔兹曼（Ludwig Eduard Boltzmann，1844—1906年），奥地利物理学家、哲学家，其最大贡献在于提出通过原子性质（如原子量、电荷量、结构等）预测物质物理性质（如黏性、热传导、扩散等）的统计力学，并基于统计概念对热力学第二定律进行完美阐释。——译者注

〔2〕乔赛亚·威拉德·吉布斯（Josiah Willard Gibbs，1839—1903年），美国科学家，对物理学、化学、数学做出卓越的理论贡献，为热力学实际应用的研究奠定物理化学基础，通过系综理论对热力学定律做出微观解释，因此成为统计力学的创建者。"统计力学"这一术语由他引入。——译者注

〔3〕普朗克黑体辐射定律又称普朗克定律或黑体辐射定律，指的是在任意温度 T 下，从一个黑体发出的电磁辐射的辐射率与频率之间的关系。——译者注

太对高频辐射的吸收能力比现有的任何辐射理论机械化所允许的都要小得多。普朗克用辐射的准原子理论——量子理论——对这些现象提供了合理的解释，但这个理论与物理学的其余部分不一致；尼尔斯·玻尔[1]紧随普朗克后，提出了一个类似的专门适合这种情况的原子理论。因此，牛顿理论和普朗克—玻尔理论分别形成了黑格尔二律背反[2]的正题和反题。二者的综合是海森堡在1925年发现的统计学理论，其中吉布斯的牛顿动力学[3]统计理论被废弃，取而代之的是与牛顿和吉布斯在处理大尺度现象所采用的统计理论高度相似的理论，但其中关于过去和现在的完整数据不足以预测未来的真实情况，只能做统计学分析。因此，可以毫不夸张地说，不仅是牛顿天文学，甚至是牛顿物理学，都已经成为统计数据平均结果的图画，从而也成为了一种对进化过程的描述。

这种从牛顿可逆时间到吉布斯不可逆时间的转变，在哲学上也有所体现。柏格森[4]强调了物理学的时间可逆（没有新事物发生）与进化和生

---

〔1〕尼尔斯·亨里克·达维德·玻尔（Niels Henrik David Bohr，1885—1962年），丹麦物理学家，因"对原子结构以及从原子发出的辐射的研究"获得诺贝尔物理学奖。他提出的原子玻尔模型利用量子化的概念，对氢原子的光谱做出合理解释，也提出量子力学中的互补原理。——译者注

〔2〕作为一种哲学概念，黑格尔二律背反指的是对系统对象或问题形成的两种理论或学说虽各自成立却相互矛盾的现象，又称二律背驰或自相矛盾。——译者注

〔3〕牛顿动力学是基于牛顿运动定律的粒子或小天体的动力学。——译者注

〔4〕亨利·柏格森（Henri Bergson，1859—1941年），法国哲学家、法兰西学院院士，凭借其作品《创造进化论》获1927年诺贝尔文学奖。——译者注

物学的时间不可逆（总是有新事物发生）之间的区别。认识到牛顿物理学不是生物学的合适框架，这也许是活力论[1]和机械论[2]之间古老争论的中心；尽管由于人们希望以某种形式保存灵魂和上帝的影子，以抵御唯物主义的入侵，而这使情况变得复杂。正如我们所看到的，活力论者走过了头。他们并没有在主张活力论和机械论的人之间筑起一道壁垒，而是筑起了一道涵盖如此广阔的范围，以至于物质和生命都被统统包括在内的围墙。的确，新物理学与牛顿物理学关注的重点不同，但它与活力论者的人格化愿望相去甚远。量子力学理论学家的或然性理论，打破了奥古斯丁学说倡导的道德自由理论，认同堤喀[3]与阿南刻[4]一样的无情。

每个时代的思想都体现在那个时代的技术上。古代的土木工程师同时也是土地测量员、天文学家和航海家；17世纪和18世纪早期，工程师则成了钟表匠和镜片研磨师。与古代一样，工匠们以天体的形象制作工具。手表不过是一个袖珍版的星象仪，和天球一样有必然的运动；如果摩擦和能量逸散在其中起作用，他们就需要克服这些作用，使时针的运

---

〔1〕活力论，又称生机论，是有关生命本质的唯心主义学说，认为生命具有自我力量，或是生命活力，或称为灵魂、气。——译者注

〔2〕机械论将自然界整体视为复杂机器或工艺品，其不同组成部分之间不存在内在联系。因此认为物体或生物的行为可以其组成部分和外界影响进行解释。——译者注

〔3〕堤喀，希腊神话中的机遇女神，被当作幸运的象征进行祭拜。——译者注

〔4〕阿南刻，希腊神话中掌管命运、定数和必然的神。——译者注

动尽可能具有周期性和规律性。在惠更斯[1]和牛顿的模型之后，这项工程学的主要技术成果的体现就是航海时代的到来，此时人们第一次有可能以可观的精度计算经度，并将远洋贸易从偶然和冒险的事情转变为常规的合理业务。这是重商主义[2]者的工程学。

在商人后出现的是制造商，在天文钟（尤用于航海）后出现的是蒸汽机。从纽科门蒸汽机[3]几乎到现在，工程的核心领域一直是对原动机[4]的研究。热被转化成可用的旋转能量和平移能量，拉姆福德伯爵[5]、卡诺[6]和焦耳[7]等人的物理学对牛顿的物理学做了补充。热力

---

〔1〕克里斯顿·惠更斯（Christiaan Huygens，1629—1695年），荷兰物理学家、天文学家、数学家，发现了土卫六、猎户座大星云和土星光环。——译者注

〔2〕重商主义的经济理论、经济政策盛行于16世纪至18世纪之间，旨在尽量使国家富足、强盛，因而获取、保留尽可能多的境内经济活动，因此使制造业和工业，尤其是军事工业，占优先发展地位。——译者注

〔3〕纽科门蒸汽机由汤玛斯·纽科门于1712年发明，是首台利用蒸汽产生机械功的实用装备，充当现代蒸汽机的原型。——译者注

〔4〕原动机泛指通过能源产生原动力的一切机械，这里指的是通过燃料产生有用功的发动机。——译者注

〔5〕本杰明·汤普森（Benjamin Thompson，1753—1814年），英籍物理学家，1790年被封为伯爵，故又名拉姆福德伯爵，他对热的本质的研究对当时主流热质说构成挑战，对19世纪热力学的发展意义影响深远。——译者注

〔6〕尼古拉·莱昂纳尔·萨迪·卡诺（Nicolas Léonard Sadi Carnot，1796—1832年），法国物理学家、工程师，被称为"热力学之父"。在其唯一出版的著作《论火的动力》中提出卡诺热机和卡诺循环及"卡诺原理"。——译者注

〔7〕詹姆斯·普雷斯科特·焦耳（James Prescott Joule，1818—1889年），英国物理学家，在研究热的本质时，发现热与功之间的转换关系，因而得出能量守恒定律，并最终推导出热力学第一定律。"焦耳"被用作国际单位制中能量的单位。——译者注

□ **贝尔电话试音**

　　1876年3月10日，贝尔发明了电话。1892年，纽约与芝加哥的电话线路开通。贝尔第一个试音是："喂，芝加哥。"这一历史性的声音被永远地记录了下来。1877年，波士顿《世界报》接收到第一份用电话发出的新闻电讯稿，这标志着电话已经成为公众使用的交流工具。

学[1]随后出现了，这是一门时间明显不可逆的学科；虽然这门学科在早期阶段，似乎与牛顿动力学毫不相干，但能量守恒定律[2]，以及后来对卡诺定理[3]、热力学第二定律、能量退降定理（使蒸汽机可以获得的最大效率取决于锅炉和冷凝器的工作温度）的统计说明，所有这些都将热

力学和牛顿动力学融合为同一学科的统计和非统计两个部分了。

　　如果说17世纪和18世纪是钟表时代，那么18世纪后期和19世纪则是蒸汽机时代，现在就是通信和控制的时代。在电气工程中存在一种分裂

　　〔1〕热力学全称为热动力学，其研究对象是热现象中物态转变和能量转换的规律，研究重点在于物质的平衡状态以及准平衡态的物理、化学过程。——译者注

　　〔2〕能量守恒定律认为孤立系统的总能量 E 是不变的。若系统处于孤立状态，即无法使任何能量或质量从该系统输入或输出。能量不会无故生成，也不会无故损毁，但可以改变形式。——译者注

　　〔3〕卡诺定理是一个热力学定理，指出热机的最大热效率仅与其高温热源和低温热源的温度相关。——译者注

现象，在德国被称为强电流技术和弱电流技术之间的分裂，我们知道这就是电力工程和通信工程之间的区别。正是这种分裂，将过去的时代与我们现在生活的时代区分开来。诚然，通信工程可以处理任何大小的电流，机器动作的力量也足以驱动大型炮塔的引擎；它与电力工程的区别在于，它的主要目的不在于能源经济，而是要让信号准确再现。这种信号可以是按键的轻敲，它必须由另一端的电报接收器的轻敲再现；这种信号也可以是通过电话装置传送和接收的声音；还可以是轮船的转动，作为方向舵的角位置接收。通信工程始于高斯、惠斯通[1]和第一批电报员。上世纪中叶，第一条横跨大西洋的电缆铺设失败后，才由开尔文勋爵[2]对它进行了第一次合理的科学论述；从80年代起，赫维赛德[3]尽了最大努力，让它成为了当今的状态。在第二次世界大战中，雷达的发现和使用，以及对防空火控装置的迫切性，使该领域产生了大量训练有素的数学家和物理学家。自动计算机的奇迹也在这个领域，在过去，人

---

〔1〕查尔斯·惠斯通爵士（Sir Charles Wheatstone，1802—1875年），英国科学家、发明家，发明英格兰六角手风琴、立体镜和普莱费尔密码。其最知名的发明是以其名字命名的惠斯登电桥，可用于测量未知电阻器的电阻。——译者注

〔2〕开尔文勋爵威廉·汤姆森（William Thomson，1824—1907年），英国数学家、物理学家、工程师、热力学温标（绝对温标）的发明者，由于在横跨大西洋的电报工程中的重大贡献，于1866年被封为爵士。——译者注

〔3〕奥利弗·赫维赛德（Oliver Heaviside，1850—1925年），英国物理学家、电子工程师，未接受过正规高等教育，不太重视严格的数学论证，善于通过直觉进行论述和演算，在数学和工程领域达成了许多原创成就。其自学微积分和麦克斯韦的《电磁通论》，创立了向量分析学，并将电磁学中最著名的麦克斯韦方程组改写成今天熟知的形式。——译者注

们对它的热情肯定没有现在这么高。

自代达洛斯[1]或亚历山大港的希罗[2]以来，在技术发展的每个阶段，工匠们制造仿生器物的能力一直令人称奇。这种制作和研究自动机的愿望一直借助时代的新技术表达。在巫术时代，我们有一个奇异而险恶的概念——石人傀儡[3]，由布拉格著名的拉比用亵渎上帝圣名的咒语赋予了这个泥人生命。在牛顿时代，自动机就是发条音乐盒，上面的小雕像僵硬地旋转着。在19世纪，自动机是被吹捧的热机，燃烧一些可燃燃料以代替人体肌肉的糖原。最后，现在的自动机通过光电池打开门，或将枪指向雷达波束识别飞机的位置，或计算出微分方程的解。

无论是古希腊还是巫术时代的自动机，都不是现代机器发展方向的主线，它们似乎也没有对严肃的哲学思想产生多大的影响。这与发条自动机大不相同。这一思想在现代哲学史早期发挥了切实和重要的作用，尽管我们很容易将其忽略。

首先，笛卡尔[4]认为低等动物是自动机。这样做是为了避免质疑

---

〔1〕代达洛斯（Daedalus）是希腊神话人物，一位技艺精湛的建筑师和工匠，是智慧、知识和力量的象征。——译者注

〔2〕亚历山大港的希罗（ρωνὸ Ἀλεξανσρεύς，10—70年），古希腊数学家、工程师，活跃于其家乡亚历山大港，被视为古代最伟大的实验家。——译者注

〔3〕石人傀儡是传说中用巫术灌注黏土做成的具有自由行动能力的人偶，曾在《圣经·诗篇》中出现过，寓指上帝未完全塑造好的人类。——译者注

〔4〕勒内·笛卡尔（René Descartes, 1596—1650年），法国哲学家、数学家，发明解析几何，将先前独立的几何与代数领域进行关联，被视为现代哲学和代数几何的创始人。——译者注

正统的基督教，即动物没有灵魂可以被拯救或诅咒。就我所知，笛卡尔从未讨论过这些活着的自动机如何发挥作用。然而，关于人类灵魂在感觉和意志上与物质环境耦合模式的重要关联问题，笛卡尔是讨论过的。他把这种耦合放在他所知道的大脑中间的松果体。至于他的耦合的性质——是否代表心灵对物质和物质对心灵的直接作用——他并不太清楚。他可能确实认为这两种方式都是直接作用的，但他将人类经验对外部世界的作用的有效性归因于上帝的善良和诚实。

　　将这种作用归诸上帝是不可靠的。上帝若是处于完全被动的状态，很难看出笛卡尔如何真正做出有意义的解释；上帝若是积极的参与者，则很难看出上帝的诚实所能保证的是除主动参与该行为的感觉之外的其他什么。因此，与物质现象的因果链平行的是以上帝的行为开始的因果链，上帝借此给我们与给定物质状况相对应的经验。在这种假设下，对于我们的意志与其在外部世界可能产生的影响之间的对应关系，我们就会很自然地将其归因于类似的神圣干预的结果。这是偶因论[1]者格林克斯[2]和马勒伯朗士[3]所遵循的路径。斯宾诺莎[4]很大程度上延续

---

〔1〕偶因论，又称机缘论，这种哲学主张认为心灵和身体之间无任何因果关系，看似因果相关的事件实际上是神分别造就的。——译者注

〔2〕阿诺德·格林克斯（Arnold Geulincx，1624—1669年），比利时哲学家、形而上学家、逻辑学家。他追随勒内·笛卡尔，试图形成更详细的笛卡尔哲学。——译者注

〔3〕尼古拉·马勒伯朗士（Nicolas Malebranche，1638—1715年），法国皇家科学院院士、理性主义哲学家，属于笛卡尔学派。——译者注

〔4〕巴鲁赫·德·斯宾诺莎（Baruch de Spinoza，1632—1677年），西方近代哲学史上重要的理性主义者，与笛卡尔和莱布尼茨齐名。——译者注

□ 莱布尼茨

莱布尼茨不仅在数学上成就斐然，在哲学史上更是占有重要地位。他是德国古典辩证法的先驱，也是黑格尔唯心主义辩证法的思想源泉之一。1960年，在莫斯科举行国际自动控制联合（IFAC）第一届世界代表大会上，有人问维纳："创立控制论时，是否受过某些哲学思想的影响？"维纳回答说："在哲学家中有一个人，如果他活到今天，毫无疑问，他将研究控制论。这个人就是莱布尼茨。"

了这个学派的观点[1]，使偶因论以更合理的方式呈现，他认为精神世界与物质世界的对应关系是上帝的两个独立的属性[2]；不过，斯宾诺莎未采取动态思维，很少或根本没有注意到这种对应的机制。

莱布尼茨就是在这个背景下开始研究的，但莱布尼茨以动态思维著称，正如斯宾诺莎以几何思维著称一样[3]。首先，他用相应元素的连续统一体（单子）代替这对相应的元素，即精神世界和物质世界。虽然这些是根据灵魂的模式构思出来的，但它们包含许多并未上升到完整灵魂的自我意识程度的例子，这些例子构成了笛卡尔所说的物质世界的一部分。它们每一个都处于各自封闭的宇宙中，有着从被创造或

---

〔1〕斯宾诺莎的著名观点包括泛神论、中立一元论、创造自然的自然以及被自然所创造的自然。——译者注

〔2〕在斯宾诺莎看来，上帝不仅包括物质世界（广延），还包括精神世界（思维）。——译者注

〔3〕斯宾诺莎著有《用几何学方法作论证的伦理学》（*Ethica Ordine Geometrico Demonstrata*），该书直至其死后才被发表，以欧几里得几何的方式撰写，在给出一组公理以及各种公式后，从中得出命题、证明、推论及解释。——译者注

时间上负无穷远到无穷远的未来的完美因果链；尽管它们是封闭的，但它们通过上帝预先建立的和谐彼此对应。莱布尼茨将它们比作时钟，这些时钟一旦上紧发条，时间就能从创造之日起永远运行下去。与人造时钟不同，它们不会陷入异步状态；但这要归功于造物主的奇迹般的完美工艺。

因此，莱布尼茨设想的用自动机模拟的世界，作为惠更斯的门徒，他自然地按照发条模型构建了这个世界。虽然单子可以相互反射，但这种反射并不会造成因果链之间的互相转移。它们实际上就像音乐盒上被动跳舞的小雕像一样独立，或者说更加独立。他们对外界没有真正的影响，也没有受到外界的有效影响。正如他所说，他们之间没有窗户[1]。我们所看到的世界的表面结构介于虚构和奇迹之间[2]。单子是牛顿的太阳系的缩影。

---

〔1〕每一单子必定是自足的，不依他而存在，同时又包含自身的全部可能性。则一单子不可能与另一单子产生交互作用。就像音乐盒上被动跳舞的塑像一样互不影响。若一单子作用于另一单子，则另一单子有可能未被包含在该单子之中，即该单子无法自足的包含自身的全部内容，需依附他物。由于实体不可分割，没有广延，莱布尼茨认为："单子之间没有窗户。"——译者注

〔2〕所有单子均以特定角度包含全世界。世界由单子构成，单子只是其可能性的集合，世界亦只是一种可能。如何确定世界知识的确定性和真实性？莱布尼茨认为需依赖世界的创造者——神。在神创造之前，没有现成材料，因此没有既定的有限处境，那么创造是一种纯意志活动，神仅凭其至善来创造这个世界。世界之所以如此，是因为这可能是世界中最好的那个。人无法完全理解神的这种至善意志，只能朝这个方向迈进，因为人的头脑作为特殊单子具有记忆功能，能够基于过去筹划未来，这是人类共享的神性，也就是道德可能性。人可以通过开放可能性来了解由神创造的这个世界，从而明白如何成为道德的人。——译者注

在19世纪，人们从截然不同的角度，即唯物主义者所说的动物和植物，来研究人造自动机和其他自然自动机。能量守恒和能量逸散是当今的主导原则。生物体首先是一台热机，将葡萄糖、糖原或淀粉、脂肪和蛋白质燃烧成二氧化碳、水和尿素。代谢平衡问题是我们关注的焦点；如果人们注意到动物肌肉的工作温度较低，而类似效率的热机的工作温度较高，那么这个解释就会被逼入困境，只能用生物体的化学能与热机的热能有所不同的说法来马马虎虎解释一下。所有的基本概念都与能量有关，最主要是和势能有关。人体工程学是电力工程学的一个分支。即使在今天，在那些保守的生理学家那里，这仍然是主导观点。拉舍夫斯基，以及其学派中的生物物理学家的整个思想倾向就足以证明这一点。

今天我们逐渐认识到，人体远不是一个保守的系统，它的组成部分在一个可用能量远没有我们想象的那么有限的环境中工作。电子管已经向我们证明具有外部能量来源的系统（几乎所有能量都被浪费了）可能是非常有效的执行预期操作的机构，尤其是在低能量水平下工作的情况。我们开始看到，重要的组成神经元的元素和人体神经复合体的原子，在与真空管大致相同的条件下工作，它们的能量相对较小，由循环系统从外部提供，对描述其功能起关键作用的记录不是能量性质的。简而言之，对自动机的最新研究，无论是在金属上还是在肉体中，都是通信工程的一个分支，它的基本概念是消息、干扰量或"噪声"、信息量、编码技术——从电话工程师那里借用的术语等。

在这样的理论中，我们研究这样一种自动机，它不仅可以通过自身的能量流和新陈代谢，而且通过印象流、输入消息和输出消息的动作流与外部世界有效耦合。接受印象的器官相当于人类和动物的感觉器官。它们包括光电池和其他受光器；包括用来接收自身短波的雷达系统；包括可以充当味觉器官的氢离子电位记录仪，温度计、各种压力表、麦克风等，以及可以充当动作器官的电动机、螺线管、加热线圈、或其他各种各样的仪器。在感受器或感觉器官与效应器[1]之间，有一组中间元件，其功能是将传入的印象重新组合成某种形式，以便在效应器中产生预期类型的响应。输入到该中央控制系统的信息通常包含有关效应器本身功能的信息。由于我们也有记录关节位置或肌肉收缩速度等的器官，这些与人体系统的动觉器官和其他本体感受器官相当。此外，自动机接收到的信息不一定立即使用，可以被延迟或存储，以便在将来的某个时间使用。这是存储器的模拟。最后，只要自动机在运行，它的操作规则就很容易受到一些变化的影响，这些变化是基于过去通过其受体传递的数据，这与学习的过程很相似。

我们现在谈论的机器既不是感觉论者的梦想，也不是未来某个时间才能实现的希望。它们已经以恒温器、自动回转罗盘、船舶操纵系统、自推进导弹（尤其是诸如寻找目标的防空火控系统）、自动控制的石油裂解蒸馏器、超高速计算机器等形式存在。它们早在战争之前就已经开始使

---

　　[1] 效应器，指的是传出神经纤维末梢或运动神经末梢及其支配的肌肉或腺体的构成整体。比如，中枢神经向周围发送的传出神经纤维在骨骼肌或内脏的平滑肌或腺体处终止，支配肌肉或腺体的活动。——译者注

用了——确实，非常古老的蒸汽机调速器就属于其中一种——但是第二次世界大战的大型机械化使它们得到了发展，而处理极其危险的原子能的需要，可能会将它们推向更高的发展水平。不到一个月就会有一本关于这些所谓的控制机制或伺服机构的新书出版，而当今时代是真正的伺服机构的时代，就像19世纪是蒸汽时代或18世纪是时钟时代一样。

总而言之，现代的许多自动机都与外部世界耦合，既用于接收信息，也用于执行动作。它们包含感觉器官、效应器和神经系统的等价物，用于整合相互之间的信息传输。它们适宜用生理学术语进行描述。可以将它们归入一个具有生理学机制的理论，这并不是什么奇迹。

这些机制与时间的关系需要很细致地研究。当然，很明显，输入与输出的关系在时间上是一个连续的关系，并且包含一个明确的过去与未来的顺序。可能不太清楚的是，敏感自动机的理论是一种统计学理论。我们几乎从未对通信工程机器在单个输入下的性能感兴趣。为了充分发挥作用，它必须为整个输入类别提供合格的性能，这意味着它在统计上预期接收的输入类别具有统计上的适当性能。它的理论属于吉布斯统计力学，而不是牛顿经典力学。我们将在专门讨论传播理论的章节中对此进行更详细的研究。

因此，现代自动机与生物体一样，都存在于柏格森时间中；因此，按照柏格森的观点，没有理由认为生物体的基本功能模式不应与这类自动机的基本功能模式相同。活力论赢得了胜利，甚至机械论都与活力论的时间结构相对应；但正如我们所说，这场胜利其实是一次彻底的失败，因为从任何与道德或宗教有丝毫关系的观点来看，新兴力学与旧力学一样机械。我们是否应该称这种新观点为唯物主义，这在很大程度上是一个提法的问题：在19世纪，物理学的特征就是物质概念远比现在的时代更具有优势，"唯物主义"只不过是"机械论"的一个不够严谨的同义词。事实上，整个机械论与活力论的争论已被归入不恰当的提法问题而被边缘化。

第二章　群体与统计力学

为了给控制论建立一种统计理论，本章详细分析讨论了吉布斯统计力学，并介绍了吉布斯统计力学，同时也是古典热力学重要概念之一——熵。揭示吉布斯统计力学所处理的就是自发趋于热平衡的系统和过程（人的生命活动）。维纳认为生命体中的熵的活动与麦克斯韦妖（酶）密切相关，熵达到平衡状态的速率由麦克斯韦妖控制，但麦克斯韦妖无法改变平衡状态。

大约在本世纪（20世纪）初，有两位科学家，分别在美国和法国，正沿着两条看似根本不相关的路线进行研究，好像其中任何一方离另一方的思想都很遥远。在纽黑文[1]，威拉德·吉布斯正在发展他统计力学的新观点。在巴黎，亨利·勒贝格[2]发现了一种修正过的、更强大的积分理论，可用于三角级数研究，其名气堪比他的导师埃米尔·博雷尔[3]。这两位发现者在这一点上是相似的，都从事理论工作，而不是实验室工作，但除此以外，他们对科学的整体态度截然不同。

吉布斯虽然是数学家，但他始终认为数学是物理学的辅助工具。勒贝格则是一个典型的分析家，一个能极其严格地把握现代数学严谨性的高手；同时他也是一位作家，据我所知，在他的作品中一个直接源自物理学问题或方法的例子都没有。然而，这两个人的作品形成了一个整体，其中吉布斯提出的问题是在勒贝格的作品中，而不是在他自己的作品中找到了答案。

---

〔1〕纽黑文，为美国康乃狄克州的沿海城市，耶鲁大学所在地。——译者注

〔2〕亨利·莱昂·勒贝格（Henri Léon Lebesgue，1875—1941年），法国数学家，其重要贡献是1902年提出的勒贝格积分，拓宽了积分学的研究范围。——译者注

〔3〕费利克斯·爱德华·朱斯坦·埃米尔·博雷尔（Félix Édouard Justin Émile Borel，1871—1956年），法国数学家、政治家，与勒内-路易·贝尔、亨利·勒贝格是研究测度论及其在概率论中应用的带头人。博雷尔集的概念即以他的名字命名。——译者注

吉布斯的核心思想是：在牛顿动力学的原始形式中，我们关注的是一个单独的系统，该系统具有给定的初速度和动量，根据将力和加速度联系起来的牛顿定律，依据特定的力系统发生变化。然而，在绝大多数实际情况下，我们远不能知道所有的初速度和动量。如果我

□ **维纳在美国马里兰州阿伯丁试验场**
　　阿伯丁试验场位于美国马里兰州，是美国历史最悠久的兵器试验中心，成立于1917年10月20日。阿伯丁试验场负责为美国陆军常规武器进行检测，训练军械人员，此外还对外国陆军武器的性能数据进行检测。1918年，维纳在阿伯丁试验场参与了弹道学的研究。

们假设系统的这些不完全已知的位置和动量具有某个初始分布，那么我们就能完全以牛顿的方式确定未来任何时间的动量和位置的分布。然后就有可能对这些分布做出推论，其中一些将具有这样的判断性质：未来系统将具有某些特征的概率为1，或具有某些其他特征的概率为0。

　　概率1和0是完全确定和完全不可能的两个概念，但也可能包括更多。如果我用一个点大小的子弹射击目标，我击中目标上任何一个特定点的概率通常为0，尽管我击中目标并非不可能；的确，我实际上一定会击中某个特定点，而这本是一个概率为0的事件。因此，一个概率为1的事件，即我击中某个点的事件，可能由许多概率为0的事件集合组成。

　　然而，吉布斯统计力学使用的一个处理是（尽管它是隐式地使用，而且吉布斯也没有清楚地意识到这一点），将一个复杂的偶然事件分解为一个更

特殊的偶然事件的无穷数列——第一个、第二个、第三个，等等——每一个都有一个已知的概率；这个较大偶然事件的概率表示为更特殊的偶然事件的概率之和，形成一个无穷数列。因此，我们不能对所有可能情况下的概率求和，以获得整个事件的概率……因为任何数量的零之和都是零——而如果有第一个、第二个、第三个成员等，其中每一项都有一个由正整数给出的明确位置，我们就可以对它们求和，并且以此类推，形成一个偶然事件数列。

这两种情况之间的区别涉及对多个实例集性质相当微妙的考虑，而吉布斯虽然是一位非常厉害的数学家，但从来不是一个注重细节的人。是否可能存在一个无限的类，但在多重性上与另一个无限类（例如正整数的类）有本质上的不同？这个问题在上世纪末由格奥尔格·康托尔[1]解决，答案是"是的"。如果我们考虑在0和1之间的所有不同的十进制小数，无论有尽或无尽，就知道它们不能按1，2，3，…的顺序排列——尽管奇怪的是，所有终止十进制小数都可以这样排列。因此，吉布斯统计力学所要求的区分从表面上看并不是不可能的。勒贝格对吉布斯理论的贡献就在于，他证明了统计力学关于概率为0的偶然事件和偶然事件的概率相加的隐含要求实际上是可以满足的，吉布斯理论并不包含矛盾。

---

〔1〕格奥尔格·康托尔（Georg Cantor，1845—1918年），俄裔德国数学家，创立现代集合论，奠定实数系乃至整个微积分理论体系的基础，并提出势和良序概念的定义；确定两个集合的成员中一对一关系的重要性，界定无限且有序的集合，并证明实数比自然数多。——译者注

　　然而，勒贝格的工作并不直接基于统计力学的需要，而是基于一个看起来完全不同的理论，即三角级数理论的需要。三角级数理论可以追溯到18世纪的波和振动物理学，以及当时尚未解决的一个问题：线性力学系统的运动是否普遍可以从系统的简单振动中合成出来——换句话说，从这些振动中，它经历的时间只是它对平衡状态的偏差值乘以一个正的或负的量，这个量仅取决于时间，与位置无关。因此，单个函数就表示为一个级数的总和。级数中各个系数则表示为该函数与一个给定的加权函数乘积的平均值。整个理论取决于根据各项的平均值给出级数平均值的性质。请注意，在一个从0到 A 的区间上为1，且从 A 到1的区间上为0的量的平均值是 A ，并且如果它已知随机点位于0和1之间，这个平均值可以认为是随机点位于从0到 A 的区间内的概率。换句话说，一个级数的平均所需的理论非常接近于充分讨论由无穷数列的复合概率所需的理论。这就是勒贝格在解决自己的问题时，也解决了吉布斯的问题的原因。

　　吉布斯讨论的特定分布本身有其动力学上的解释。如果我们考虑某种非常普遍的保守动力系统，其自由度为 N ，它的位置和速度坐标共有 $2N$ 个，其中 N 个称为广义位置坐标，另外 N 个称为广义动量。这些坐标确定了一个 $2N$ 维空间，定义了一个 $2N$ 维体积；如果取这个空间的任意区域，让点随时间的推移而流动，每组 $2N$ 坐标会根据流逝的时间将变成一个新的集合，但不断变化的区域边界不会改变其 $2N$ 维体积。一般来说，因为定义集不像定义这些区域那样简单，所以体积的概念产生了勒贝格式的测度[1]系统。在这个测度系统中，即在以保持该测度恒定的方式进行变换的守恒动力系统中，还有另一个数值实体也保持恒定的量：能量。如果系统中的所有物体仅产生相互作用，并且空间中没有固定位置和固定方向的力，那么还有另外两个表达式也保持恒定。这两个都是向量：动量和整个系统的角动量[2]。它们不难消除，因此系统可以被自由度更少的系统所取代。

在高度专业化的系统中，可能存在其他一些不由能量、动量和角动量决定的量，这些量在系统的发展过程中是不变的。然而，众所周知，在相当精确的意义上说，实际上很难找到一个力学系统，它既存在依赖于动力系统的初始坐标和动量的另一个不变量[3]，又规则到服从基于勒贝格测度[4]的积分系统的系统[5]。在没有其他不变量的系统中，我们可以确定能量、动量和角动量综合对应的坐标，而在剩余坐标的空间中，由位置和动量坐标确定的测度本身将确定一个子测度，就像空间测

---

〔1〕测度在数学分析中指一个函数，其对一个给定集合的某些子集指定一个数。测度的概念在感官上与长度、面积、体积等相当。重要的示例包括欧氏空间上的勒贝格测度，将欧氏几何上传统的长度、面积和体积等概念赋予 n 维欧式空间 Rn。——译者注

〔2〕角动量又称动量矩，在物理学中指与物体的位置和动量有关的物理量。——译者注

〔3〕若系统的某个物理量在某种变换下保持不变，则称此物理量为不变量。——译者注

〔4〕作为赋予欧几里得空间中的子集一个长度、面积或体积的标准方法，勒贝格测度被广泛用于实践分析，尤其是用于定义勒贝格积分。——译者注

〔5〕Oxtoby, J. C., and S. M. Ulam, "Measure-Preserving Homeomorphisms and Metri-cal Transitivity." *Ann. of Math.*, Ser. 2, 42, 874-920（1941）.

度将从一整族二维曲面确定一个二维曲面上的面积一样。例如，如果这种二维曲面族是同心圆，并按照两个球体之间的区域的总体积为1归一化，那么相邻两个同心圆之间的体积，就会给出一个球体表面面积测度的极限度量。

然后，对相空间[1]中具有确定的能量、总动量和总角动量的区域采用这种新的测度，并假设系统中没有其他可测量的变量。设这个受限区域的总测度为恒定值，或者我们可以适当改变尺度使恒定值为1。由于我们的测度是从一个随时间变化的测度获得的，所以在时间不变的情况下，它本身也是不变的。我们称这种测度为相位测度，而称它取的平均值为相位平均值。

然而，任何随时间变化的量也可能具有时间平均。例如，如果 $f(t)$ 取决于 t，那么它过去的时间平均值将为

$$\lim_{T \to \infty} \frac{1}{T} \int_{-T}^{0} f(t)\mathrm{d}t \tag{2.01}$$

而其未来的时间平均值则为

$$\lim_{T \to \infty} \frac{1}{T} \int_{0}^{T} f(t)\mathrm{d}t \tag{2.02}$$

在吉布斯的统计力学中，时间平均值和空间平均值都会出现。吉布斯试图证明这两种平均值在某种意义上是相同的，这是一个绝妙的想

---

[1] 相空间指由 s 个广义坐标和 s 个广义动量作为直角坐标构造的一个 $2s$ 维空间，其截面叫做庞加莱截面。——译者注

法。吉布斯认为这两种平均值相关的观点是完全正确的；而在他试图表明这种关系的方法上，他完全错了。这也不能怪他。因为在他去世的时候，勒贝格积分的名声才刚刚开始传入美国。15年后，它又成了博物馆里的珍品，唯一的作用只是向年轻的数学家展示严谨的必要性和可能性。即使像威廉·佛格·奥斯古德[1]这样杰出的数学家，在他临终前都和它没有任何关系[2]。直到1930年初，一群数学家——库普曼斯、冯·诺依曼、伯克霍夫才最终奠定了吉布斯统计力学的适当基础[3]。在以后的遍历理论[4]研究中，我们将看到这些基础是什么。

吉布斯本人认为，在一个所有不变量都作为额外坐标被移除了的系统中，相空间中几乎所有点的路径都经过这个空间中的所有坐标。他称这个假设为遍历假设[5]，来自于希腊语中的 ἔργον （工作）和 ὁδός

---

[1]威廉·佛格·奥斯古德（William Fogg Osgood，1864—1943年），美国数学家，主要研究复变函数论，尤其是共形映照、解析函数的均匀化以及变分法。——译者注

[2]尽管如此，奥斯古德的一些早期工作依然代表了勒贝格积分方向迈出的重要一步。——译者注

[3]Hopf, E., "Ergodentheorie," *Ergeb. Math.*, 5, No.2, Springer, Berlin（1937）.

[4]作为研究保测变换的渐近性态的一个数学分支，遍历理论源于为统计力学奠定基础的"遍历假设"研究，和动力系统理论、概率论、信息论、泛函分析、数论等数学分支之间存在密切的关联。——译者注

[5]遍历假设是研究具有不变测度的动力系统及其关联问题的一个数学分支，在物理学和热力学中，遍历假设认为在很长一段时间内，系统在具有相同能量的微态相空间的某些区域中所花费的时间与该区域的体积成正比，即所有可用的微态在很长一段时间内概率相等。——译者注

（路径）。现在，问题首先是，正如普朗歇尔[1]和其他人所指出的那样，没有实例证明这个假设是正确的。任何可微分路径都不能覆盖平面上的一个区域，即使它的长度是无限的。吉布斯的追随者，最后也许包括吉布斯本人，都隐约地意识到了这一点，并用准遍历假设代替了这个假设。该假设只是说随着时间的推移，系统通常会无限期地接近由已知不变量所确定的相空间区域中的每个点。关于这一点的真实性，不存在逻辑上的障碍：对于吉布斯以此为基础得出的结论来说，这显然是不够的。它说明不了系统在每个点附近消耗的相对时间。

□ 冯·诺依曼

冯·诺依曼的一生是天才的一生，他前半生的所有精力奉献给了数学，"二战"爆发后，他开始了计算机的研发。正是因为他的这一卓越贡献，成就了当今社会日新月异的科技时代。

为了理解遍历理论的现实意义，除了平均值和测度的概念——函数1相对于待测集合的值域和函数0相对其他范围的值域的平均值——这是理解吉布斯理论最迫切需要的，我们还需要更精确地对不变量和变换群[2]

---

〔1〕米歇尔·普朗歇尔（Michel Plancherel，1885—1967年），瑞士数学家，主要研究数学分析、数学物理、代数，以调和分析中的普朗歇尔定理而著称。——译者注

〔2〕变换群，指由变换构成的群，是几何学研究的重要对象。——译者注

的概念进行分析。吉布斯对这些概念肯定相当熟悉，正如他对向量分析的研究所表明的那样。然而，可以坚持认为，他没有充分评估它们的哲学价值。和他同时代的赫维赛德一样，吉布斯属于在物理数学的敏锐度常常超过逻辑敏感度的科学家们，并且他们通常是正确的，但他们往往无法解释之所以正确的原因和方式。

任何科学的存在，都必须以存在非孤立现象为前提。在一个由一连串奇迹主宰的世界里，非理性的上帝突发奇想地创造这些奇迹，此时我们将被迫在困惑、被动的状态下等待各种新的灾难。在《爱丽丝梦游仙境》的槌球游戏中，就出现了这种世界的画面；活生生的火烈鸟被当作球棍，刺猬被当作球，它们安静地摊开并着手做自己的事情；球门由扑克牌士兵们组成，他们同样听从于各自的自发主动性；而规则是暴躁、不可捉摸的红心王后的法令。

有效的游戏规则或有用的物理定律的本质在于它们是可以预先确定的，并且适用于不止一种情况。理想的法则应该代表所讨论系统的一个属性，该属性在特定环境的变化中保持不变。最简单的情形是，对系统所执行的一组变换而言保持不变的不变量。这样我们就得到了变换、变换群和不变量的概念。

系统的变换就是每个元素变成另一个元素的某种改变。在时间 t_1 与时间 t_2 之间的过渡期间，太阳系发生的改变是行星的坐标集合的变换。移动其原点或使几何轴旋转时，其坐标的类似变化可成为变换。在显微镜的放大作用下检查制剂时，所发生的尺度变化也同样是一种变换。

在变换 A 之后再进行变换 B 会导致另一个变换，称为 A 和 B 的乘

积或结式 BA。请注意，一般来说，它与 A 和 B 的顺序有关。因此，如果 A 指的是将坐标 x 代入坐标 y，将 y 代入 $-x$，z 不变的变换；而 B 指的是将 x 代入 z，z 代入 $-x$，y 不变的变换；那么 BA 指的是将 x 代入 y，将 y 代入 $-z$，然后再代入 $-x$ 的变换；而 AB 指的是将 x 代入 z，y 代入 $-x$，z 代入 $-y$ 的变换。如果 AB 和 BA 相同，我们就说 A 和 B 是可交换的。

有时，但并非总是如此，变换 A 不仅将系统的每个元素转化成一个元素，而且会有这样的属性，即每个元素都是另一个元素变换的结果。在这种情况下，有一个唯一的变换 A^{-1}，使得 AA^{-1} 和 $A^{-1}A$ 构成两个非常特殊的变换，我们称之为 I，即恒等变换[1]。这种变换将每个元素变换为自身。在这种情况下，我们称 A^{-1} 为 A 的逆变换，很明显，A 也是 A^{-1} 的逆变换，I 是其自身的逆变换，而 AB 的逆变换是 $B^{-1}A^{-1}$。

在某些变换集合中，集合内任一变换都有一个逆变换，逆变换仍属于该集合；集合内任何两个变换之积仍属于该集合。这些集合称为变换群。沿直线、平面或三维空间上所有平移的集合，称为变换群；更重要的是，它是一个特殊类型的变换群，称为阿贝尔群[2]，群内任意两个变换都是可交换的。环绕一个点的旋转组成的集合，以及刚体在空间中的

---

[1] 恒等变换，指的是使集合中任何元素均保持不变的变换。——译者注

[2] 阿贝尔群，又称交换群或可交换群，可满足其元素的运算不依赖于元素的次序。——译者注

所有运动，均属于非阿贝尔群[1]。

假设我们有一些附加在由变换群所变换的所有元素相关联的量。如果当每个元素被群的相同变换改变时，这个量不变，那么不管该变换是什么，都可以称它为群的不变量。这样群不变量有很多种，其中的两种对我们的工作特别重要。

第一种是所谓的线性不变量。设阿贝尔群所变换的各元素为 x，设 $f(x)$ 为这些元素的复值函数，具有某种适当的连续性或可积性属性。如果 Tx 代表在变换 T 下由 x 合成的元素，且 $f(x)$ 是绝对值1的函数，则有

$$f(Tx) = \alpha(T)f(x) \qquad (2.03)$$

其中 $\alpha(T)$ 是一个仅取决于 T 的、绝对值为1的数，我们可以认为 $f(x)$ 是群的一个特征标。在稍微广义的意义上，它是群的不变量。如果 $f(x)$ 和 $g(x)$ 是群的特征标，显然 $f(x)g(x)$ 和 $[f(x)]^{-1}$ 也是群的特征标。如果我们可以将群上定义的任何函数 $h(x)$ 表示为群的特征标的线性组合，则可以写作如下形式

$$h(x) = \sum A_k f_k(x) \qquad (2.04)$$

其中 $f_k(x)$ 是群的一个特征标，$\alpha_k(T)$ 与 $f_k(x)$ 的关系与式

---

[1] 非阿贝尔群，又称非交换群，用于与阿贝尔群区分，其中所有元素均满足交换律。——译者注

（2.03）中 $\alpha(T)$ 与 $f(x)$ 的关系相同，那么

$$h(Tx) = \sum A_k \alpha_k(T) f_k(x) \qquad (2.05)$$

因此，如果可以用 $h(x)$ 来表示一组群特征标集合，就可以用 $h(Tx)$ 来表示所有 T 的特性。

我们已经看到，一个群的特征标在乘法和逆运算下会产生其他特征标，同样可以看出常数1是一个特征标。因此，与一个群特征标相乘会产生一个群特征标本身的变换群，即原始群的特征标群。

如果原始群是无限长直线上的平移群，使算符 T 将 x 变为 $x+T$ ，则式（2.03）变为

$$f(x+T) = \alpha(T) f(x) \qquad (2.06)$$

当 $f(x) = e^{i\lambda x}$ ， $\alpha(T) = e^{i\lambda T}$ 时，等式成立。此时特征标为函数 $e^{i\lambda x}$ ，特征标群为将 λ 变为 $\lambda + \tau$ 的平移群，因此具有与原始群相同的结构。但当原始群由绕圆的旋转组成时，情况就变了。这时，算符 T 将 x 变成0到 2π 之间的一个数，与 $x+T$ 的差是 2π 的整数倍，而式（2.06）若成立，还需要有一个附加条件，即

$$\alpha(T + 2\pi) = \alpha(T) \qquad (2.07)$$

如果现在像以前一样设 $f(x) = e^{i\lambda x}$ ，就得到

$$e^{i2\pi\lambda} = 1 \qquad (2.08)$$

这意味着 λ 必须是实整数、正数、负数或零。因此，特征标群就相当于整数的平移。另一方面，如果原始群是整数的平移群，则式（2.05）中的 x 和 T 被限制在整数范围内，而 $e^{i\lambda x}$ 仅涉及0和 2π 之间的一个数，

与 λ 的差是 2π 的整数倍。因此，特征标群本质上是由绕圆的旋转组成的群。

在任何特征标群中，对于给定的特征标 f，$\alpha(T)$ 的值的分布方式为：对于群内任何元素 S，当所有 $\alpha(T)$ 都乘以 $\alpha(S)$ 时，该分布不会改变。也就是说，如果有任何合理的基础取这些值的平均值，且不受群的变换（用群变换中的一个固定变换与每个变换相乘）的影响，则要么 $\alpha(T)$ 始终为1，要么乘以某个不是1且必须为0的数时，该平均值保持不变。由此可以得出这样的结论：任意特征标与其共轭项（同样也是一个特征标）乘积的平均值为1，而任意特征标与另一特征标的共轭项乘积的平均值为0。换句话说，如果 $h(x)$ 可以表示为像式（2.04）那样，那么就得到

$$A_k = \text{average}\left[h(x)\overline{f_k(x)}\right] \tag{2.09}$$

在绕圆旋转组成的群的情况下，这个结果直接告诉我们，如果

$$f(x) = \sum a_n \mathrm{e}^{inx} \tag{2.10}$$

那么

$$a_n = \frac{1}{2\pi} \int_0^{2\pi} f(x) \mathrm{e}^{-inx} \mathrm{d}x \tag{2.11}$$

并且沿无限长直线平移的结果与以下条件密切相关：如果在适当条件下有

$$f(x) = \int_{-\infty}^{\infty} a(\lambda) \mathrm{e}^{i\lambda x} \mathrm{d}\lambda \tag{2.12}$$

那么在一定条件下有

$$a(\lambda) = \frac{1}{2\pi} \int_{-\infty}^{\infty} f(x) e^{-i\lambda x} \mathrm{d}x \qquad (2.13)$$

这里只是大致描述了上面的结果，但是没有明确说明它们的有效性条件。要更精确地阐述该理论，读者应查阅相应参考资料[1]。

除了群变量的线性理论之外，还有其测度不变量的一般理论。度量群不变量就是勒贝格测度系统，当群变换的对象被群的算符交换时，它们不会发生任何变化。关于这一点，我们可以引用哈尔[2]提出的有趣的群测度理论。正如我们所看到的，每个群本身都是一组对象的集合，这些对象是通过与群本身的算符相乘来进行交换的。因此，它可能具有不变的测度。哈尔曾证明，有相当广泛的一类群确实具有唯一确定的不变测度，可根据群本身的结构来定义。

变换群的测度不变量理论的最重要应用，是证明了相位平均值和时间平均值的可互换性。正如我们看到的那样，吉布斯在这方面的努力是失败的。实现这一点的基础就是遍历理论。

普通的遍历定理从集合 E 开始，可以把它看成是测度为1的集合，它通过保测变换 T 或保测变换群 T^λ（其中$-\infty < \lambda < \infty$）变换到自身，且

$$T^\lambda \cdot T^\mu = T^{\lambda+\mu} \qquad (2.14)$$

---

〔1〕Wiener, N., The Fourier Integral and Certain of Its Applications, The University Press, Cambridge, England, 1933; Dover Publications, Inc., N. Y.

〔2〕Haar, H., "Der Massbegriff in der Theorie der Kontinuierlichen Gruppen." Ann. of Math., Ser, 2, 34, 147–169（1933）.

遍历理论关注的是集合 E 的元素 x 的复值函数 $f(x)$。在所有情况下，$f(x)$ 被认为在 x 中可测，如果关注的是连续的变换群，则 $f(T^\lambda x)$ 被认为在 x 和 λ 中同时可测。

在库普曼斯和冯·诺依曼的平均遍历定理中，$f(x)$ 被认为属于 L^2 类函数，即

$$\int_E |f(x)|^2 dx < \infty \tag{2.15}$$

该定理接着证明

$$f_N(x) = \frac{1}{N+1} \sum_{n=0}^{N} f(T^n x) \tag{2.16}$$

或

$$f_A(x) = \frac{1}{A} \int_0^A f(T^\lambda x) d\lambda \tag{2.17}$$

在这种情况下，当 $N \to \infty$ 或 $A \to \infty$ 时，它们的均值分别收敛到极限 $f^*(x)$，即

$$\lim_{N \to \infty} \int_E |f^*(x) - f_N(x)|^2 dx = 0 \tag{2.18}$$

$$\lim_{A \to \infty} \int_E |f^*(x) - f_A(x)|^2 dx = 0 \tag{2.19}$$

在伯克霍夫"几乎处处"收敛的遍历定理中，$f(x)$ 属于 L 类，这意味着

$$\int_E |f(x)| dx < \infty \tag{2.20}$$

函数 $f_N(x)$ 和 $f_A(x)$ 的定义如式（2.16）和式（2.17）所示。

然后，该定理指出，除了测度为0的一组 x 值集合之外，极限函数

$$f^*(x) = \lim_{N \to \infty} f_N(x) \tag{2.21}$$

和

$$f^*(x) = \lim_{A \to \infty} f_A(x) \tag{2.22}$$

都是成立的。

一个非常有趣的例子是所谓的遍历变换或测度传递变换的例子，其中变换 T 或变换集 T^A 仅对测度为1或0的点集有不变量。在这种情况下，f^* 取一定范围值的值集（对于任意一个遍历定理）几乎总是1或0。除非 $f^*(x)$ 几乎总是常数，否则这是不可能的。因此假定 $f^*(x)$ 的值几乎总是

$$\int_0^1 f(x)\mathrm{d}x \tag{2.23}$$

也就是说，在库普曼斯定理[1]中，均值的极限表达为

$$\lim_{N \to \infty} \frac{1}{N+1} \sum_{n=0}^{N} f(T^n x) = \int_0^1 f(x)\mathrm{d}x \tag{2.24}$$

而在伯克霍夫定理[2]中，表达为

$$\lim_{N \to \infty} \frac{1}{N+1} \sum_{n=0}^{N} f(T^n x) = \int_0^1 f(x)\mathrm{d}x \tag{2.25}$$

---

〔1〕库普曼斯定理于1934年由佳林·库普曼斯提出，提出在闭壳层的哈特里–福克近似下，一个体系的第一电离能与其最高占据轨道的能量负值相等。——译者注

〔2〕在广义相对论中，伯克霍夫定理指认为，引力真空场方程的球对称解必为静态和渐近平面。——译者注

但0测度或0概率的 x 值集合除外。类似的结果也适用于连续情况。这充分证明了吉布斯相位平均值和时间平均值可互换。

在变换 T 或变换群 T^λ 不是遍历的情形下，冯·诺依曼在非常一般的条件下证明，它们可以简化为遍历分量。也就是说，除了0测度的 x 值集合外，E 总可以分解成类 E_n 的有限集或可数集和类 $E(y)$ 的连续统，这样可在每个 E_n 和 $E(y)$ 上建立一个在 T 或 T^λ 下不变的测度。这些变换都是遍历的，如果 $S(y)$ 是 S 与 $E(y)$ 的交集，S_n 是 S 与 E_n 的交集，那么

$$\text{测度}_E(S) = \int_{E(y)} \text{测度}\left[S(y)\right]\mathrm{d}y + \sum_{E_n} \text{测度}(S_n) \qquad (2.26)$$

换句话说，整个保测变换理论可以归结为遍历变换理论。

可以这么说，整个遍历理论都可以应用于那些比与直线上的平移群同构的变换群更为常见的变换群。特别是它可以应用于 n 维的平移群。三维的平移群在物理上很重要。时间平衡在空间的模拟是空间均质性。这个理论同气体、液体或固体的理论一样，依赖于三维遍历理论的应用。顺便说一句，三维中的非遍历平移变换群看起来就如同不同状态混合的平移集，在给定的时间里只存在其中一种状态，而不是两者同时存在。

统计力学的基本概念之一，同时在经典热力学中也有应用的是熵的概念。它主要反映相空间中的一种属性，表示在相空间区域的概率测度的对数。假设一个瓶子中有 n 个粒子，将瓶子分为 A 和 B 两部分，现在我们从动力学的角度来考虑这 n 个粒子系统的情况。如果有 m 个粒子在 A 中，$n-m$ 个粒子在 B 中，那么就相当于在相空间中表征了一个区域，

它具有一定的概率测度。其对数就是该分布的熵。该系统在大部分时间里都处于接近最大熵的状态，也就是说，在大多数时间里，接近 m_1 个粒子在 A 中，接近 $n-m_1$ 个粒子在 B 中，其中 m_1 个在 A 中、$n-m_1$ 个在 B 中的组合的概率为最大值。对于一个由大量粒子构成的系统，以及实际上可能识别的状态来说，这意味着如果系统中粒子状态的分布使系统的熵最大，那么我们就能观察到系统以后的变化使得熵几乎总是增加。

在关于热机的一般热力学问题中，我们处理问题的条件是：在发动机汽缸等大区域中大致达到了热平衡。我们要研究的熵的状态是，在给定温度和体积、给定体积的小部分区域以及假设的给定温度下熵最大的状态。即使深入讨论热机，特别是像涡轮机这样的热机，其中气体以比在汽缸中更复杂的方式膨胀，也不会从根本上改变这些条件。这时我们仍然可以用非常接近的近似值来谈论局部的温度，除了在平衡状态下并用只对这种平衡状态有意义的方法之外，没有任何温度是精确确定的。然而，在生命物质中，即使是这种大致的均匀性，我们也很难找到。电子显微镜所显示的蛋白质组织的结构具有极高的清晰度和细腻度，其生理学上必然具有相应的细腻度。这种细腻度比普通温度计的时空尺度的精细结构要大得多，因此，用普通温度计在活性组织中所测得的温度是粗略的平均温度，而不是热力学的真实温度。吉布斯统计力学很可能是反映躯体状况的绝佳模型；而普通热机所反映的状况肯定不适合。肌肉活动的热效率几乎没有任何意义，当然也不是它表面上显示的那种意义。

统计力学中一个非常重要的概念是麦克斯韦妖。假设一种气体，其中粒子在给定的温度下，以统计平衡状态下的速度分布四处移动。对于理想的气体，这是麦克斯韦分布。我们将这种气体装在一个坚固的容器中，容器上有一堵墙，里面有一扇小门，由看门人操作，可以是拟人化的妖，也可以是微型机械装置。当大于平均速度的粒子从 A 室接近小门，或小于平均速度的粒子从 B 室接近小门时，看门人就打开门让粒子通过；但是当小于平均速度的粒子从 A 室接近小门或大于平均速度的粒子从 B 室接近小门时，门就关闭。这样，B 室集中的高速粒子的浓度不断增加，而 A 室中却不断减少。这导致系统的熵明显降低；因此，如果现在将这两个隔间用热机连接起来，我们似乎就得到了第二类永动机。

回避麦克斯韦妖提出的问题比回答它要简单得多。没有什么比否认这种存在或结构的可能性更容易的了。我们实际上会发现，从最严格意义上说，麦克斯韦妖不可能存在于一个平衡状态系统中，但如果我们从一开始就接受这一点，而不试图证明它，我们将错过可能了解熵和关于物理、化学和生物系统知识的好机会。

麦克斯韦妖在行动前，它必须从接近的粒子那里接收与它们的速度和撞击点有关的信息。无论这些冲击是否涉及能量转移，它们都会涉及妖和气体的耦合。现在，熵增定律适用于完全孤立的系统，但不适用于这种系统的非孤立部分。因此，我们唯一关心的熵是气体—麦克斯韦妖系统的熵，而不是气体本身的熵。气体熵只是更大系统的总熵的一项。我们能否找到与麦克斯韦妖有关的项来解释它对总熵的贡献呢？

当然可以。麦克斯韦妖只能根据接收到的信息采取行动，而这种信息，将在下一章讲到，代表着负熵。信息必须通过某种物理过程来传递，例如某种形式的辐射。这种信息很可能以非常低的能量水平传递，并且在相当长的一段时间内，粒子与麦克斯韦妖之间的能量转移远不及信息转移重要。然而，在量子力学中，不可能获得任何有关粒子位置或动量的信息，更不用说同时获得这

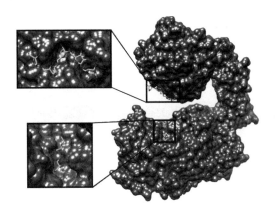

□ 酶
　　酶是一种生物催化剂，在温和的条件下，能高速催化各种生物化学反应，促进生物体的新陈代谢。生物体内的消化、吸收、呼吸、运动和生殖活动都是在酶的催化下进行的。

两方面的信息，而不对被检测粒子的能量产生明显效果（超过取决于检测用的光频率的最小值）。因此，严格来说，所有耦合都是一种涉及能量的耦合，所有系统都是一个在熵和能量方面处于平衡状态的系统。从长远来看，麦克斯韦妖本身会经历与其环境温度相对应的随机运动，正如莱布尼茨的单子论所说的，它接收大量模糊印象，直到它落入了"某种眩晕"，不再有清晰的感知。事实上，麦克斯韦妖丧失了原来的功能。

　　尽管这样，在麦克斯韦妖被削弱之前，可能有一段相当长的时间间隔，而这段时间可能会如此漫长，以至于我们可以称麦克斯韦妖的活跃阶段为亚稳态。没有理由认为亚稳态的麦克斯韦妖不存在。事实上，酶很可能就是亚稳态的麦克斯韦妖，熵的减少也许不是通过快粒子和慢粒子之间的分离，而是通过其他一些等效过程实现的。我们完全可以从这

个角度来看待生物体，如人类自己。当然，酶和生物体都处于亚稳态：酶的稳定状态是功能衰退，而生物体的稳定状态是死亡。所有的催化剂最终都被抑制：它们会改变反应速率，但不会改变真正的平衡。尽管如此，催化剂和人类都具有足够确定的亚稳态状态，值得将这些状态视为相对永久的性质。

在结束本章之前我想指出，遍历理论是一个比我们上文讨论的要广泛得多的主题。在当今对遍历理论的某些发展中，需针对变换群保持不变的测度是由集合本身直接定义的，而不是预先假定的。我特别提到克里洛夫和博戈柳勃夫[1]的作品，以及胡列维茨[2]和日本学派的一些作品。

下一章我们将专门讨论时间序列的统计力学。这是一个新领域，它的条件与热机的统计力学条件相去甚远，因此非常适合作为生物体内状态的模型。

---

〔1〕尼古拉·博戈柳勃夫（N. N. Bogoliubov, 1909—1992年），苏联数学家、理论物理学家，主要贡献在于量子场论、经典与量子统计力学，动态系统理论等。——译者注

〔2〕扬·胡列维茨（Jan Lukasiewicz, 1878—1956年），波兰数学家，同伦群理论创始者，维数论的开创者。——译者注

第三章　时间序列、信息和通信

　　维纳进一步提出了处在统计平衡的时间序列的问题。证明了在一定条件下，处在统计平衡的时间序列的时间平均值等于相位平均值，基于此提出了他著名的预测和滤波的理论。本章还提出了最优预测公式，这项工作为设计自动防空控制系统等方面的预测问题提供了理论根据，也为评价一个通信和控制系统加工信息的效率和质量从理论上开辟了一条途径。

在很多现象中，我们所观察到的是按时间分布的一个数值量或一系列数值量。连续记录温度计的温度记录，或股票市场某只股票的每日收盘价，或气象局每日公布的全套气象数据，都是呈连续的或离散的、简单的或多重状态的时间序列。这些时间序列变化相对缓慢，非常适合采用手工计算或普通数值工具（如计算尺和计算机）进行处理。这方面的研究属于统计理论中较为传统的部分。

电话线、电视电路或雷达设备中快速变化的电压序列，一般是不常见的；它们同样属于统计学和时间序列理论的研究范围，尽管组合和修改它们所用的设备通常必须非常快速地动作，以便输出结果与快速变化的输入相同步。这些设备——电话接收器、滤波器、自动声音编码设备（如贝尔电话实验室的声码器）、调频[1]网络及其相应的接收器等——本质上都是快速动作的运算工具，与计算机和调度的整个装置，以及计算机和统计实验室的工作人员相对应。使用它们所需要的精巧设计已经预先内置其中，就像已将其内置于防空火控系统的自动测距仪和枪支瞄准器中一样。作业环节必须运行得足够快，从而不需要任何人工环节。

总之，无论是在计算实验室还是在电话线路中，时间序列和处理这

---

[1] 调频，指通过载波的瞬时频率变化表示信息的调制方式。调频技术通常用于超高频段上的高保真音乐和语音的无线电广播。普通电视的音频信号也可通过调频的方式传输。——译者注

些序列的设备，都必须处理信息的记录、保存、传输和使用。这些信息是什么，如何对其进行衡量？最简单、最单一的一种信息形式，是记录两个同样可能的简单方案之间的选择，其中一个或另一个必然会发生，正如在硬币的正反面之间选择一样。我们把这种单一的选择称为决定。如果要求精确测量已知位于 A 和 B 之间的量的信息量，这个量可能以统一的先验概率位于该范围内的任何位置，可以看到，如果设 $A=0$ 和 $B=1$，用无限二进制数表示二进法的量，$0.a_1a_2a_3\cdots a_n\cdots$，其中 a_1，a_2，$\cdots$，每个都有0或1的值，那么所做选择的数量和后项的信息量是无限的。这里，

$$0.a_1a_2a_3\cdots a_n\cdots = \frac{1}{2}a_1 + \frac{1}{2^2}a_2 + \cdots + \frac{1}{2^n}a_n + \cdots \tag{3.01}$$

然而，我们实际进行的度量没有一个是完全精确的。如果度量在长度 $b_1b_2\cdots b_n\cdots$ 的范围内具有均匀分布的误差，其中 b_k 是第一个不等于0的数字，则可以看到，从 a_1 到 a_{k-1}，甚至可能到 a_k 的所有决定都有意义，而所有后来的决定都没有意义。做出决定的数量肯定不少于

$$-\log_2 0.b_1b_2\cdots b_n\cdots \tag{3.02}$$

而且这个量将作为信息量及其定义的精确公式。

可以这样设想：测量前已经知道变量位于0和1之间，测量后知道它位于（0，1）内的区间（a，b）上。那么我们从测量后的知识中获得的信息量为

$$-\log_2 \frac{(a,b)\text{ 的测度}}{(0,1)\text{ 的测度}} \tag{3.03}$$

然而，现在来考虑另一种情况，我们的事先知识[1]是某个量位于 x 和 $x + dx$ 之间的概率为 $f_1(x)dx$ ，事后知识[2]是得知其概率为 $f_2(x)dx$ 。那么事后知识为我们提供了多少新信息呢？

这个问题本质上是为曲线 $y = f_1(x)$ 和 $y = f_2(x)$ 下区域的宽度。须要注意的是，此时假设变量具有基本均分性质；也就是说，如果将 x 替换为 x^3 或 x 的任何其他函数，那么结果通常不会相同。由于 $f_1(x)$ 是概率密度，可得到

$$\int_{-\infty}^{\infty} f_1(x)dx = 1 \tag{3.04}$$

因此 $f_1(x)$ 下该区域宽度的平均对数可以被视为 $f_1(x)$ 的倒数的对数的高度的某种平均值。因此，与曲线 $f_1(x)$ 相关的信息量的合理度量为[3]

$$\int_{-\infty}^{\infty} \left[\log_2 f_1(x)\right] f_1(x)dx \tag{3.05}$$

此处定义为信息量的量，是类似情况下通常定义为熵的那个量的负值。虽然此处给出的定义是统计学定义，它并不是费雪针对统计问题给出的定义，但在统计学技术中可以用来代替费雪的定义。

---

[1]事先知识是依赖于经验证据的知识，如大多数科学领域和个人知识的各个方面。——译者注

[2]事后知识是独立于经验的知识，如数学、重言式和出自纯粹理性的演绎推理。——译者注

[3]在这里，作者引用了冯·诺依曼的个人通信中的内容。——原注

特别是，如果 $f_1(x)$ 是 (a, b) 上的常数，并且在其他地方为0时，

$$\int_{-\infty}^{\infty} \left[\log_2 f_1(x)\right] f_1(x)\mathrm{d}x = \frac{b-a}{b-a}\log_2 \frac{1}{b-a} = \log_2 \frac{1}{b-a} \qquad (3.06)$$

将上式所表示的信息与一个在区域（0，1）中的点的信息进行比较，可以得到差的测度：

$$\log_2 \frac{1}{b-a} - \log_2 1 = \log_2 \frac{1}{b-a} \qquad (3.07)$$

我们对信息量的定义，是适用于将变量 x 替换为二维或多维范围内的变量的情形。在二维情形下，$f(x, y)$ 是一个满足

$$\int_{-\infty}^{\infty}\mathrm{d}x \int_{-\infty}^{\infty}\mathrm{d}y f_1(x, y) = 1 \qquad (3.08)$$

的函数，而信息量为

$$\int_{-\infty}^{\infty}\mathrm{d}x \int_{-\infty}^{\infty}\mathrm{d}y f_1(x, y)\log_2 f_1(x, y) \qquad (3.081)$$

请注意，如果 $f_1(x, y)$ 的形式为 $\phi(x)\psi(y)$，且

$$\int_{-\infty}^{\infty}\phi(x)\mathrm{d}x = \int_{-\infty}^{\infty}\psi(y)\mathrm{d}y = 1 \qquad (3.082)$$

那么

$$\int_{-\infty}^{\infty}\mathrm{d}x \int_{-\infty}^{\infty}\mathrm{d}y \phi(x)\psi(y) = 1 \qquad (3.083)$$

以及

$$\int_{-\infty}^{\infty}\mathrm{d}x \int_{-\infty}^{\infty}\mathrm{d}y f_1(x, y)\log_2 f_1(x, y)$$

$$= \int_{-\infty}^{\infty}\mathrm{d}x \phi(x)\log_2 \phi(x) + \int_{-\infty}^{\infty}\mathrm{d}y \psi(y)\log_2 \psi(y) \qquad (3.084)$$

其中来自独立来源的信息量是加性的。

有趣的是如何确定通过固定问题中的一个或多个变量获得的信息。

例如，假设变量 u 位于 x 和 $x + dx$ 之间，概率为 $\exp\left(\dfrac{-x^2}{2a}\right)\dfrac{dx}{\sqrt{2\pi a}}$ ，而变量 v 位于相同的两个极限之间，概率为 $\exp\left(\dfrac{-x^2}{2b}\right)\dfrac{dx}{\sqrt{2\pi b}}$ 。如果我们知道 $u + v = w$ ，那么可以获得多少关于 u 的信息？在这种情况下，很明显 $u = w - v$ ，其中 w 是固定值。假设 u 和 v 的先验分布是独立的。那么 u 的后验分布与下式成正比。

$$\exp\left(-\frac{x^2}{2a}\right)\exp\left[-\frac{(w-x)^2}{2b}\right] = c_1 \exp\left[-(x-c_2)^2\left(\frac{a+b}{2ab}\right)\right] \qquad (3.09)$$

其中 c_1 和 c_2 是常数。两者均消失在由固定 w 给出的信息增益的公式中。

当我们知道 w 是预先拥有的信息后，关于 x 的信息余量为

$$\frac{1}{\sqrt{2\pi\left[ab/(a+b)\right]}}\int_{-\infty}^{\infty}\left\{\exp\left[-(x-c^2)\left(\frac{a+b}{2ab}\right)\right]\right\}$$

$$\times\left[-\frac{1}{2}\log_2 2\pi\left(\frac{ab}{a+b}\right) - (x-c_2)^2\left[\left(\frac{a+b}{2ab}\right)\right]\log_2 e\right]dx \qquad (3.091)$$

$$-\frac{1}{\sqrt{2\pi a}}\int_{-\infty}^{\infty}\left[\exp\left(-\frac{x^2}{2a}\right)\right]\left(-\frac{1}{2}\log_2 2\pi a - \frac{x^2}{2a}\log_2 e\right)dx = \frac{1}{2}\log_2\left(\frac{a+b}{b}\right)$$

请注意，该表达式［式（3.091）］是正的，并且与 w 无关。它是 u 和 v 的均方之和与 v 的均方之比的对数的一半。如果 v 的变化范围很小，那么 $u + v$ 的知识给出的关于 u 的信息量就很大，随着 b 趋于0时，它变得无限大。

可以从以下角度考虑这个结果：将 u 视为消息，将 v 视为噪声。那么在没有噪声的情况下，一条精确的消息所携带的信息是无限的。然

而，在存在噪声的情况下，此信息量是有限的，并且随着噪声强度的增加，它会非常迅速地接近0。

正如上文说过的，信息量作为可视为概率的量的负对数，本质上是负熵。有趣的是，平均而言，它具有与熵相关的性质。

设 $\phi(x)$ 和 $\psi(x)$ 为两个概率密度；那么 $\dfrac{\phi(x)+\psi(x)}{2}$ 也是一个概率密度。因此

$$\int_{-\infty}^{\infty} \frac{\phi(x)+\psi(x)}{2} \log \frac{\phi(x)+\psi(x)}{2} \mathrm{d}x$$
$$\leqslant \int_{-\infty}^{\infty} \frac{\phi(x)}{2} \log \phi(x)\mathrm{d}x + \int_{-\infty}^{\infty} \frac{\psi(x)}{2} \log \psi(x)\mathrm{d}x \qquad (3.10)$$

这是从以下事实得出的：

$$\frac{a+b}{2} \log \frac{a+b}{2} \leqslant \frac{1}{2}\left(a\log a + b\log b\right) \qquad (3.11)$$

换句话说，在 $\phi(x)$ 和 $\psi(x)$ 的下方区域，重叠减少了属于 $\phi(x)$ 和 $\psi(x)$ 的最大信息。另一方面，如果 $\phi(x)$ 是消失在（a，b）之外的概率密度，则

$$\int_{-\infty}^{\infty} \phi(x)\log\phi(x)\mathrm{d}x \qquad (3.12)$$

当 $\phi(x)=\dfrac{1}{b-a}$ 在（a，b）上时为最小值，在其他情况下为零。这是因为对数曲线向上凸的缘故。

可以看出，正如我们所料，信息丢失的过程与获得熵增益的过程高度相似。它们在于融合原本不同的概率区域。例如，如果将某个变量的分布替换为该变量的函数的分布，该函数对不同的参数采用相同的值，或者如果在多个变量的函数中，我们允许其中一些变量自由分布在其自

然变化范围内，我们就会丢失信息。一般来说，对消息的任何操作都无法获得信息增益。此处在通信工程中精确应用了热力学第二定律。相反，正如我们所见，一般来说，对模糊情况的更大规范，通常会获得信息增益，而不会丢失信息。

一个有趣的情况是，当变量 $(x_1, \cdots, x_n)$ 上存在 n 倍概率分布密度 $f(x_1, \cdots, x_n)$，并且有 m 个因变量 $y_1, \cdots, y_m$ 时，通过固定这 m 个变量，可以获得多少信息？首先将其固定在极限 $y_1{}^*$，$y_1{}^* + \mathrm{d}y_1{}^*$，$\cdots$，$y_m{}^*$，$y_m + \mathrm{d}y_m{}^*$ 之间，取 $x_1, x_2, \cdots, x_{n-m}, y_1, y_2, \cdots, y_m$ 视为新的变量集。那么，在新的变量集上，分布函数将与 $y_1{}^* \leqslant y_1 \leqslant y_1{}^* + \mathrm{d}y_1{}^*$，$\cdots$，$y_m{}^* \leqslant y_m \leqslant y_m{}^* + \mathrm{d}y_m{}^*$ 和外部0给出的区域 R 上的 $f(x_1, \cdots, x_n)$ 成正比。因此，通过 y 的规范而获得的信息量可以表示为

$$
\begin{aligned}
&\frac{\underset{R}{\int \mathrm{d}x_1 \cdots \int} \mathrm{d}x_n f(x_1, \cdots, x_n) \log_2 f(x_1, \cdots, x_n)}{\underset{R}{\int \mathrm{d}x_1 \int} \mathrm{d}x_n f(x_1, \cdots, x_n)} \\[2em]
&= \left\{ \frac{\begin{array}{c} -\displaystyle\int_{-\infty}^{\infty} \mathrm{d}x_1 \cdots \int_{-\infty}^{\infty} \mathrm{d}x_n f(x_1, \cdots, x_n) \log_2 f(x_1, \cdots, x_n) \\ \displaystyle\int_{-\infty}^{\infty} \mathrm{d}x_1 \cdots \int_{-\infty}^{\infty} \mathrm{d}x_{n-m} \left| J\left(\begin{array}{c} y_1{}^*, \cdots, y_m{}^* \\ x_{n-m+1}, \cdots, x_n \end{array} \right) \right|^{-1} \\ \times f(x_1, \cdots, x_n) \log_2 f(x_1, \cdots, x_n) \end{array}}{\begin{array}{c} \displaystyle\int_{-\infty}^{\infty} \mathrm{d}x_1 \cdots \int_{-\infty}^{\infty} \mathrm{d}x_{n-m} \left| J\left(\begin{array}{c} y_1{}^*, \cdots, y_m{}^* \\ x_{n-m+1}, \cdots, x_n \end{array} \right) \right|^{-1} f(x_1, \cdots, x_n) \\ -\displaystyle\int_{-\infty}^{\infty} \mathrm{d}x_1 \cdots \int_{-\infty}^{\infty} \mathrm{d}x_n f(x_1, \cdots, x_n) \log_2 f(x_1, \cdots, x_n) \end{array}} \right\}
\end{aligned}
$$

$$(3.13)$$

　　与这个问题密切相关的是我们在式（3.13）中讨论的对象的推广；在刚刚讨论的案例中，有多少关于变量 x_1，$\cdots$，x_{n-m} 本身的信息？此时，这些变量的先验概率密度为

$$\int_{-\infty}^{\infty} dx_{n-m+1} \ldots \int_{-\infty}^{\infty} dx_n f(x_1, \cdots, x_n) \tag{3.14}$$

而固定 y^* 概率密度后的非归一化概率密度为

$$\sum \left| J \begin{pmatrix} y_1^*, \cdots, y_m^* \\ x_{n-m+1}, \cdots, x_n \end{pmatrix} \right|^{-1} f(x_1, \cdots, x_n) \tag{3.141}$$

其中 $\sum$ 表示对给定的 y^* 概率密度集合相对应的点集（x_{n-m+1}，$\cdots$，x_n）求和。在此基础上，可以轻易写下问题的解，尽管过程会有点冗长。如果将集合（x_1，$\cdots$，x_{n-m}）视为广义消息，将（x_{n-m+1}，$\cdots$，x_n）视为广义噪声，而 y^* 的概率密度集合为广义损坏消息，可以看出，已经给出了表达式（3.141）问题的广义解。

　　因此，上文讨论过的消息—噪声问题的广义化，至少获得了一个形式上的解。一组观测值集合可以以一种随意的方式依赖于一个具有已知组合分布的消息和噪声集合。我们希望确定这些观察值提供了多少关于这些消息的信息。这是通信工程的核心问题。就其传输信息的效率而言，它使我们能够评估不同的系统，如振幅调制、频率调制或相位调制等。这是个技术问题，不适合在这里详细讨论；然而，某些说明是有道理的。首先，可以证明，根据此处给出的信息定义，就功率而言，如果天空中随机的"天电"是均等分布的，并且消息仅限于确定的频率范围和针对该范围的确定的功率输出，没有一种信息传输方式比振幅调制更有效，尽管其他方式可能也有效。另一方面，通过这种方式传输

□ 克劳德·香农

　　香农是20世纪最具影响力的科学天才之一。其创立的信息论带来了"比特"（信息的基本单位）的概念、数字压缩以及在任意两个给定点之间完美编码和传输信息的策略，使现代数字世界成为可能。

的信息不一定以最适合耳朵或任何其他特定受体接收的形态存在。在这里，耳朵和其他受体的具体特性必须通过与刚指定的理论高度相似的理论来研究。一般来说，为了有效运用振幅调制或任何其他形式的调制，必须辅以使用解码设备，以确保将接收到的信息转换为适合人源受体接收或机械接收器使用的形式。同样，必须对原始消息进行编码，以在传输中实现最大压缩。这个问题已经在贝尔电话实验室对"声码器"系统的设计中至少得到了部分解决，而相关一般理论已经由香农博士在这些实验室中以令人高度满意的形式中得到了体现。

　　关于信息测度的定义和方法就讲这么多。我们现在来讨论信息如何以一种时间齐次的形式呈现。请注意，大多数电话和其他通信设备实际上并未及时连接到特定起点。确实有一种操作似乎与此矛盾，但实际上并非如此。这就是调制操作。最简单的调制形式将消息 $f(t)$ 转换为 $f(t)\sin(at+b)$ 的形式之一。然而，如果将因子 $\sin(at+b)$ 视为输入设备中的额外消息，则可以看出，这种情形总体概述的范畴。这种额外消息，我们称之为载波，它不会给系统传输信息的速率带来任何改变。

它包含的所有信息全部在任意短的时间间隔内传达，此后就没有新的内容了。

因此，一个时间齐次的消息，或者就像统计学家所说的，一个处于统计平衡状态的时间序列，是时间的单个函数或函数集：它是构成此类集合的系综之一，具有明确规定的概率分布，不因从 t 变为 $t+\tau$ 而改变。也就是说，由将 $f(t)$ 变为 $f(t+\lambda)$ 的算符 T^λ 组成的变换群使系综的概率保持不变。这个群满足以下性质：

$$T^\lambda\left[T^\mu f(t)\right]=T^{\mu+\lambda}f(t)\begin{cases}(-\infty<\lambda<\infty)\\(-\infty<\mu<\infty)\end{cases} \quad (3.15)$$

由此推导出，如果 $\boldsymbol{\Phi}\left[f(t)\right]$ 是 $f(t)$ 的"泛函"（即取决于 $f(t)$ 整个历史的数），且 $f(t)$ 在整个系综上的平均值是有限的，就可以使用上一章提到的伯克霍夫遍历定理得出结论：除了一组概率为零的 $f(t)$ 值集合外，$\boldsymbol{\Phi}\left[f(t)\right]$ 的时间平均值

$$\lim_{A\to\infty}\frac{1}{A}\int_0^A\boldsymbol{\Phi}\left[f(t+\tau)\right]\mathrm{d}\tau=\lim_{A\to\infty}\frac{1}{A}\int_{-A}^0\boldsymbol{\Phi}\left[f(t+\tau)\right]\mathrm{d}\tau \quad (3.16)$$

是存在的。

除此之外，我们在前一章中还陈述了另一个由冯·诺依曼提出的遍历性定理。它指出，除了零概率的元素集之外，任何属于在保测变换群下进入自身系统的元素，如式（3.15），都属于在同一变换下进入自身的子集（可以是全集），该子集具有定义在自身上，并且在变换下也不变的测度。它还具有另一个性质，即在变换群下保留测度的这个子集的任何部分，要么具有该子集的最大测度，要么测度为0。如果我们抛弃除这个

子集元素之外的所有元素，并使用它的适当测度，我们将会发现，在几乎所有情况下，时间平均值［式（3.16）］都是 $\Phi[f(t)]$ 在函数 $f(t)$ 的所有空间上的平均值，也就是所谓的相位平均值。因此，在函数 $f(t)$ 的这种系综的情况下，除了零概率的示例集外，我们可以推导出该系综的任何统计参数的平均值——事实上，我们可以同时推导出该系综中此类参数的任何可计数的集合——通过使用时间平均值而不是相位平均值，从任何一个分量时间序列的记录中提取集合。此外，我们只需要知道这类时间序列中几乎任何一个时间序列的过去。换句话说，给定一个已知属于统计平衡系综的时间序列直到现在的全部历史，我们就可以在误差可能为零的情况下，计算该时间序列所属的统计平衡系综的整个统计参数集。到目前为止，我们已经讨论了单个时间序列；然而，这个讨论同样适用于多个时间序列，其中我们有多个量同时变化，而不是单个量的变化。

我们现在可以讨论属于时间序列的各种问题了。我们将注意力集中在这样的情况下：一个时间序列的全部过去可以用可计数的量集来表示。例如，对于相当广泛的一类函数 $f(t)$ $(-\infty < t < \infty)$，当我们知道量集

$$a_n = \int_{-\infty}^{0} e^t t^n f(t)\, \mathrm{d}t \ (n = 0,\ 1,\ 2,\ \cdots) \tag{3.17}$$

时，我们就能完全确定 f。现在假设 A 是 t 的未来值（即取大于0的值）的某个函数。如果在尽可能狭窄的意义上取 f 的分布的集合，那么我们可以从几乎任何单个时间序列的过去，确定 $(a_0,\ a_1,\ \cdots,\ a_n,\ A)$ 的同时分布。特别是，如果 $a_0,\ \cdots,\ a_n$ 都已知，我们就可以确定 A 的分布。

这里我们要利用已知的关于条件概率的尼科迪姆定理。在非常一般的情况下，这条定理将向我们保证，这种分布将趋向于 $n \to \infty$ 的极限，并且这个极限将为我们提供关于任何未来数量分布的所有知识。而当已知过去时，我们可以类似地确定任何未来量集的值的同时分布，或任何一组取决于过去和未来的量集的值的同时分布。因此如果我们已经对这些统计参数或统计参数集的"最优值"给出了充分的解释——也许是在平均值、中值或模数的意义上——我们就可以从已知的分布出发来进行计算，并获得预测，以满足任何期望的预测优度标准。我们可以使用该优值的均方误差、最大误差或平均绝对误差等的任何所需统计基础来计算预测的优值。我们可以计算关于任何统计参数或一组统计参数集的信息量，而对过去的固定将为我们提供这些。我们甚至可以计算出过去的知识所能提供给我们的关于某一点之后的整个未来的全部信息量；由于我们通常会从过去了解未来，所以我们对现在的知识将包含无限量的信息。

另一种有趣的情况是关于多元时间序列的，在这种情况下，我们只准确地知道某些成分的过去。对于任何一个不只依赖于这些过去的量的分布，都可以用与已经提出的方法非常相似的方法来研究。特别是，我们可以知道其他成分在过去、现在或未来的某个时间点上的分布，或者其他成分的值集的分布。滤波器的一般问题就属于这一类。其中消息，连同噪声，以某种方式组合成损坏消息，而我们知道这损坏信息的过去。我们还知道消息和噪声作为时间序列的统计同时分布。我们寻求在过去、现在和未来的某个给定时间点上消息值的分布。然后，我们寻求关于损坏消息的过去的算符，在某些给定的统计意义上，它最能提供这个真实消息。我们可能会寻求对我们所知道的消息的误差进行某种测度的统计估计。最后，我们可能会询问我们所掌握的关于该消息的信息量。

有一种时间序列系综特别简单和重要。这就是与布朗运动相关的系综。布朗运动是气体中一个粒子的运动，它受到其他粒子在热振动状态下的随机撞击的推动。该理论由许多作者提出，其中包括爱因斯坦、斯莫卢霍夫斯基（M. Smoluchowski）、佩兰（J. B. Perrin）和本书作者[1]。在布朗运动的场合下，除非我们在时间尺度上的间隔非常小，以至于粒子相互之间的单独撞击都可以辨认出来，否则运动就会显示出一种奇怪的不可微分性。粒子在给定时间和给定方向上的均方运动与该时间的长度成正比，并且连续时间内的运动是完全不相关的。这与物理观测高度吻合。如果我们把布朗运动的尺度规格化来拟合时间尺度，并且只考虑运动在坐标x上的分量，设$x(t)$在$t = 0$时等于0，那么当$0 \leqslant t_1 \leqslant t_2 \leqslant \cdots \leqslant t_n$时，粒子在时间$t_1$位于$x_1$到$x_1 + \mathrm{d}x_1$之间，在时间$t_n$位于$x_n$到$x_n + \mathrm{d}x_n$之间的概率为

$$\frac{\exp\left[-\dfrac{x_1^2}{2t_1} - \dfrac{(x_2 - x_1)^2}{2(t_2 - t_1)} - \cdots - \dfrac{(x_n - x_{n-1})^2}{2(t_n - t_{n-1})}\right]}{\sqrt{\left|(2\pi)^n t_1 (t_2 - t_1) \cdots (t_n - t_{n-1})\right|}} \mathrm{d}x_1 \cdots \mathrm{d}x_n \qquad (3.18)$$

---

[1] Paley, R. E. A. C., and N. Wiener, "Fourier Transforms in the Complex Domain," *Colloquium Publications*, Vol.19, *American Mathematical Society*, New York, 1934 Chapter 10.

在与此对应的明确概率系统的基础上（它是非常模糊的），我们可以使对应于不同可能性的布朗运动的路径集取决于0和1之间的参数 α，这样每条路径都是一个函数 $x(t,\alpha)$，其中 x 取决于时间 t 和分布参数 α，并且其中路径位于某个集合 S 中的概率与对应于 S 中该路径的 α 值集合的测度相同。在此基础上，几乎所有路径都将是连续且不可微分的。

一个非常有趣的问题是如何确定 $x(t_1,\alpha)\cdots x(t_n,\alpha)$ 相对于 α 的平均值。假设 $0 \le t_1 \le \cdots \le t_n$，这个平均值为：

$$\int_0^1 \mathrm{d}\alpha\, x(t_1,\alpha)x(t_2,\alpha)\cdots x(t_n,\alpha)$$

$$= (2\pi)^{-\frac{n}{2}}\left[t_1(t_2-t_1)\cdots(t_n-t_{n-1})\right]^{-\frac{1}{2}}$$

$$\times \int_{-\infty}^{\infty}\mathrm{d}\xi_1\cdots\int_{-\infty}^{\infty}\mathrm{d}\xi_n\,\xi_1\xi_2\cdots\xi_n\exp\left[-\frac{\xi_1^2}{2t_1}-\frac{(\xi_2-\xi_1)^2}{2(t_2-t_1)}-\cdots-\frac{(\xi_n-\xi_{n-1})^2}{2(t_n-t_{n-1})}\right]$$

$$（3.19）$$

设

$$\xi_1\cdots\xi_n = \sum_k A_k \xi_1^{\lambda_{k,1}}(\xi_2-\xi_1)^{\lambda_{k,2}}\cdots(\xi_n-\xi_{n-1})^{\lambda_{k,n}} \qquad （3.20）$$

其中 $\lambda_{k,1}+\lambda_{k,2}+\cdots+\lambda_{k,n}=n$。式（3.19）中表达式的值将变为

$$\sum_k A_k (2\pi)^{-\frac{n}{2}}\left[t_1^{\lambda_{k,1}}(t_2-t_1)^{\lambda_{k,2}}\cdots(t_n-t_{n-1})^{\lambda_{k,n}}\right]^{-\frac{1}{2}}$$

$$\times \prod_j \int_{-\infty}^{\infty} d\xi\, \xi^{\lambda_{k,j}}\exp\left[-\frac{\xi^2}{2(t_j-t_{j-1})}\right]$$

$$= \sum_k A_k \prod_j \frac{1}{\sqrt{2\pi}}\int_{-\infty}^{\infty}\xi^{\lambda_{k,j}}\exp\left(-\frac{\xi^2}{2}\right)\mathrm{d}\xi\,(t_j-t_{j-1})^{-\frac{1}{2}}$$

$$= \begin{cases} 0, \text{如果每个 } \lambda_{k,j} \text{ 都是奇数} \\ \sum_k A_k \prod_j (\lambda_{k,j}-1)(\lambda_{k,j}-3)\cdots 5\cdot 3\cdot (t_j-t_{j-1})^{-\frac{1}{2}} \end{cases} \quad (3.21)$$

如果每个 $\lambda_{k,j}$ 都是偶数，

$$= \sum_k A_k \prod_j (\text{将 } \lambda_{k,j} \text{ 项分成若干对的方法数}) \times (t_j-t_{j-1})^{-\frac{1}{2}}$$

$$= \sum_k A_k \prod_j (\text{将 } n \text{ 项分成若干对的方法数，这些对的元素都属于 } \lambda_{k,j} \text{ 项的}$$

群，与 λ 项所分成的群相同) $\times (t_j-t_{j-1})^{-\frac{1}{2}}$

$$= \sum_j A_j \sum \prod \int_0^1 d\alpha [x(t_k,\alpha)-x(t_{k-1},\alpha)][x(t_q,\alpha)-x(t_{q-1},\alpha)]$$

这里第一个 $\sum$ 对 j 求和；第二个 $\sum$ 对所有将 $\lambda_{k,1}$，$\cdots$，$\lambda_{k,n}$ 个数模块中的 n 项分成若干对的方法求和；而 $\prod$ 取那些对 k 和 q 的值，其中从 t_k 和 t_q 中选取的元素 $\lambda_{k,1}$ 为 t_1，$\lambda_{k,2}$ 为 t_2，依此类推。由此可以推导出

$$\int_0^1 d\alpha x(t_1,\alpha)x(t_2,\alpha)\cdots x(t_n,\alpha) = \sum \prod \int_0^1 d\alpha x(t_j,\alpha)x(t_k,\alpha) \quad (3.22)$$

其中 $\sum$ 对将 t_1，$\cdots$，t_n 分区[1]成离散对的所有分区方法数求和，而 $\prod$ 是对每个分区中的所有对的数求积。换句话说，当我们知道成对的 $x(t_j,\alpha)$ 乘积的平均值时，我们就知道了这些量中所有多项式[2]的平

---

[1] 在数学中，集合 X 的划分是将 X 分割至覆盖 X 的全部元素而又不重叠的"部分"或"块"或"单元"中。也就是说，这些"单元"对被划分的集合既全无遗漏又互斥。——译者注

[2] 多项式，指的是由称为未知数的变量和称为系数的常数经有限次加减法、乘法以及自然数幂次的乘方运算得到的代数表达式，是整式的一种。——译者注

均值，从而知道了它们的整个统计分布。

到目前为止，我们考虑的都是布朗运动 $x(t,\alpha)$，其中 t 为正。如果我们设：

$$\begin{cases} \xi(t,\alpha,\beta)=x(t,\alpha) & (t \geqslant 0) \\ \xi(t,\alpha,\beta)=x(-t,\beta) & (t < 0) \end{cases} \qquad (3.23)$$

当 α 和 β 在（0，1）上具有独立的均匀分布[1]时，我们将得到 $\xi(t,\alpha,\beta)$ 的分布，其中 t 取遍整个长实轴。有一种著名的数学方法可以将正方形映射到线段上，使面积变成长度。我们所要做的就是把我们的坐标以十进制形式写在正方形中：

$$\alpha = 0. \alpha_1 \alpha_2 \cdots \alpha_n \cdots$$

□ **布朗运动**

布朗运动是指悬浮在液体或气体中被环境中的分子撞击的微粒所做的永不停息的无规则运动。其因由英国植物学家布朗发现得名。维纳在数学方面从事的第一项重要研究就是对布朗运动的深入探索，这也是他独立科研生涯的开端。

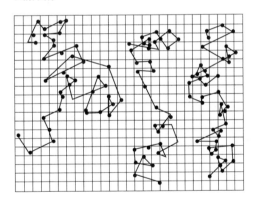

[1] 在概率论和统计学中，均匀分布又称矩形分布，指对称概率分布，其在相同长度间隔的分布概率机会均等。均匀分布由两个参数 a 和 b 定义，为数轴上的最小值和最大值，常缩写为 $U(a,b)$。——译者注

$$\beta = 0.\, \beta_1 \, \beta_2 \cdots \beta_n \cdots \tag{3.24}$$

并且设

$$\gamma = 0.\, \alpha_1 \, \beta_1 \, \alpha_2 \, \beta_2 \cdots ,\ \alpha_n \, \beta_n \cdots$$

这样我们就得到了这种映射，它对于线段和正方形中几乎所有的点都是一一对应的关系。使用这种替换，我们定义

$$\xi(t, \gamma) = \xi(t, \alpha, \beta) \tag{3.25}$$

我们现在定义

$$\int_{-\infty}^{\infty} K(t)\,\mathrm{d}\xi(t, \gamma) \tag{3.26}$$

显而易见的是，我们可以将其定义为斯蒂尔杰斯积分[1]，但 ξ 是 τ 的一个非常不规则的函数，因此不可能给出这样的定义。然而，如果 K 在 $\pm\,\infty$ 时能很快地趋于0，并且是足够平滑的函数，则设

$$\int_{-\infty}^{\infty} K(t)\,\mathrm{d}\xi(t, \gamma) = -\int_{-\infty}^{\infty} K'(t)\xi(t, \gamma)\,\mathrm{d}t \tag{3.27}$$

在这种情况下，我们形式上得到

$$\int_{0}^{1} \mathrm{d}\gamma \int_{-\infty}^{\infty} K_1(t)\,\mathrm{d}\xi(t, \gamma) \int_{-\infty}^{\infty} K_2(t)\,\mathrm{d}\xi(t, \gamma)$$

---

[1] Stieltjes, T. J. *Annales de la Fac. des Sc. de Toulouse*, 1894, p.165; Lebesgue, *H.*, *Lecons sur l' Intègration*, Gauthier—Villars et Cie, Paris, 1928.

$$= \int_0^1 d\gamma \int_{-\infty}^{\infty} K_1'(t)\xi(t,\gamma) dt \int_{-\infty}^{\infty} K_2'(t)\xi(t,\gamma) dt$$

$$= \int_{-\infty}^{\infty} K_1'(s) ds \int_{-\infty}^{\infty} K_2'(t) dt \int_0^1 \xi(s,y)\xi(t,\gamma) d\gamma \qquad (3.28)$$

现在，如果 s 和 t 的符号相反，则有

$$\int_0^1 \xi(s,\gamma)\xi(t,\gamma) d\gamma = 0 \qquad (3.29)$$

而如果它们的符号相同，并且 $|s| < |t|$，则有

$$\int_0^1 \xi(s,\gamma)\xi(t,\gamma) d\gamma = \int_0^1 x(|s|,\alpha) x(|t|,\alpha) d\alpha$$

$$= \frac{1}{2\pi\sqrt{|s|(|t|-|s|)}} \int_{-\infty}^{\infty} du \int_{-\infty}^{\infty} dv\, uv \exp\left[-\frac{u^2}{2|s|} - \frac{(v-u)^2}{2(|t|-|s|)}\right]$$

$$= \frac{1}{2\sqrt{|s|}} \int_{-\infty}^{\infty} u^2 \exp\left(-\frac{u^2}{2|s|}\right) du$$

$$= |s|\frac{1}{2\sqrt{\pi}} \int_{-\infty}^{\infty} u^2 \exp\left(-\frac{u^2}{2}\right) du = |s| \qquad (3.30)$$

因此

$$\int_0^1 d\gamma \int_{-\infty}^{\infty} K_1(t) d\xi(t,\gamma) \int_{-\infty}^{\infty} K_2(t) d\xi(t,\gamma)$$

$$= -\int_0^{\infty} K_1'(s) ds \int_0^s t K_2'(t) dt - \int_0^{\infty} K_2'(s) ds \int_0^s t K_1'(t) dt$$

$$+ \int_{-\infty}^0 K_1'(s) ds \int_s^0 t K_2'(t) dt + \int_{-\infty}^0 K_2'(s) ds \int_s^0 t K_1'(t) dt$$

$$= -\int_0^{\infty} K_1'(s) ds \left[s K_2(s) - \int_0^s K_2(t) dt \right]$$

$$- \int_0^{\infty} K_2'(s) ds \left[s K_1(s) - \int_0^s K_1(t) dt \right]$$

$$+ \int_{-\infty}^0 K_1'(s) ds \left[-s K_2(s) - \int_s^0 K_2(t) dt \right]$$

$$+ \int_{-\infty}^{0} K_2{}'(s) \mathrm{d}s \left[-sK_1(s) - \int_s^0 K_1(t) \mathrm{d}t \right]$$

$$= -\int_{-\infty}^{\infty} s \mathrm{d}\left[K_1(s) K_2(s) \right] = \int_{-\infty}^{\infty} K_1(s) K_2(s) \mathrm{d}s \qquad (3.31)$$

特别是

$$\int_0^1 \mathrm{d}\gamma \int_{-\infty}^{\infty} K(t+\tau_1) \mathrm{d}\xi(t,\gamma) \int_{-\infty}^{\infty} K(t+\tau_2) \mathrm{d}\xi(t,\gamma)$$

$$= \int_{-\infty}^{\infty} K(s) K(s+\tau_2-\tau_1) \mathrm{d}s \qquad (3.32)$$

此外，

$$\int_0^1 \mathrm{d}\gamma \prod_{k=1}^{n} \int_{-\infty}^{\infty} K(t+\tau_k) \mathrm{d}\xi(t,\gamma)$$

$$= \sum \prod \int_{-\infty}^{\infty} K(s) K(s+\tau_j-\tau_k) \mathrm{d}s \qquad (3.33)$$

其中求和是对将 τ_j，…，τ_n 配对的所有分区方法进行的，而求积是对每个分区的对数进行的。

表达式

$$\int_{-\infty}^{\infty} K(t+\tau) \mathrm{d}\xi(\tau,\gamma) = f(t,\gamma) \qquad (3.34)$$

表示变量 t 中的一个非常重要的时间序列系综，它取决于分布参数 γ。我们已经证明了所有的矩[1]，因此，该分布的所有统计参数都取决于函数

---

〔1〕矩，又称动差，在物理学中是用于描述物体形状的物理量，是重要的参数指标，数学中矩的概念则来自于物理学。——译者注

$$\Phi(\tau) = \int_{-\infty}^{\infty} K(s)K(s+\tau)\mathrm{d}s$$

$$= \int_{-\infty}^{\infty} K(s+t)K(s+t+\tau)\mathrm{d}s \qquad (3.35)$$

这就是具有滞后 τ 的统计类自相关[1]函数，因此 $f(t, \gamma)$ 分布的统计量与 $f(t+t_1, \gamma)$ 的统计量相同；事实上可以证明，如果

$$f(t+t_1, \gamma) = f(t, \Gamma) \qquad (3.36)$$

那么 γ 到 Γ 的变换保留了测度。换句话说，我们的时间序列 $f(t, \gamma)$ 处于统计平衡状态。

此外，如果我们考虑下式的平均值

$$\left[\int_{-\infty}^{\infty} K(t-\tau)\mathrm{d}\xi(t, \gamma)\right]^m \left[\int_{-\infty}^{\infty} K(t+\sigma-\tau)\mathrm{d}\xi(t, \gamma)\right]^n \qquad (3.37)$$

它将准确地包含下式的项

$$\int_0^1 \mathrm{d}\gamma\left[\int_{-\infty}^{\infty} K(t-\tau)\mathrm{d}\xi(t, \gamma)\right]^m \int_0^1 \mathrm{d}\gamma\left[\int_{-\infty}^{\infty} K(t+\sigma-\tau)\mathrm{d}\xi(t, \gamma)\right]^n \quad (3.38)$$

以及有限数量的项，这些项涉及作为下式的因子幂。

$$\int_{-\infty}^{\infty} K(\sigma+\tau)K(\tau)d\tau \qquad (3.39)$$

如果当 $\sigma \to \infty$ 时，这个值趋于0，则式（3.38）为式（3.37）在这些情况下的极限。换句话说，$f(t, \gamma)$ 和 $f(t+\sigma, \gamma)$ 在 $\sigma \to \infty$ 时的分布是渐近独

---

〔1〕自相关，又称序列相关，指一个信号于其自身在不同时间点的互相关，也可以说是两次观察之间的相似度对它们之间的时间差的函数，常用于信号处理。——译者注

立的。通过措辞更笼统但完全相似的论证，可以证明，$f(t_1,\gamma)$，$\cdots$，$f(t_n,\gamma)$ 和 $f(\sigma+s_1,\gamma)$，$\cdots$，$f(\sigma+s_m,\gamma)$ 在 $\sigma\to\infty$ 时趋向于第一集合和第二集合的同时分布。换句话说，取决于 t 的函数 $f(t,\gamma)$ 的整个数值分布的任何有界可测函数或量，我们可以写作 $\mathfrak{F}[f(t,\gamma)]$ 的形式，必须具有以下性质：

$$\lim_{\sigma\to\infty}\int_0^1\mathfrak{F}\{f(t,\gamma)\}\mathfrak{F}\{f(t+\sigma,\gamma)\}\mathrm{d}\gamma=\left[\int_0^1\mathfrak{F}\big[f(t,\gamma)\big]\mathrm{d}\gamma\right]^2 \quad (3.40)$$

如果现在 $\mathfrak{F}[f(t,\gamma)]$ 在 t 的平移下是不变的，并且只取值为0或1，我们将得到

$$\int_0^1\mathfrak{F}\{f(t,\gamma)\}\mathrm{d}\gamma=\left[\int_0^1\mathfrak{F}\{f(t,\gamma)\}\mathrm{d}\gamma\right]^2 \quad (3.41)$$

因此 $f(t,\gamma)$ 到 $f(t+\sigma,\gamma)$ 的变换群是测度可递的。因此，如果 $\mathfrak{F}[f(t,\gamma)]$ 是 f 作为 t 的函数的任意可积函数[1]，那么根据遍历定理，

$$\int_0^1\mathfrak{F}\big[f(t,\gamma)\big]\mathrm{d}\gamma=\lim_{T\to\infty}\frac{1}{T}\int_0^T\mathfrak{F}\big[f(t,\gamma)\big]\mathrm{d}t \quad (3.42)$$

适用于 γ 的所有值，零测度集除外。也就是说，我们几乎总是可以从单个示例的过去历史中读出这样一个时间序列的任何统计参数，甚至是任

---

〔1〕在数学领域，可积函数指存在积分的函数。除非另有特别规定，一般积分指的是勒贝格积分。——译者注

何可数统计参数集。实际上，对于这样一个时间序列，当我们知道

$$\lim_{T\to\infty}\frac{1}{T}\int_{-T}^{0}f(t,\gamma)f(t-\tau,\gamma)\,dt \tag{3.43}$$

时，我们几乎在所有情况下都知道 $\phi(t)$，并且我们对时间序列有完整的统计知识。

有一些取决于这种时间序列的量具有非常有趣的性质。特别是求下式的平均值

$$\exp\left[i\int_{-\infty}^{\infty}K(t)\,d\xi(t,\gamma)\right] \tag{3.44}$$

形式上，这可以写作

$$\int_{0}^{1}d\gamma\sum_{n=0}^{\infty}\frac{i^{n}}{n!}\left[\int_{-\infty}^{\infty}K(t)\,d\zeta(t,\gamma)\right]^{n}$$

$$=\sum_{m}\frac{(-1)^{m}}{(2m)!}\left\{\int_{-\infty}^{\infty}\left[K(t)\right]^{2}dt\right\}^{m}(2m-1)(2m-3)\cdots5\cdot3\cdot1$$

$$=\sum_{m}^{\infty}\frac{(-1)^{m}}{2^{m}m!}\left\{\int_{-\infty}^{\infty}\left[K(t)\right]^{2}dt\right\}^{m}$$

$$=\exp\left\{-\frac{1}{2}\int_{-\infty}^{\infty}\left[K(t)\right]^{2}dt\right\} \tag{3.45}$$

试图从简单的布朗运动序列构建尽可能通用的时间序列，也是个非常有趣的问题。在这种结构中，傅里叶展开的示例表明，像式（3.44）这样的展开式是实现这一目的的方便构建途径。特别是，让我们研究具有以下特殊形式的时间序列

$$\int_{a}^{b}d\lambda\exp\left[i\int_{-\infty}^{\infty}K(t+\tau,\lambda)\,d\xi(\tau,\gamma)\right] \tag{3.46}$$

假设我们知道 $\xi(r,\gamma)$ 以及式（3.46）。然后，如式（3.45）所示，

如果 $t_1 > t_2$，有

$$\int_0^1 d\gamma \exp\left\{is\left[\xi(t_1, \gamma) - \xi(t_2, \gamma)\right]\right\}$$
$$\times \int_a^b d\gamma \exp\left[i\int_{-\infty}^\infty K(t+\tau, \lambda) d\xi(t, \gamma)\right]$$
$$= \int_a^b d\gamma \exp\left\{-\frac{1}{2}\int_{-\infty}^\infty \left[K(t+\tau, \lambda)\right]^2 dt - \frac{s^2}{2}(t_2 - t_1) - s\int_{t_2}^{t_1} K(t, \lambda) dt\right\}$$

$$(3.47)$$

如果我们现在将上式两端乘以 $\exp\left[\dfrac{s^2(t_2 - t_1)}{2}\right]$，设 $s(t_2 - t_1) = i\sigma$，$t_2 \to t_1$，则我们得到

$$\int_a^b d\lambda \exp\left\{-\frac{1}{2}\int_{-\infty}^\infty \left[K(t+\tau, \lambda)\right]^2 dt - i\sigma K(t_1, \lambda)\right\} \qquad (3.48)$$

让我们取 $K(t_1, \lambda)$ 和一个新的自变量 μ，并求解 λ，得到

$$\lambda = Q(t_1, \mu) \qquad (3.49)$$

那么式（3.48）变为

$$\int_{K(t_1,a)}^{K(t_1,b)} e^{i\mu\sigma} d\mu \frac{\partial Q(t_1, \mu)}{\partial \mu} \exp\left(-\frac{1}{2}\int_{-\infty}^\infty \left\{K\left[t+\tau, Q(t_1, \mu)\right]\right\}^2 dt\right) \qquad (3.50)$$

由此，通过傅里叶[1]变换，我们可以确定

---

〔1〕傅里叶变换，一种线性积分变换，指的是信号在时域和频域之间的变换，广泛用于物理学和工程学。其基本思想最早由法国学者约瑟夫·傅里叶系统提出，因此以其名字命名。实际上傅里叶变换和化学分析类似，用于确定物质的基本成分；信号来自于自然界，也可对其加以分析，从而确定其基本成分。——译者注

$$\frac{\partial Q(t_1,\mu)}{\partial \mu}\exp\left(-\frac{1}{2}\int_{-\infty}^{\infty}\left\{K\left[t+\tau,Q(t_1,\mu)\right]\right\}^2 dt\right) \tag{3.51}$$

是 μ 的函数［当 μ 介于 $K(t_1,a)$ 和 $K(t_1,b)$ 之间］。如果我们将这个函数与 μ 积分，我们就可以确定

$$\int_a^\lambda d\lambda \exp\left\{-\frac{1}{2}\int_{-\infty}^{\infty}\left[K(t+\tau,\lambda)\right]^2 dt\right\} \tag{3.52}$$

作为 $K(t_1,a)$ 和 t_1 的函数。也就是说，存在一个已知的函数 $F(u,v)$，使得

$$\int_a^\lambda d\lambda \exp\left\{-\frac{1}{2}\int_{-\infty}^{\infty}\left[K(t+\tau,\lambda)\right]^2 dt\right\}=F\{K(t_1,\lambda),t_1\} \tag{3.53}$$

由于这个式的左边不取决于 t_1，我们可以把它写作 $G(\lambda)$，然后设

$$F[K(t_1,\lambda),t_1]=G(\lambda) \tag{3.54}$$

这里，F 是一个已知函数，我们可以把它和第一个变量求逆，设

$$K(t_1,\lambda)=H[G(\lambda),t_1] \tag{3.55}$$

其中 $H(u,v)$ 也是一个已知函数。于是

$$G(\lambda)=\int_a^\lambda d\lambda \exp\left(-\frac{1}{2}\int_{-\infty}^{\infty}\left\{H[G(\lambda),t+\tau]\right\}^2 dt\right) \tag{3.56}$$

因此函数

$$\exp\left\{-\frac{1}{2}\int_{-\infty}^{\infty}\left[H(u,t)\right]^2 dt\right\}=R(u) \tag{3.57}$$

为一个已知函数，且

$$\frac{dG}{d\lambda}=R(G) \tag{3.58}$$

即

$$\frac{\mathrm{d}G}{R(G)} = \mathrm{d}\lambda \qquad (3.59)$$

或者

$$\lambda = \int \frac{\mathrm{d}G}{R(G)} + 常数 = S(G) + 常数 \qquad (3.60)$$

该常数由

$$G(\alpha) = 0 \qquad (3.61)$$

或者

$$a = S(0) + 常数 \qquad (3.62)$$

给出。很容易看出，如果 a 是有限的，我们赋给它什么值并不重要；因为如果我们给 λ 的所有值加上一个常数，我们的算符是不改变的。因此，我们可以将它设为0。因此，我们把 λ 确定为 G 的函数，从而把 G 确定为 λ 的函数。因此，通过式（3.55），我们已经确定了 $K(t, \lambda)$。为了完成表达式（3.46）的确定，我们只需要知道 b 。但是，这可以通过比较

$$\int_a^b \mathrm{d}\lambda \exp\left\{-\frac{1}{2}\int_{-\infty}^\infty \left[K(t, \lambda)\right]^2 \mathrm{d}t\right\} \qquad (3.63)$$

和

$$\int_0^1 \mathrm{d}\gamma \int_a^b \mathrm{d}\lambda \exp\left\{\mathrm{i}\int_{-\infty}^\infty K(t, \lambda)\, \mathrm{d}\xi(t, \gamma)\right\} \qquad (3.64)$$

来确定。因此，在某些仍有待明确表述的情况下，如果时间序列可以写作式（3.46）的形式，并且我们也知道 $\xi(t, \gamma)$ ，我们可以确定式（3.46）

中的函数 $K(t, \lambda)$ 和数字 a 和 b ，除了加到 a ， λ 和 b 中的待定常数。如果 $b = +\infty$ ，没有额外的困难，并且不难将推理扩展到 $a = -\infty$ 的情况。当然，为了讨论当结果不是单值时，反函数[1]的反转问题，以及有关展开式有效性的一般条件，还有大量工作要做。尽管如此，我们至少已经朝着将一大类时间序列简化为规范形式的问题迈出了第一步，而这对于预测理论和信息测量理论的具体形式应用来说，是至关重要的，正如我们在本章前面所概述的那样。

我们还必须去除时间序列理论的这种方法中的一个明显限制，即我们必须知道 $\xi(t, \gamma)$ 以及我们以式（3.46）的形式展开的时间序列。问题是：在什么情况下，我们可以表示由布朗运动确定的已知统计参数的时间序列，或者至少作为由布朗运动确定的时间序列在某种意义上的极限？我们将把自己限制在具有测度传递性的时间序列上，并且具有更强的性质，即如果我们取长度固定但在时间上较远的间隔，当间隔彼此远离时，这些间隔中时间序列各段的任何泛函的分布都接近独立[2]。此处要发展的理论已经由作者勾画出来了。

如果 $K(t)$ 是一个足够连续的函数，则可以证明

$$\int_{-\infty}^{\infty} K(t+\tau) \, \mathrm{d}\xi(\tau, \gamma) \tag{3.65}$$

---

〔1〕反函数，又称逆函数，指对一个定函数进行逆运算的函数。——译者注

〔2〕这是库普曼斯定理的混合性质，它是证明统计力学合理性的充分必要遍历假设。——译者注

根据卡茨定理[1]，它的零点几乎总是具有确定的密度，并且通过适当地选择 K，可以使该密度达到我们想要的最大值。根据 K_D 的选择，使得该密度为 D。那么从 $-\infty$ 到 ∞ 的零的序列 $\int_{-\infty}^{\infty} K_D(t+\tau)\,d\xi(\tau,\gamma)$ 可以表示为 $Zn(D,\gamma)$，$-\infty < n < \infty$。当然，在这些零的计数中，除了一个加性常数整数之外，n 是确定的。

现在，设 $T(t,\mu)$ 为连续变量 t 中的任意时间序列，而 μ 是时间序列分布的参数，在（0，1）上均匀变化。然后设

$$T_D(t,\mu,\gamma) = T[t - Z_n(D,\gamma),\mu] \qquad (3.66)$$

上式中，取 Z_n 为 t 之前的值。可以看出，对于 t 的任何有限值集 t_1，$t_2,\cdots,t_v$，对于几乎每一个 μ 值而言，当 $D\to\infty$ 时，$T_D(t_k,\mu,\gamma)$（$k = 1,2,\cdots,v$）的同时分布接近于关于同一个 t_k 值的 $T_D(t_k,\mu)$ 同时分布。然而，$T_D(t_k,\mu,\gamma)$ 完全由 t，μ，D 和 $\xi(r,\gamma)$ 决定。因此，对于给定的 D 和给定的 μ，试图直接以表达式（3.46）的形式表示 $T_D(t_k,\mu,\gamma)$，或者以某种方式表示为时间序列，该时间序列的分布是该形式分布的极限（在刚刚给出的非严格意义上），都是不合适的做法。

必须承认，这是未来要实施的计划，而不是我们可以认为已经完成

---

[1] 即费曼—卡茨公式，以理查德·费曼和马克·卡茨的名字命名。该公式可通过将某些抛物型偏微分方程的解表示为随机过程的条件期望的形式，并将求此类微分方程的数值解转化成模拟随机过程的路径。相反，此类随机过程的期望可通过确定性的计算获得。——译者注

的计划。

然而，在作者看来，正是这个计划，才为合理、一致地处理与非线性预测、非线性滤波、非线性情况下信息传输的评估，以及与稠密气体和湍流理论相关的许多问题提供了最大的希望。这些问题可能是通信工程面临的最紧迫的问题。

现在我们来讨论式（3.34）形式的时间序列的预测问题。我们看到时间序列的唯一独立统计参数为 $\Phi(t)$，如式（3.35）所示；这意味着与 $K(t)$ 有关的唯一有效量为

$$\int_{-\infty}^{\infty} K(s)K(s+t)\mathrm{d}s \tag{3.67}$$

当然这里 K 为实数。

我们设

$$K(s) = \int_{-\infty}^{\infty} k(\omega)\mathrm{e}^{\mathrm{i}\omega s}\mathrm{d}\omega \tag{3.68}$$

作傅里叶变换。知道了 $K(s)$ 就是知道了 $k(\omega)$，反之亦然。因此有

$$\frac{1}{2\pi}\int_{-\infty}^{\infty} K(s)K(s+\tau)\mathrm{d}s = \int_{-\infty}^{\infty} k(\omega)k(-\omega)\mathrm{e}^{\mathrm{i}\omega\tau}\mathrm{d}\omega \tag{3.69}$$

所以知道了 $\phi(r)$ 就等于知道了 $k(\omega)k(-\omega)$。然而，由于 $K(s)$ 为实数，

$$K(s) = \int_{-\infty}^{\infty} \overline{k(\omega)}\mathrm{e}^{-\mathrm{i}\omega s}\mathrm{d}\omega \tag{3.70}$$

其中 $k(\omega) = k(-\omega)$。因此 $|k(\omega)|^2$ 是一个已知函数，这意味着 $\log|k(\omega)|$ 的实数部分是已知函数。

如果我们记

□ **大卫·希尔伯特**

　　1914年，维纳的导师罗素要赴哈佛大学讲学半年，因此他建议维纳到德国格丁根大学进修几个月。在格丁根大学，维纳选修了希尔伯特讲授的微分方程、胡塞尔讲授的康德哲学课，还旁听了物理学家兰道讲授的群论。希尔伯特主要研究希尔伯特空间、几何基础、不变式理论、积分方程、代数数域理论等，从他身上，维纳不仅学到了必要的数学工具和技巧，更领略到了博大精深的数学思想。

$$F(\omega) = \Re\left\{\log\big[k(\omega)\big]\right\} \qquad （3.71）$$

　　那么确定 $K(s)$ 就相当于确定 $\log k(\omega)$ 的虚数部分。但这个问题不是确定的，除非我们对 $k(\omega)$ 作进一步的限制。我们应加设限制条件：$\log k(\omega)$ 应为解析函数，并且 ω 在上半平面具有足够小的增长率。为了使这一限制条件成立，我们假设 $k(\omega)$ 和 $[k(\omega)]^{-1}$ 在实数轴上呈代数型增长。那么 $[F(\omega)]^2$ 应为偶数，且至多以对数趋向无穷大，并且会存在

$$G(\omega) = \frac{1}{\pi}\int_{-\infty}^{\infty}\frac{F(u)}{u-\omega}\mathrm{d}u \qquad （3.72）$$

形式的柯西主值[1]。由式（3.72）表示的变换称为希尔伯特变换[2]，将 $\cos\lambda\omega$ 变为 $\sin\lambda\omega$，将 $\sin\lambda\omega$ 变为 $-\cos\lambda\omega$。因此 $F(\omega)+iG(\omega)$ 是

$$\int_{-\infty}^{\infty}\mathrm{e}^{\mathrm{i}\lambda\omega}\mathrm{d}\big[M(\lambda)\big] \qquad （3.73）$$

　　〔1〕在微积分中，柯西主值指为某类原来发散的反常积分指定特殊数值的方式，以数学家柯西的名字命名。——译者注

　　〔2〕在数学和讯号处理中，希尔伯特变换指对函数 u 产生定义域相同的函数 H 的线性算子。它在信号处理中非常重要，可以导出信号 u 的解析表达。——译者注

形式的函数，并且在下半平面满足 $\log|k(\omega)|$ 的必要条件。如果我们现在设

$$k(\omega) = \exp\left[F(\omega) + iG(\omega)\right] \tag{3.74}$$

则可以证明，在非常一般的条件下，$k(\omega)$ 是这样一个函数，它使如式（3.68）中定义的 $K(s)$ 对于所有的负参数 α 都为零。因此

$$f(t,\gamma) = \int_{-t}^{\infty} K(t+\tau)\,\mathrm{d}\xi(\tau,\gamma) \tag{3.75}$$

另一方面，还可以证明 $\dfrac{1}{k(\omega)}$ 可以写作以下形式

$$\lim_{n\to\infty}\int_{0}^{\infty} \mathrm{e}^{i\lambda\omega}\,\mathrm{d}N_n(\lambda) \tag{3.76}$$

其中 N_n 的值可以适当确定。并且可以通过这样一种方式来实现：

$$\xi(\tau,\gamma) = \lim_{n\to\infty}\int_{0}^{\tau}\mathrm{d}t\int_{-t}^{\infty} Q_n(t+\sigma)f(\sigma,\gamma)\,\mathrm{d}\sigma \tag{3.77}$$

其中 Q_n 必须具有如下形式性质：

$$f(t,\gamma) = \lim_{n\to\infty}\int_{-t}^{\infty} K(t+\tau)\mathrm{d}\tau\int_{-\tau}^{\infty} Q_n(\tau+\sigma)f(\sigma,\gamma)\,\mathrm{d}\sigma \tag{3.78}$$

一般地，我们将得到

$$\psi(t) = \lim_{n\to\infty}\int_{-t}^{\infty} K(t+\tau)\mathrm{d}\tau\int_{-\tau}^{\infty} Q_n(\tau+\sigma)\,\psi(\sigma,\gamma)\,\mathrm{d}\sigma \tag{3.79}$$

或者如果我们写作［如式（3.68）那样］

$$K(s) = \int_{-\infty}^{\infty} k(\omega)\mathrm{e}^{i\omega s}\mathrm{d}\omega$$

$$Q_n(s) = \int_{-\infty}^{\infty} q_n(\omega)\mathrm{e}^{i\omega s}\mathrm{d}\omega \tag{3.80}$$

$$\psi(s) = \int_{-\infty}^{\infty} \psi(\omega)\mathrm{e}^{i\omega s}\mathrm{d}\omega$$

那么有

$$\psi(\omega) = \lim_{n \to \infty} (2\pi)^{\frac{3}{2}} \psi(\omega) q_n(-\omega) k(\omega) \qquad (3.81)$$

因此

$$\lim_{n \to \infty} q_n(-\omega) \frac{1}{(2\pi)^{\frac{3}{2}} k(\omega)} \qquad (3.82)$$

我们会发现，这个结果对于将预测算符转换为关于频率而不是时间的形式是有用的。

如此一来，$\xi(t,\gamma)$ 的过去和现在，或者说"微分" $\mathrm{d}\xi(t,\gamma)$ 的过去和现在，决定了 $f(t,\gamma)$ 的过去和现在，反之亦然。

现在，如果 $A > 0$，则

$$f(t+A,\gamma) = \int_{-t-A}^{\infty} K(t+A+\tau)\mathrm{d}\xi(\tau,\gamma)$$

$$= \int_{-t-A}^{-t} K(t+A+\tau)\mathrm{d}\xi(\tau,\gamma) + \int_{-t}^{\infty} K(t+A+\tau)\mathrm{d}\xi(\tau,\gamma) \quad (3.83)$$

这里，上式的第一项依赖于 $\mathrm{d}\xi(r,\gamma)$ 的范围，其中关于 $\sigma \leqslant t$ 的 $f(\sigma,\gamma)$ 的知识没有告诉我们任何内容，并且完全独立于第二项。其均方值为

$$\int_{-t-A}^{t} \left[K(t+A+\tau)\right]^2 \mathrm{d}\tau = \int_{0}^{A} \left[K(\tau)\right]^2 \mathrm{d}\tau \qquad (3.84)$$

这告诉了我们所有关于它的统计信息。在这个均方值下，可以证明它是一个高斯分布[1]。它是 $f(t+A,\gamma)$ 的最优可能预测的误差。

---

〔1〕高斯分布，又称正规分布、正态分布，指非常常见的连续概率分布，在统计学上极其重要，经常用于自然和社会科学中，表示一个不明的随机变数。——译者注

最优可能预测本身是式（3.83）右端的最后一项，

$$\int_{-t}^{\infty} K(t+A+\tau)\,\mathrm{d}\xi(\tau,\gamma)$$

$$= \lim_{n\to\infty}\int_{-t}^{\infty} K(t+A+\tau)\mathrm{d}\tau\int_{-\tau}^{\infty} Qn(\tau+\sigma)f(\sigma,\gamma)\mathrm{d}\sigma \qquad (3.85)$$

如果现在设

$$K_A(\omega) = \frac{1}{2\pi}\int_0^{\infty} K(t+A)\mathrm{e}^{-\mathrm{i}\omega t}\mathrm{d}t \qquad (3.86)$$

并将式（3.85）的算符应用于 $\mathrm{e}^{\mathrm{i}\omega t}$，则得到

$$\lim_{n\to\infty}\int_{-t}^{\infty} K(t+A+\tau)\mathrm{d}\tau\int_{-t}^{\infty} Q_n(\tau+\sigma)\mathrm{e}^{\mathrm{i}\omega\sigma}\mathrm{d}\sigma = A(\omega)\mathrm{e}^{\mathrm{i}\omega t} \qquad (3.87)$$

我们会得到［就像式（3.81）那样］

$$A(\omega) = \lim_{n\to\infty}(2\pi)^{\frac{3}{2}}q_n(-\omega)k_A(\omega)$$

$$= \frac{k_A(\omega)}{k(\omega)}$$

$$= \frac{1}{2\pi k(\omega)}\int_A^{\infty} \mathrm{e}^{-\mathrm{i}\omega(t-A)}\mathrm{d}t\int_{-\infty}^{\infty} k(u)\mathrm{e}^{\mathrm{i}ut}\mathrm{d}u \qquad (3.88)$$

这就是最优预测算符的频率形式。

时间序列［如式（3.34）］的滤波问题与预测问题密切相关。假设消息加上噪声的形式为

$$m(t)+n(t) = \int_0^{\infty} K(\tau)\mathrm{d}\xi(t-\tau,\gamma) \qquad (3.89)$$

而消息的形式为

$$m(t) = \int_{-\infty}^{\infty} Q(\tau)\mathrm{d}\xi(t-\tau,\gamma) + \int_{-\infty}^{\infty} R(\tau)\mathrm{d}\xi(t-\tau,\delta) \qquad (3.90)$$

其中 γ 和 δ 独立地分布在（0，1）上。那么 $m(t+a)$ 的可预测部分显然为

$$\int_0^\infty Q(\tau+a)\,\mathrm{d}\xi(t-\tau,\gamma) \tag{3.901}$$

而预测的均方误差为

$$\int_{-\infty}^\infty \big[Q(\tau)\big]^2\mathrm{d}\tau + \int_{-\infty}^\infty \big[R(\tau)\big]^2\mathrm{d}\tau \tag{3.902}$$

此外，假设我们知道以下诸量：

$$\phi_{22}(t) = \int_0^1 \mathrm{d}\gamma \int_0^1 \mathrm{d}\delta\, n(t+\tau)n(\tau)$$

$$= \int_{-\infty}^\infty \big[K(|t|+\tau)-Q|t|+\tau\big]\big[K(\tau)-Q(\tau)\big]\mathrm{d}\tau$$

$$= \int_0^\infty \big[K(|t|+\tau)-Q(|t|+\tau)\big]\big[K(\tau)-Q(\tau)\big]\mathrm{d}\tau$$

$$+ \int_{-|t|}^\infty \big[K(|t|+\tau)-Q(|t|+\tau)\big]\big[-Q(\tau)\big]\mathrm{d}\tau$$

$$+ \int_{-\infty}^{-|t|} Q(|t|+\tau)Q(\tau)\mathrm{d}\tau + \int_{-\infty}^\infty R(|t|+\tau)R(\tau)\mathrm{d}\tau$$

$$= \int_0^\infty K(|t|+\tau)K(\tau)\mathrm{d}\tau - \int_{-|t|}^\infty K(|t|+\tau)Q(\tau)\mathrm{d}\tau$$

$$+ \int_{-\infty}^\infty Q(|t|+\tau)Q(\tau)\mathrm{d}\tau + \int_{-\infty}^\infty R(|t|+\tau)R(\tau)\mathrm{d}\tau \tag{3.903}$$

$$\phi_{11}(\tau) = \int_0^1 \mathrm{d}\gamma \int_0^1 \mathrm{d}\delta\, m(|t|+\tau)m(\tau)$$

$$= \int_{-\infty}^\infty Q(|\tau|+\tau)Q(\tau)\mathrm{d}\tau + \int_{-\infty}^\infty R(|t|+\tau)R(\tau)\mathrm{d}\tau \tag{3.904}$$

$$\phi_{12}(\tau) = \int_0^1 \mathrm{d}\gamma \int_0^1 \mathrm{d}\delta\, m(t+\tau)n(\tau)$$

$$= \int_0^1 \mathrm{d}\gamma \int_0^1 \mathrm{d}\delta\, m(t+\tau)\big[m(\tau)+n(\tau)\big] - \phi_{11}(\tau)$$

$$= \int_0^1 d\gamma \int_{-t}^1 K(\sigma+t) d\xi(\tau-\sigma,\gamma) \int_{-t}^{\infty} Q(\tau) d\xi(\tau-\sigma,\gamma) - \phi_{11}(\tau)$$

$$= \int_{-t}^{\infty} K(t+\tau) Q(\tau) d\tau - \phi_{11}(\tau) \qquad (3.905)$$

这三个量的傅里叶变换分别为：

$$\Phi_{22}(\omega) = |k(\omega)|^2 + |q(\omega)|^2 - q(\omega)\overline{k(\omega)} - k(\omega)\overline{q(\omega)} + |r(\omega)|^2$$

$$\Phi_{11}(\omega) = |q(\omega)|^2 + |r(\omega)|^2 \qquad (3.906)$$

$$\Phi_{12}(\omega) = k(\omega)\overline{q(\omega)} - |q(\omega)|^2 - |r(\omega)|$$

其中

$$\left. \begin{array}{l} k(\omega) = \dfrac{1}{2\pi} \displaystyle\int_0^{\infty} K(s) \mathrm{e}^{-\mathrm{i}\omega s} \mathrm{d}s \\[2mm] q(\omega) = \dfrac{1}{2\pi} \displaystyle\int_{-\infty}^{\infty} \overline{Q(s)} \mathrm{e}^{-\mathrm{i}\omega s} \mathrm{d}s \\[2mm] r(\omega) = \dfrac{1}{2\pi} \displaystyle\int_{-\infty}^{\infty} R(s) \mathrm{e}^{-\mathrm{i}\omega s} \mathrm{d}s \end{array} \right\} \qquad (3.907)$$

即

$$\Phi_{11}(\omega) + \Phi_{12}(\omega) + \overline{\Phi_{12}(\omega)} + \overline{\Phi_{22}(\omega)} = |k(\omega)|^2 \qquad (3.908)$$

和

$$q(\omega)\overline{k(\omega)} = \Phi_{11}(\omega) + \Phi_{21}(\omega) \qquad (3.909)$$

为了对称起见，我们记 $\Phi_{21}(\omega) = \overline{\Phi_{12}(\omega)}$。现在我们可以从式（3.908）中确定 $k(\omega)$ 了，做法就像我们之前在式（3.74）的基础上定义 $k(w)$ 一样。这里我们把 $\Phi(t)$ 写作 $\Phi_{11}(t) + \Phi_{22}(t) + 2\mathfrak{F}[\Phi_{12}(t)]$。这样我们就得到

$$q(\omega) = \frac{\Phi_{11}(\omega) + \Phi_{21}(\omega)}{\overline{k(\omega)}} \qquad (3.910)$$

从而得到

$$Q(t) = \int_{-\infty}^{\infty} \frac{\Phi_{11}(\omega) + \Phi_{21}(\omega)}{\overline{k(\omega)}} e^{i\omega t} d\omega \qquad (3.911)$$

因此，具有最小均方误差的 $m(t)$ 的最优预测为

$$\int_{0}^{\infty} d\xi(t - \tau, \gamma) \int_{-\infty}^{\infty} \frac{\Phi_{11}(\omega) + \Phi_{21}(\omega)}{\overline{k(\omega)}} e^{i\omega(t+a)} d\omega \qquad (3.912)$$

将它与式（3.89）结合，并使用一个类似于我们获得式（3.88）的推演，那么我们能得到的 $m(t)$ 的"最优"表达式，作用于 $m(t) + n(t)$ 上的算符，如果将它写在频率标度上将会是

$$\frac{1}{2\pi k(\omega)} \int_{a}^{\infty} e^{i\omega t(t-a)} dt \int_{-\infty}^{\infty} \frac{\Phi_{11}(u) + \Phi_{21}(u)}{\overline{k(u)}} e^{iut} du \qquad (3.913)$$

这个算符构成了电气工程师所知的滤波器的特性算符。量 a 是滤波器的延迟，可正可负；当它为负时，$-a$ 称为超前。我们总是可以尽可能精确地构造出与式（3.913）相对应的装置。它的构造细节更适合电气工程专家去研究，而不是本书读者。这些内容可以在其他文献中找到。[1]

均方滤波误差［式（3.902）］可以表示为无限滞后的均方滤波误差之和

$$\int_{-\infty}^{\infty} [R(\tau)]^2 d\tau = \Phi_{11}(0) - \int_{-\infty}^{\infty} [Q(\tau)]^2 d\tau$$

---

［1］我们特别引用了李郁荣博士最近的论文。——原注

$$= \frac{1}{2\pi} \int_{-\infty}^{\infty} \Phi_{11}(\omega) \mathrm{d}\omega - \frac{1}{2\pi} \int_{-\infty}^{\infty} \left| \frac{\Phi_{11}(\omega) + \Phi_{21}(\omega)}{\overline{k(\omega)}} \right|^2 \mathrm{d}\omega$$

$$= \frac{1}{2\pi} \int_{-\infty}^{\infty} \left[\Phi_{11}(\omega) - \frac{|\Phi_{11}(\omega) + \Phi_{21}(\omega)|^2}{\Phi_{11}(\omega) + \Phi_{12}(\omega) + \Phi_{21}(\omega) + \Phi_{22}(\omega)} \right] \mathrm{d}\omega$$

$$= \frac{1}{2\pi} \int_{-\infty}^{\infty} \frac{\begin{vmatrix} \Phi_{11}(\omega) & \Phi_{12}(\omega) \\ \Phi_{21}(\omega) & \Phi_{22}(\omega) \end{vmatrix}}{\Phi_{11}(\omega) + \Phi_{12}(\omega) + \Phi_{21}(\omega) + \Phi_{22}(\omega)} \mathrm{d}\omega \qquad (3.914)$$

以及依赖于延迟的部分

$$\int_{-\infty}^{\infty} \left[Q(\tau) \right]^2 \mathrm{d}t = \int_{-\infty}^{\infty} \mathrm{d}t \left| \frac{\Phi_{11}(\omega) + \Phi_{21}(\omega)}{\overline{k(\omega)}} \mathrm{e}^{i\omega t} \mathrm{d}\omega \right|^2 \qquad (3.915)$$

之和。可以看出，滤波的均方误差是延迟的单调递减函数。

关于从布朗运动中导出的消息和噪声的另一个有趣的问题是信息传输速率问题。为了简单起见，让我们考虑消息和噪声不相干的情况，也就是说，当

$$\Phi_{12}(\omega) \equiv \Phi_{21}(\omega) \equiv 0 \qquad (3.916)$$

在这种情况下，让我们考虑

$$m(t) = \int_{-\infty}^{\infty} M(\tau) \mathrm{d}\xi(t - \tau, \gamma)$$

$$m(t) = \int_{-\infty}^{\infty} N(\tau) \mathrm{d}\xi(t - \tau, \delta) \qquad (3.917)$$

其中 γ 和 δ 独立分布。假设我们知道 $m(t) + n(t)$ 位于 $(-A, A)$ 之上，那么关于 $m(t)$ 我们知道多少信息？请注意，我们应该试探性地期

望，它与

$$\int_{-A}^{A} M(\tau)\mathrm{d}\xi(t-\tau,\gamma) \tag{3.918}$$

所涉及的信息量不会有很大不同。当我们知道

$$\int_{-A}^{A} M(\tau)\mathrm{d}\xi(t-\tau,\gamma)+\int_{-A}^{A} N(\tau)\mathrm{d}\xi(t-\tau,\delta) \tag{3.919}$$

的所有值时，就知道了这个信息量。其中 γ 和 δ 具有独立的分布。然而，它可以证明，表达式（3.918）的第 n 个傅里叶系数，具有独立于所有其他傅里叶系数的高斯分布，并且其均方值正比于

$$\left|\int_{-A}^{A} M(\tau)\exp\left(\mathrm{i}\frac{\pi n\tau}{A}\right)\mathrm{d}\tau\right|^{2} \tag{3.920}$$

因此，根据式（3.09），关于 M 可获得的总信息量为

$$\sum_{n=-\infty}^{\infty}\frac{1}{2}\log_{2}\frac{\left|\int_{-A}^{A} M(\tau)\exp\left(\mathrm{i}\frac{\pi n\tau}{A}\right)\mathrm{d}\tau\right|^{2}+\left|\int_{-A}^{A} N(\tau)\exp\left(\mathrm{i}\frac{\pi n\tau}{A}\right)\mathrm{d}\tau\right|^{2}}{\left|\int_{-A}^{A} N(\tau)\exp\left(\mathrm{i}\frac{\pi n\tau}{A}\right)\mathrm{d}\tau\right|^{2}} \tag{3.921}$$

而能量传播的时间密度是这个量除以 $2A$ 。如果现在 $A\to\infty$ ，则式（3.921）趋于

$$\frac{1}{2\pi}\int_{-\infty}^{\infty}\mathrm{d}u\log_{2}\frac{\left|\int_{-\infty}^{\infty} M(\tau)\exp\mathrm{i}u\tau\,\mathrm{d}\tau\right|^{2}+\left|\int_{-\infty}^{\infty} N(\tau)\exp\mathrm{i}u\tau\,\mathrm{d}\tau\right|^{2}}{\left|\int_{-\infty}^{\infty} N(\tau)\exp\mathrm{i}u\tau\,\mathrm{d}\tau\right|^{2}} \tag{3.922}$$

上述场合下的信息传输速率的结果正是作者和香农已经得到的。可以看

出，它不仅取决于可用于传输信息的频带[1]宽度，还取决于噪声级。事实上，它与用于测量特定个体的听力和听力损失的听力图密切相关。这里横坐标为频率，下边界纵坐标为可听强度阈值强度的对数——我们可以称之为接收系统内部噪声强度的对数，上边界为系统适合处理的最大消息强度的对数。它们之间的面积，即式（3.922）维的一个量，则用作对耳朵能够承受的信息传输速率的测度。

关于和布朗运动有线性关系的消息理论还有许多重要的变形。关键公式式（3.88）、式（3.914）以及式（3.922）都是重要的公式，当然，解释这些公式所需的定义也很重要。这个理论目前有如下变形：首先，在消息和噪声代表线性谐振器对布朗运动做出响应的情况下，由这个理论可以作出预测器和滤波器的最优设计；但是在多数情况下，只能作出预测器和过滤器的一种可能设计。虽然这不是绝对最好的设计，但它会最小化预测和滤波的均方误差，因为这可以通过执行线性运算的设备来完成。然而，通常会有一些非线性设备，其性能仍然优于任何线性设备。

接下来，这里说的时间序列是简单的时间序列，其中单个数值变量取决于时间。还有多个时间序列，其中许多此类变量取决于时间；这些

---

〔1〕频带，又称带宽，又称频宽，单位为赫兹，就数字信号来说，指单位时间内链路允许通过的数据量。——译者注

时间序列在经济学、气象学等领域最为重要。一天一天拍摄的完整美国天气图就构成了这样一个时间序列。在这种情况下，我们必须根据频率同时开发多个函数，并且诸如方程式（3.35）和方程式（3.70）的 τ 次量都被成对的量的阵列（即矩阵[1]）所代替。根据 $|k(\omega)|^2$ 确定 $k(\omega)$ 的问题，以满足复平面中的某些辅助条件，将变得更加困难，特别是因为矩阵的乘法不是可置换的运算。然而，这个多维理论所涉及的问题已经被克林[2]和作者解决了，至少是部分解决了。

多维理论代表了一个已经给出的理论的复杂化。还有一种密切相关的理论是对它的简化。这是关于离散时间序列[3]的预测、过滤和信息量的理论。这样的序列是一个参数 α 的函数 $f_n(\alpha)$ 的序列，其中 n 为从 $-\infty$ 到 ∞ 遍历的所有整数值。量 α 和以前一样是分布的参数，可以让它均匀遍历（0，1）。当 n 到 $n+v$（v 为整数）的变化等价于 α 所遍历的区间（0，1）到自身的保测变换（一种特殊的可测变换，它除了保持集合的可测性外，还保持集合的测度不变）时，时间序列可以说是处于统计平衡状态。

〔1〕矩阵，指按长方阵列排列的复数或实数集合，最早源于方程组的系数及常数所构成的方阵。——译者注

〔2〕马克·格里戈里耶维奇·克林（Mark Grigorievich Krein，1907—1989年），苏联数学家，苏联泛函分析学派的主要代表人物。因其在算子理论（与数学物理学中的具体问题紧密相关）、矩问题、数学分析和表示论方面的研究而广为人知。——译者注

〔3〕离散时间序列指通信工程中，为实现比原来的模拟通信拥有更多优越性的数字通信，将模拟信号进行"取样"而得到的离散数字组成的序列集。——译者注

　　离散时间序列理论在很多方面都比连续序列理论简单。例如，让它们取决于一系列独立的选择要容易得多。每一项（在混合情况下）都可以表示为先前项与独立于所有先前项的量的组合，均匀分布在（0，1），并且这些独立因子的序列可以用来代替布朗运动，而布朗运动在连续情况下非常重要。

　　如果 $f_n(\alpha)$ 是统计平衡下的时间序列，并且具有测度可传递性，则其自相关系数为

$$\phi_m = \int_0^1 f_m(\alpha) f_0(\alpha) \, \mathrm{d}\alpha \tag{3.923}$$

并且几乎对所有的 α，我们都有

$$\phi_m = \lim_{N \to \infty} \frac{1}{N+1} \sum_0^N f_{k+m}(\alpha) f_k(\alpha)$$

$$= \lim_{N \to \infty} \frac{1}{N+1} \sum_0^N f_{-k+m}(\alpha) f_{-k}(\alpha) \tag{3.924}$$

让我们设

$$\phi_n = \frac{1}{2\pi} \int_{-\pi}^{\pi} \Phi(\omega) \mathrm{e}^{in\omega} \, \mathrm{d}\omega \tag{3.925}$$

或

$$\Phi(\omega) = \sum_{-\infty}^{\infty} \phi_n \mathrm{e}^{-in\omega} \tag{3.926}$$

设

$$\frac{1}{2} \log \Phi(\omega) = \sum_{-\infty}^{\infty} p_n \cos n\omega \tag{3.927}$$

再设

$$G(\omega) = \frac{p_0}{2} + \sum_1^{\infty} P_n \mathrm{e}^{in\omega} \tag{3.928}$$

设

$$e^{G(\omega)} = k(\omega) \tag{3.929}$$

那么在非常一般的条件下，如果 ω 为角度，则 $k(\omega)$ 为单位圆内不存在零或奇点的函数在单位圆上的边值[1]。我们将得到

$$|k(\omega)|^2 = \Phi(w) \tag{3.930}$$

如果设 $f_n(\alpha)$ 的最优线性预测，其导数为

$$\sum_0^\infty f_{n-\nu}(\alpha) W_\nu \tag{3.931}$$

我们会得到

$$\sum_0^\infty W_\mu e^{i\mu\omega} = \frac{1}{2\pi k(\omega)} \sum_{\mu=\nu}^\infty e^{i\omega(\mu-\nu)} \int_{-\pi}^\pi k(u) e^{-i\mu u} du \tag{3.932}$$

这是与式（3.88）相当的模拟方程。请注意，如果我们设

$$k_\mu = \frac{1}{2\pi} \int_{-\pi}^\pi k(u) e^{-i\mu u} du \tag{3.933}$$

那么

$$\sum_0^\infty W_\mu e^{i\mu\omega} = e^{-i\nu\omega} \frac{\sum_\nu^\infty k_\mu e^{i\mu\omega}}{\sum_0^\infty k_\mu e^{i\mu\omega}} = e^{-i\nu\omega} \left(1 - \frac{\sum_0^{\nu-1} k_\mu e^{i\mu\omega}}{\sum_0^\infty k_\mu e^{i\mu\omega}} \right) \tag{3.934}$$

---

〔1〕边值问题，指解决一些物理问题时伴随微分方程的条件。讨论边值时，意味着要处理物理学和数学之间的关系，因为微分方程的解并不总是能满足可任意选择的条件。因此微分方程代表实际物理条件时，通常会有一个解存在，即便这一个解无法明确被找到。——译者注

在非常常见的集合中，我们可以设

$$\frac{1}{k(\omega)} = \sum_0^\infty q_\mu \mathrm{e}^{\mathrm{i}\mu\omega} \tag{3.935}$$

这显然是我们构成 $k(\omega)$ 形式的结果。那么此时式（3.934）变为

$$\sum_0^\infty W_\mu \mathrm{e}^{\mathrm{i}\mu\omega} = \mathrm{e}^{-\mathrm{i}\omega}\left(1 - \sum_0^{\nu-1} k_\mu \mathrm{e}^{\mathrm{i}\mu\omega} \sum_0^\infty q_\lambda \mathrm{e}^{\mathrm{i}\lambda\omega}\right) \tag{3.936}$$

特别是当 $\nu = 1$ 时，

$$\sum_\nu^\infty W_\mu \mathrm{e}^{\mathrm{i}\mu\omega} = \mathrm{e}^{-\mathrm{i}\omega}\left(1 - k_0 \sum_0^\infty q_\lambda \mathrm{e}^{\mathrm{i}\lambda\omega}\right) \tag{3.937}$$

或

$$W_\mu = -q_{\lambda+1} k_0 \tag{3.938}$$

因此，对于提前一步的预测，$f_{n+1}(\alpha)$ 的最优值为

$$-k_0 \sum_0^\infty q_{\lambda+1} f_{n-\lambda}(\alpha) \tag{3.939}$$

通过逐步预测的过程，可以解决整个离散时间序列线性预测问题。正如连续的情形一样，这是任何方法都可以得到的最优预测，前提是如果

$$f_n(\alpha) = \int_{-\infty}^\infty K(n-\tau)\mathrm{d}\xi(\tau, \alpha) \tag{3.940}$$

另将滤波问题从连续情况转移到离散情况，我们遵循的是几乎相同的论据。关于最优滤波器频率特性的公式（3.913）变为以下形式：

$$\frac{1}{2\pi k(\omega)} \sum_{\nu=a}^\infty \mathrm{e}^{-\mathrm{i}w(\nu-a)} \int_{-\pi}^\pi \frac{\{\Phi_{11}(u) + \Phi_{21}(u)\}\mathrm{e}^{\mathrm{i}u\nu}\mathrm{d}u}{\overline{k(u)}} \tag{3.941}$$

其中所有项的定义与连续的情况相同，只是 ω 或 u 上的所有积分都是从 $-\pi$ 到 π，而不是从 $-\infty$ 到 ∞，并且 ν 上的所有和均为离散和，而非 t 上

的积分。关于离散时间序列的滤波器，通常情况与其说是与电路一起使用的物理上可构造的设备，不如说是使统计学家能够用统计学上不纯的数据获得最优结果的计算程序。

最后，由离散时间序列表示信息传播的速率，其形式为

$$\int_{-\infty}^{\infty} M(n-\tau)\mathrm{d}\xi(t,\gamma) \tag{3.942}$$

当存在噪声

$$\int_{-\infty}^{\infty} N(n-\tau)\mathrm{d}\xi(t,\delta) \tag{3.943}$$

时（γ 和 δ 独立分布），则为式（3.922）的精确模拟，即

$$\frac{1}{2\pi}\int_{-\pi}^{\pi}\mathrm{d}u\log_{2}\frac{\left|\int_{-\infty}^{\infty}M(\tau)\mathrm{e}^{\mathrm{i}\mu\tau}\mathrm{d}\tau\right|^{2}+\left|\int_{-\infty}^{\infty}N(\tau)\mathrm{e}^{\mathrm{i}u\tau}\mathrm{d}\tau\right|^{2}}{\left|\int_{-\infty}^{\infty}N(\tau)\mathrm{e}^{\mathrm{i}u\tau}\mathrm{d}\tau\right|^{2}} \tag{3.944}$$

其中，在（$-\pi$，π）上，

$$\left|\int_{-\infty}^{\infty}M(\tau)\mathrm{e}^{\mathrm{i}u\tau}\mathrm{d}\tau\right|^{2} \tag{3.945}$$

以频率表示消息的功率分布，且

$$\left|\int_{-\infty}^{\infty}N(\tau)\mathrm{e}^{\mathrm{i}u\tau}\mathrm{d}\tau\right|^{2} \tag{3.946}$$

以频率表示噪声的功率分布。

我们在这里发展的统计理论涉及我们对所观察到的时间序列过去的全面了解。在任何情况下，我们都不能满足这个条件，因为我们的观察不可能无限期地追溯到过去。作为一种实用的统计理论，超越这一点发展我们的理论，涉及对现有抽样方法的扩展。作者和其他人已经开始朝

这个方向努力了。一方面，它涉及使用贝叶斯法则[1]的所有复杂性；另一方面，它涉及似然理论中的术语技巧[2]，这些技巧似乎避开了使用贝叶斯法则的必要性，但实际上，却是把使用贝叶斯法则的责任转移给那些工作中的统计学家，或最终使用其结果的人。与此同时，统计理论家可以相当坦诚地说，他并未说过任何不完全严谨和无可指责的话。

最后，在本章结束之际，还应当讨论一下现代量子力学。这个讨论代表着时间序列理论渗透到现代物理学的最高阶段。在牛顿物理学中，物理现象序列完全由它的过去决定，特别是由确定任何时刻的所有位置和动量决定。在完整的吉布斯理论中，如果完全确定整个宇宙的多个时间序列，那么关于任何时刻的所有位置和动量的知识将决定整个未来，这一点仍然正确。只是因为忽略了这些未观察到的坐标和动量，我们实际研究的时间序列才具有我们在本章所熟悉的、对于从布朗运动衍生的时间序列而言的那种混合性质。海森堡对物理学的巨大贡献在于，用一个时间序列绝不能简化为确定的时间发展线索的集合的世界，取代这个仍然是准牛顿的吉布斯世界，在量子力学中，单个系统的整个过去并不以任何绝对的方式决定该系统的未来，而仅仅是该系统可能的未来分

---

〔1〕贝叶斯法则，又称贝叶斯定理、贝叶斯规则，指概率统计中的应用所观察到的现象对有关概率分布的主观判断（即先验概率）加以修正的标准方法。当分析样本多到接近总体数时，样本中事件发生的概率将与总体中事件发生的概率接近。——译者注

〔2〕参见费雪和冯·诺依曼的著作。——原注

布。经典物理学对了解系统整个过程所要求的量不是同时可观测的，除非以宽松和近似的方式，然而这在实验适用的精度范围内，对经典物理学而言是足够精确的。观测动量的条件和观测其相应位置的条件是不相容的。为了尽可能精确地观测一个系统的位置，必须用光或电子波或类似的高分辨率或短波长的方法来进行观测。然而，光具有仅取决于其频率的粒子作用，并且用高频光照射物体意味着使其动量随频率增加。另一方面，低频光使它所照射的粒子的动量变化最小，但并没有足够的分辨率对位置进行清晰指示。中频光仅对位置和动量做出模糊指示。总的来说，没有一组可以想象的观测值能为我们提供足够的关于系统过去的信息，从而为我们提供关于其未来的完整信息。

然而，与所有时间序列系综的情况一样，我们在这里开发的信息量理论是适用的，因此熵[1]理论也是适用的。然而，由于我们现在处理的是具有混合性质的时间序列，即使当我们的数据尽可能完整，我们也会发现我们的系统没有绝对的势垒[2]，并且随着时间的推移，系统的任何状态都可以并且将会把自己转化为任何其他状态。然而，从长远来看，这种可能性取决于两种状态的相对概率或度量。事实证明，对于可以通

---

〔1〕在信息论中，熵指接收的每条消息所包含的信息的平均量，又称信息熵、信源熵、平均自信息量。而"消息"表示来自分布或数据流的事件、样本或特征（最好将熵看作不确定性的测度而不是确定性的测度，因为信源越随机，其熵越大）。——译者注

〔2〕势垒，指势能高于附近的势能时的空间区域，基本上为极值点附近的小块区域。方势垒是最理想的势垒。保持 ε 和 V 的乘积不变，缩小 ε，并趋于0，V 将无穷大。——译者注

过大量变换转化为自身的状态，用量子理论家的语言来说，就是具有高内共振或高量子简并[1]的状态，这个值尤其高。苯环就是这方面的一个例子，因为它有两个等价的状态：

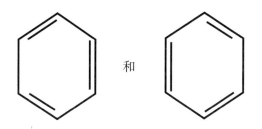

和

这表明，其中不同的构建块自身可以按不同的方式紧密结合，如当氨基酸的混合物将自身组织成蛋白质链时，我们会发现这些链中的许多链高度相似并经历彼此紧密结合的阶段，这种情况可能比蛋白质链彼此相异的情况更稳定。霍尔丹以一种试探性的方式提出，这可能是基因和病毒自我复制的方式；而且虽然他并没有以任何类似于结论的方式明确肯定他的建议，但我想没有理由不把它作为试探性的假设加以保留。正如霍尔丹本人所指出的那样，由于在量子理论中没有任何单一粒子具有完全鲜明的个性，因此在这种情况下，不可能完全精确地说，在以这

---

〔1〕简并在物理学、生物学中的解释各不相同。在量子力学中，原子的电子在其能量确定的同一能级状态中，可能具有两种不同自旋量子数的状态，而该能级状态为两种不同自旋状态的简并态。在生物学中，简并指的是遗传密码子的简并性，即同一种氨基酸包含两个或多个密码子的情况。——译者注

种方式自我复制的基因的两个例子中，哪一个是原始模型，哪一个是复制品。

众所周知，这种共振现象经常出现在生命物质中。圣捷尔吉曾指出了它在肌肉结构中的重要性。具有高共振的物质，通常具有储存能量和信息的超常能力，而这种储存肯定会发生在肌肉收缩中。

同样，与生殖有关的相同现象可能与在活的生物机体中发现的化学物质的非凡特异性有关，这种特异性不仅在物种与物种之间，甚至在物种的个体内部也是如此。这些因素在免疫学中可能非常重要。

第四章　反馈和振荡

　　结合对反馈系统稳定性和计算机记忆、运算和控制装置特点的分析，维纳讨论了神经系统活动的某些机制和病理学的问题，如共济失调，并且阐述了"反馈"的重要性：如果反馈失调，就会引起系统振荡。

一位患者走进一家神经科诊所。他没有瘫痪，当他接到指令时，他还可以活动双腿。然而，他患有严重残疾。他走路时的步态奇特、不稳定，眼睛向下，看着地面和自己的腿。他每次迈步都是先踢一条腿，然后连续踢腿。如果蒙上眼睛，他就站不起来了，摇摇晃晃地倒在地上。他是怎么了？

另一位患者进来了。他坐在椅子上休息时，似乎没有什么毛病。然而，如果给他一支香烟，他想要接过这支烟时，他的手会摇摆不定，总抓不到烟。接着，他又向另一个方向同样徒劳地摆动，然后又向后做第三次摆动，他的手就这样徒劳而剧烈地摆动着。如果给他一杯水，他几乎要在这些摆动中把水洒光，才能把水杯送到嘴边。他又是怎么了？

这两位患者都患有某种形式的共济失调。他们的肌肉足够强壮和健康，但他们无法组织自身的行动。第一位患者患有背髓痨[1]。由于梅毒后遗症，患者通常接受感觉的脊髓部分已经损坏。传入的消息会钝化，即使它们还不是完全不起作用。关节、肌腱、肌肉和脚底的受体通常向他传达腿部的位置信息和运动状态，此时不会发送中枢神经系统能够接收和传播的信息，而关于他的姿势的信息，他不得不依靠双眼和内耳的

---

〔1〕背髓痨，一种实质性梅毒，病因主要是脊髓后根及脊髓后索发生变性，通常在感染后20~25年内发病。——译者注

平衡器官。用生理学家的行话来说，他失去了本体觉[1]或运动觉的重要部分。

第二位患者并没有丧失任何本体觉。他的伤在其他地方，在小脑，他患有所谓的小脑性震颤[2]或意向性震颤[3]。小脑似乎有某种功能，可以使肌肉对本体觉输入的反应成正比地做出反应，如果这种比例失调，可能的一种结果就是震颤。

由此可见，为了对外部世界采取有效行动，我们不仅必须拥有良好的效应器，而且这些效应器的性能要得到适当的监测，信息要返回到中枢神经系统，并且这些监测器的读数要与来自感觉器官的其他信息适当结合，为效应器产生适当比例的输出。在机械系统中也有类似的情况。让我们以铁路上的信号塔为例。信号员控制着许多控制杆，这些控制杆控制臂板信号机[4]的开关，并调节着开关的设置。然而，他不能盲目

---

〔1〕本体觉，又称肌肉运动知觉，指对肌肉各部分的动作或一系列动作产生的感觉。此类感觉来自肌肉或肌腱中的本体觉受器，它们自动监测肌肉的长度、压力和张力变化，然后将这些信息整合起来传送至大脑。——译者注

〔2〕小脑性震颤是小脑损伤患者的症状表现。小脑损伤患者的随意运动障碍，包括运动过度或不足、乏力、方向偏移、失去运动的稳定性，尤其是动作的开始、停止和改变方向受到更大程度的影响，表现出一种共济失调性震颤。——译者注

〔3〕意向性震颤，指的是随意运动时出现的震颤，在有目的运动中或将要完成目标时最为明显，是脊髓小脑及其传出通路病变时的典型症状。该症状可能不伴随肌张力的降低，仅在肢体运动时才出现。——译者注

〔4〕臂板信号机是最早出现的铁路信号机，它在白天使用臂板的不同位置，夜间或视线不清时使用不同颜色的灯光显示信号，由电池供电，适合缺少可靠交流电源的车站使用。臂板信号机的灯光非常暗，通常规定夜间行车时臂板信号机的灯光信号需机车乘务组二人以上确认。在中国，臂板信号机还可用于通车很少的专用线上。——译者注

□ **工作中的香农**

　　香农是信息论的创始人，也是数字计算机理论和数字电路设计理论的创始人。香农说："我认为人是一台机器，一台非常复杂的机器。不，我不是在开玩笑。不同于计算机，即在组织上不同。但它很容易复制——它有大约 10^{10} 亿个神经细胞，即 10^{10} 个神经元。如果你用电子设备对其中的每一个进行建模，它就会像人脑一样工作。"

地假设信号和开关都遵循了他的命令。可能是开关快速地冻结了，或者是积雪的重量压弯了信号臂，而他所认为的开关和信号的实际状态——他的效应器——并未遵循他给出的命令。为了避免这种意外事故中固有的危险，每个效应器、开关或信号都连接到信号塔内的信号装置，该信号装置将其实际状态和性能传达给信号员。这与海军重复命令的方式机械等同，根据一个代码，每个下属在收到命令后必须重复给他的上级，以表明他已经听到并理解了该命令。信号员必须按照如此重复的命令采取行动。

　　请注意，在这个系统中，在信息的传递和返回链（也就是从现在起我们所谓的反馈链）中有一个人工环节。确实，信号员并非完全行动自由；他给出的开关和信号以机械或电磁方式经过联锁处理；而且他不能自由地选择那些更糟糕的组合。然而，仍然有不存在人为因素干预的反馈链。我们用来调节房屋供暖的普通温控器就是其中一个例子。首先设定所需室温；如果房屋的实际温度低于设定温度，就会启动一个装置，该装置会打开风门，或增加燃油的流量，使房屋的温度升高到所需的水平。另一方面，如果房屋的温度高于所需的水平，该装置就会关闭风门，或减缓或中断燃油的流量。这样，房屋的温度就会大致保持在稳定的水平。需要注意的是，这一温度水平的稳定性取决于温控器的良好设计，而设计不当的温控器则可能会使房屋的温度剧烈振荡，就像患有小脑震颤的患者在运动时的状态一样。

纯机械反馈系统的另一个例子是蒸汽机调速器，这种调速器最初由克拉克·麦克斯韦设计，用于在不同的负载条件下调节系统的速度。在瓦特设计的原始形式调速器中，它由连接在摆杆上并在旋转轴的两侧摆动的两个球组成。这两个球因自身重量或弹簧的作用而保持向下摆动，并因取决于轴的角速度的离心作用而向上摆动。因此，它们处于折中位置，而这同样取决于角速度。这个位置通过其他杆传递至轴肩挡圈，从而驱动一个构件，该构件用于在发动机减速和钢球下落时，打开汽缸的进气阀，并在发动机加速和钢球上升时，关闭汽缸的进气阀。注意，这个反馈往往与系统正在执行的动作相反，因此是负反馈。

我们已经有了负反馈稳定温度和负反馈稳定速度的例子。同时还有稳定位置的负反馈，船舶的转向舵机[1]就是如此，舵机由舵轮位置和舵位置之间的角度差驱动，并始终起作用，以使舵的位置与舵轮的位置保持一致。自发性动作的反馈就是如此。当我们进行自发性动作时，我们

---

[1] 转向舵机，一种船只的动力转向装置。——译者注

□ **麦克斯韦**

　　麦克斯韦，英国物理学家、数学家，经典电动力学的创始人，统计物理学的奠基人之一。1947年，维纳用"cybernetics"这个词来命名自己创立的这门新兴的科学。这个命名有两个用意：一方面是想借此纪念麦克斯韦1868年发表的《论调速器》一文，因为"governor（调速器）"一词是从希腊文"掌舵人"一词讹传而来的；另一方面，船舶上的操舵机的确是早期反馈机构的一种通用的形式。

　　无法有意识地决定某些肌肉的运动，事实上我们通常不知道要动用哪些肌肉来完成给定的任务；比如说我们想要接过香烟。我们的运动通过衡量尚未完成的动作量来调节。

　　反馈到控制中心的信息往往有反抗受控量偏离控制量的纠偏倾向，但该信息可能以截然不同的方式依赖于这种偏离。最简单的控制系统是线性的：效应器的输出是输入的线性表示，当我们增加输入变量时，我们也增加了输出变量。输出的读数由某种线性装置读取。这个读数可以直接从输入中减去。我们希望从理论上给出这种装置性能的描述，特别是关于当它操作不当或因过载而陷入振荡的情况给出一个精确理论。

　　在本书中，我们尽可能避免使用数学符号和数学方法，尽管我们在许多情况下不得不妥协，尤其是在上一章。同时，在本章的其余部分，我们还须处理所述材料，在这里数学符号恰恰是最适当的语言，否则我们只能用迂回冗长的措辞才能避免使用数学符号，而这些是外行难以理解的，只有熟悉数学符号的读者才能理解，因为他们有能力把这种措辞转换成数学符号。我们所能做的最好折中，就是用充分的语言讲解来补充其符号意义。

设 $f(t)$ 为时间 t 的函数，其中 t 从 $-\infty$ 到 ∞；也就是说，设 $f(t)$ 为一个量，对每个时间 t 都有一个数字值。对于任何时间 t，当 s 小于或等于 t 时，我们可以获得量 $f(s)$；但当 s 大于 t 时，我们就无法获得量 $f(s)$。某些电器和机械装置，其输入延迟一个固定的时间，也就是对于输入 $f(t)$，我们可以得到输出 $f(t-\tau)$，其中 τ 为固定的延迟时间。

我们可以将几台这种类型的装置组合，得到输出 $f(t-\tau_1)$，$f(t-\tau_2)$，$\cdots$，$f(t-\tau_n)$。我们可以将每个输出分别乘以固定量（正数或负数）。例如，我们可以用一个电位器[1]将电压乘以小于1的固定正数，也可以设计一个自动平衡装置和放大器[2]，以将电压乘以负数或大于1的量，这并不太难。构造简单的电气接线图[3]，通过它连续增加电压，这也不难。而且借助于这些电路，我们可以获得输出变量

---

〔1〕电位器，又称可变电阻。它通常是一种具有三个端子，其中有两个固定接点与一个滑动接点，可通过滑动而改变滑动端与两个固定端之间电阻值的电子零件。作为一种被动元件，电位器使用时可造成不同的分压比率，改变滑动点的电位。而只有两个端子的可变电阻器并不叫做电位器，只叫做可变电阻。——译者注

〔2〕放大器，通常指能够使用较小的能量控制较大能量的任何装置。在日常生活中，该名词通常指放大器电路，常用于音频应用。放大器的输入输出关系通常用与输入频率相关的函数来表示，该关系叫做放大器的传输函数，同时该传输函数在特定频率下的数值被定义为增益。——译者注

〔3〕电气接线图，是基于电气设备和电器元件的实际位置和安装情况绘制而成的示意图，仅用于表示电气设备和电器元件的位置、配线和接线方式，并不能明确表明其电气动作的原理，主要充当安装接线、线路检查维修和故障处理指南。——译者注

$$\sum_{1}^{n} a_k f(t - \tau_k) \tag{4.01}$$

通过增加延迟数 τ_k 的数量和适当地调整系数 a_k，我们就可以得到近似于我们所希望的输出变量形式：

$$\int_0^\infty a(\tau) f(t - \tau) \mathrm{d}\tau \tag{4.02}$$

在这个表达式中，重要的是要认识到，我们取的积分限是从0到∞，而不是从 $-\infty$ 到 ∞，这一事实是必不可少的。否则，我们可以使用各种实际装置对这个结果进行运算，得到 $f(t + \sigma)$，其中 σ 为正。然而，这就涉及对 $f(t)$ 未来的认识；$f(t)$ 可以是一个量，就像有轨电车的坐标一样，可以在道岔处向一个方向或另一个方向转弯，而这不由它的过去决定。当一个物理过程给出一个算符，它将 $f(t)$ 转换为

$$\int_{-\infty}^\infty a(\tau) f(t - \tau) \mathrm{d}\tau \tag{4.03}$$

其中 $a(\tau)$ 对于 τ 的负值并不完全为零，这意味着 $f(t)$ 上不再有一个真正的算符。在某些物理情况下就可能会产生这种现象。例如，某个没有输入的动力系统可能会进入永久振荡，甚至是以不确定的振幅振荡增加至无穷大。在这种情况下，系统的未来并非由过去决定，而且我们可能会貌似发现一种形式主义[1]，它表示一个依赖于未来的算符。

---

〔1〕形式主义是针对数学的哲学基础问题进行不同探讨形成的三大数学流派之一。这三大流派包括逻辑主义、形式主义、直觉主义。形式主义认为：所有符号（如 x，e，π ……）可以完全视为没有意义的内容，不考虑符号、公式或证明的任何有意的意义或可能的解释，而只将其视为纯粹的形式对象，研究其结构性质。——译者注

我们由 $f(t)$ 得到式（4.02）的算符还有另外两个重要性质：（1）它与时间原点的偏移无关，（2）它是线性的。第一个性质可以表示为，如果

$$g(t) = \int_0^\infty \alpha(\tau)f(t-\tau)\mathrm{d}\tau \tag{4.04}$$

那么

$$g(t+\sigma) = \int_0^\infty \alpha(\tau)f(t+\sigma-\tau)\mathrm{d}\tau \tag{4.05}$$

第二个性质可以表示为，如果

$$g(t) = Af_1(t) + Bf_2(t) \tag{4.06}$$

那么

$$\int_0^\infty \alpha(\tau)g(t-\tau)\mathrm{d}\tau$$
$$= A\int_0^\infty \alpha(\tau)f_1(t-\tau)\mathrm{d}\tau + B\int_0^\infty \alpha(\tau)f_2(t-\tau)\mathrm{d}\tau \tag{4.07}$$

可以证明，在适当意义上，每一个关于 $f(t)$ 的过去的算符，如果它是线性的，并且在时间原点的偏移下不变，则它要么具有式（4.02）所示的形式，要么为这种形式的算符序列的极限。例如，$f'(t)$ 是具有这些性质的算符应用于 $f(t)$ 时的结果，并且

$$f'(t) = \lim_{\varepsilon \to 0} \int_0^\infty \frac{1}{\varepsilon^2}a\left(\frac{\tau}{\varepsilon}\right)f(t-\tau)\mathrm{d}\tau \tag{4.08}$$

其中

$$a(x) = \begin{cases} 1 & 0 \leqslant x < 1 \\ -1 & 1 \leqslant x < 2 \\ 0 & 2 \leqslant x \end{cases} \tag{4.09}$$

正如我们之前所看到的那样，函数 e^{zt} 是函数 $f(t)$ 的集合，从算符

（4.02）的角度来看，这些函数特别重要，因为

$$e^{z(t-\tau)} = e^{zt} \cdot e^{-z\tau} \tag{4.10}$$

而延迟算符变成了一个仅依赖于 z 的乘数。因此算符（4.02）变成了

$$e^{zt}\int_0^\infty a(\tau)e^{-z\tau}d\tau \tag{4.11}$$

并且也是仅依赖于 z 的乘法算符。表达式

$$\int_0^\infty a(\tau)e^{-z\tau}d\tau = A(z) \tag{4.12}$$

可以说是算符（4.02）作为频率函数的表达。如果 z 取复数 $x+iy$，其中 x 和 y 为实数，则表达式变为

$$\int_0^\infty a(\tau)e^{-x\tau}e^{-iy\tau}d\tau \tag{4.13}$$

因此，根据著名的关于积分的施瓦茨不等式[1]，如果 $y>0$，且

$$\int_0^\infty |a(\tau)|^2 d\tau < \infty \tag{4.14}$$

我们得到

$$\left| A\left(x+iy \right) \right| \leqslant \left[\int_0^\infty |a(\tau)|^2 d\tau \int_0^\infty e^{-2x\tau}d\tau \right]^{\frac{1}{2}}$$

$$= \left[\frac{1}{2x}\int_0^\infty |a(\tau)|^2 d\tau \right]^{\frac{1}{2}} \tag{4.15}$$

这意味着 $A\left(x+iy \right)$ 是复变量在每个半平面 $x \geqslant \varepsilon > 0$ 上的有界全纯

---

〔1〕施瓦茨不等式，又称柯西—施瓦茨不等式，应用于线性代数的矢量、数学分析的无穷级数、乘积的积分、概率论的方差和协方差等场合。——译者注

函数，并且函数 $A(iy)$ 在某种非常确定的意义上表示这样一个函数的边界值。

我们设

$$u + iv = A\,(x+iy) \tag{4.16}$$

其中 u 和 v 都是实数。将 $x+iy$ 确定为 $u+iv$ 的函数（不一定为单值）。除了与满足 $\dfrac{\partial A(z)}{\partial z} = 0$、$z = x+iy$ 相对应的 $u+iv$ 点外，这个函数为解析函数，尽管是亚纯函数。边界 $x=0$ 将成为一曲线，其参数方程式为

$$u + iv = A\,(iy)\,(y为实数) \tag{4.17}$$

这条新曲线本身可以相交任意多次。然而，一般来说，它会将平面分成两个区域。让我们考虑在 y 从 $-\infty$ 到 ∞ 时的方向上绘制的曲线〔式（4.17）〕。然后，如果我们从式（4.17）向右偏移，沿着连续的路线而不是再次切割式（4.17），我们可能会到达某些点。既不在这个集合中，也不在式（4.17）中的点，我们称之为外点[1]。包含外点的极限点[2]的

---

〔1〕外点和内点都是拓扑空间中的基本概念。设 A 为拓扑空间 X 的子集，对于 $a \in X$，若 a 为 A 的补集 $X-A$ 的内点（即点 a 的某个邻域内每个点均不属于集合 A），则称 a 为集合 A 的外点。A 的外点的全体称为 A 的外部，记为 Ae 或 $\text{ext}\,A$。再设 E 为 n 维空间 R_n 中的一个点集，P_0 是 R_n 中的一个定点，E 包含于 Rn，$P_0 \in Rn$，邻域 $U(P) \in E$，则称 P 为 E 的内点。抑或定义为设 $M \in E$，如果存在 M 的一个 δ 邻域 $U(M,\delta)$，使 $U(M,\delta) \in E$，则 M 为 E 的内点。——译者注

〔2〕极限点，指的是可被集合 S 中的点随意逼近的点，拓展了极限的概念，并作为闭集和拓扑闭包等概念的基础。——译者注

曲线［式（4.17）］部分，我们称之为有效边界。所有其他点将被称为内点。因此，在图1中，边界按箭头的方向绘制，内点为阴影部分，有效边界用加粗线表示。

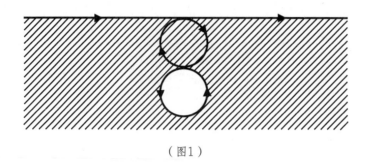

（图1）

因此，A 在任意一个右半平面上有界的条件告诉我们，无穷远点[1]不可能是内点。它可能是一个边界点[2]，但对它可能的边界点类型的特性有某些非常明确的限制。这些限制涉及延伸到无穷远的内点集的"厚度[3]"。

现在我们来讨论线性反馈问题的数学表达式。设这样一个系统的控

---

〔1〕无穷远点，又称理想点，几何术语。——译者注

〔2〕边界点是拓扑空间中的基本概念。如果点 ζ 的任何邻域内均既有属于集合 A 的点，也有不属于集合 A 的点，则称点 ζ 是 A 的一个边界点。A 的所有边界点组成的集合叫做 A 的边界。——译者注

〔3〕厚度，指对边缘加以分割的平面图的最小量。在图论中，图 G 的厚度是能够对 G 的边缘加以分割的平面图的最小量。若存在 k 个平面图的集合，具有相同顶点集，并且这些平面图的并集为 G，则 G 的厚度最多为 k。换句话说，图 G 的厚度为图 G 的平面子图的最小数（而图 G 为这几个子图的并集）。——译者注

制流程图[1]——不是接线图[2]——如图2所示：

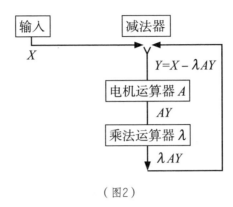

（图2）

电机的输入为 Y ，即原始输入 X 与乘法运算器输出之间的差值，将运动的功率输出 AY 乘以系数 λ 。因此，

$$Y = X - \lambda AY \tag{4.18}$$

或

$$Y = \frac{X}{1 + \lambda A} \tag{4.19}$$

因此，电机输出为

$$AY = X\frac{A}{1 + \lambda A} \tag{4.20}$$

---

〔1〕控制流程图，又称 CFG ，作为计算机科学中的表示法，通过数学中图的表示方式，表明计算机程序执行过程中经过的所有路径。控制流程图由法兰·艾伦制定，为许多编译器最优化及静态程序分析工具中的关键技术。——译者注

〔2〕接线图，指电路的简化图形表示，描述系统中设备与线缆连接的图纸。其令电路组件简化为形状，以及器件间的功率与信号连接。——译者注

那么，整个反馈机制产生的算符为 $\dfrac{A}{(1+\lambda A)}$ 。这个算符当且仅当 $A=-\dfrac{1}{\lambda}$ 时为无穷大。关于这个新算符，式（4.17）将变为

$$u+\mathrm{i}v=\frac{A(\mathrm{i}y)}{1+\lambda A(\mathrm{i}y)} \tag{4.21}$$

当且仅当 $-\dfrac{1}{\lambda}$ 为式（4.17）的内点时，∞ 为它的内点。

在这种情况下，一方面带有乘数 λ 的反馈肯定会产生严重后果，事实上，后果是系统将进入失控且振幅不断加大的振荡。另一方面，如果点 $-\dfrac{1}{\lambda}$ 是一个外点，则可以不会有困难的证明，反馈是稳定的。如果 $-\dfrac{1}{\lambda}$ 处在有效边界上，则有必要进行更详细的讨论。在大多数情况下，系统可能会进入一种振幅不增加的振荡。

不妨考虑几个算符 A 和在这些算符容许条件下的反馈范围。我们不仅要考虑（4.02）形式的算符，还要考虑它们的极限，假设相同的论证适用于这些表达式。

如果算符 A 对应于微分算符 $A(z)=z$ ，则当 y 从 $-\infty$ 到 ∞ 时，$A(y)$ 也是如此，而且内点为右半平面内部的点。点 $-\dfrac{1}{\lambda}$ 始终是一个外点，任何数量的反馈都有可能。如果

$$A(z)=\frac{1}{1+kz} \tag{4.22}$$

曲线［式（4.17）］为

$$u+\mathrm{i}v=\frac{1}{1+k\mathrm{i}y} \tag{4.23}$$

或

$$u = \frac{1}{1+k^2y^2} \ , \quad v = \frac{-ky}{1+k^2y^2} \tag{4.24}$$

我们可以表达为

$$u^2 + v^2 = u \tag{4.25}$$

这是一个半径为 $\frac{1}{2}$，圆心为（$\frac{1}{2}$，0）的圆。它按顺时针方向绘制，内点为我们通常认为处于内部的那些点。在这种情况下，允许的反馈也是无限的，因为 $-\frac{1}{\lambda}$ 始终处于圆之外。与此算符对应的 $a(t)$ 为

$$a(t) = \frac{e^{-\frac{t}{k}}}{k} \tag{4.26}$$

此外，设

$$A(z) = \left(\frac{1}{1+kz}\right)^2 \tag{4.27}$$

则式（4.17）变为

$$u + \mathrm{i}v = \left(\frac{1}{1+k\mathrm{i}y}\right)^2 = \frac{(1-k\mathrm{i}y)^2}{(1+k^2y^2)^2} \tag{4.28}$$

且

$$u = \frac{1-k^2y^2}{(1+k^2y^2)^2} \ , \quad v = \frac{-2ky}{(1+k^2y^2)^2} \tag{4.29}$$

这样我们得到

$$u^2 + v^2 = \frac{1}{(1+k^2y^2)^2} \tag{4.30}$$

或

$$y = \frac{-v}{(u^2+v^2)2k} \tag{4.31}$$

那么

$$u = \left(u^2 + v^2\right)\left[1 - \frac{k^2 v^2}{4k^2\left(u^2 + v^2\right)}\right] = \left(u^2 + v^2\right) - \frac{v^2}{4\left(u^2 + v^2\right)} \tag{4.32}$$

在极坐标中，如果 $u = \rho\cos\phi$，$v = \rho\sin\phi$，则表达式变成

$$\rho\cos\phi = \rho^2 - \frac{\sin^2\phi}{4} = \rho^2 - \frac{1}{4} + \frac{\cos^2\phi}{4} \tag{4.33}$$

或

$$\rho - \frac{\cos\phi}{2} = \pm\frac{1}{2} \tag{4.34}$$

即

$$\rho^{\frac{1}{2}} = -\sin\frac{\phi}{2}, \quad \rho^{\frac{1}{2}} = \cos\frac{\phi}{2} \tag{4.35}$$

可以看出，这两个方程式仅代表一条曲线，即顶点位于原点且波峰指向右侧的心形曲线。这条曲线的内部不包含负实轴的点，并且与前一种情况一样，允许的放大是无限的。这里算符 $a(t)$ 为

$$a(t) = \frac{t}{k^2} e^{-\frac{\tau}{k}} \tag{4.36}$$

设

$$A(z) = \left(\frac{1}{1 + kz}\right)^3 \tag{4.37}$$

并设 ρ 和 ϕ 按上一种情况定义。那么

$$\rho^{\frac{1}{3}}\cos\frac{\phi}{3} + i\rho^{\frac{1}{3}}\sin\frac{\phi}{3} = \frac{1}{1 + kiy} \tag{4.38}$$

正如第一种情况中那样，此时我们得到

$$\rho^{\frac{2}{3}}\cos^2\frac{\phi}{3} + \rho^{\frac{2}{3}}\sin^2\frac{\phi}{3} = \rho^{\frac{1}{3}}\cos\frac{\phi}{3} \tag{4.39}$$

即

$$\rho^{\frac{1}{3}} \cos \frac{\phi}{3} \qquad\qquad (4.40)$$

该曲线的形状如图3所示。阴影区域表示内点所在的区域。

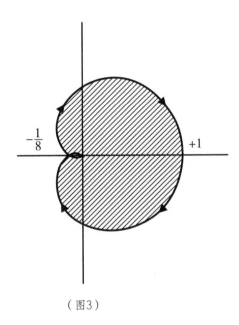

（图3）

所有系数高于 $\frac{1}{8}$ 的所有反馈都不可能。相应的 $a(t)$ 为

$$a(t) = \frac{t^2}{2k^3} e^{\frac{-\tau}{k}} \qquad\qquad (4.41)$$

最后，设与 A 对应的算符为 T 个时间单位的简单延迟。那么

$$A(z) = e^{-Tz} \qquad\qquad (4.42)$$

那么有

$$u + iv = e^{-Tiy} = \cos Ty - i \sin Ty \qquad\qquad (4.43)$$

$2k^3$ 曲线［式（4.17）］为围绕原点的单位圆，在顺时针方向上以单位速度围绕原点绘制。这条曲线的内侧为普通意义上的内侧，并且反馈强度的极限为1。

从中可以得出一个非常有趣的结论。可以通过一个任意强的反馈来补偿算符 $\dfrac{1}{(1+kz)}$，在尽可能大的频率范围，为我们提供一个尽可能接近1的 $\dfrac{1}{(1+\lambda A)}$。因此，可以通过三个——抑或甚至两个——连续的反馈来补偿三个此类连续算符。然而，不可能像我们希望的那样，对算符 $\dfrac{1}{(1+kz)^3}$ 进行精确补偿，即三个算符 $\dfrac{1}{(1+kz)^3}$ 通过单个反馈级联而成的结果。

算符 $\dfrac{1}{(1+kz)^3}$ 还可以表达为

$$\frac{1}{2k^2}\frac{d^2}{dz^2}\frac{1}{1+kz} \tag{4.44}$$

并且可以看作具有一次分母的三个算符的加性组合的极限。它因此显示为不同算符的总和，其中每个算符都可以像我们所希望的那样，通过单个反馈得到补偿，但它本身却无法得到这样的补偿。

在麦科尔的重要著作中，我们看到了一个复杂系统的例子，它可以通过两个反馈而非一个反馈来稳定。它涉及用陀螺罗盘[1]操纵船舶的情

---

[1]陀螺罗盘，指通过陀螺和摆的特性寻找和指示真北向的仪表，广泛应用于航海、航空、航天和地面交通工具。——译者注

况。舵手设定的航向与指南针显示的航向之间的角度表现为舵的转动，而这从船舶的前进方向来看，产生一个转向力矩，用于改变船舶的航向，从而减少设定航向与实际航向之间的差。如果这是通过直接打开一台转向舵机的阀门、关闭另一台的阀门，并使舵的转向速度与船舶偏离该航向的偏差成比例来实现的，那么我们会注意到，舵的角位置大致与船舶的转向力矩成比例，并因而与船舶的角加速度成比例。因此，船舶的转向量与偏离航向的三阶导数成比例，具有负因数，而我们必须通过陀螺罗盘的反馈来稳定的操作为 kz^3，其中 k 为正。因此，我们对于曲线［式（4.17）］可以得到

$$u + \mathrm{i}v = -k\mathrm{i}y^3 \tag{4.45}$$

而且，由于左半平面为内部区域，因此没有任何伺服机构[1]能够稳定系统。

在这种情况下，我们稍微过分简化了转向问题。实际上存在着一定的摩擦力，而使船舶转动的力并不能决定加速度。相反，如果 θ 是船舶的角位置，ϕ 是舵相对于船舶的角位置，我们得到

$$\frac{\mathrm{d}^2\theta}{\mathrm{d}t^2} = c_1\phi - c_2\frac{\mathrm{d}\theta}{\mathrm{d}t} \tag{4.46}$$

和

$$u + \mathrm{i}v = -k_1\mathrm{i}y^3 - k^2y^2 \tag{4.47}$$

---

［1］伺服机构，指通过闭回路控制方式达到机械系统位置、速度，或加速度控制的系统。——译者注

这条曲线可以表达为

$$v^2 = -k_3 u^3 \qquad\qquad (4.48)$$

这仍然无法通过任何反馈来稳定。一方面，当 y 从 $-\infty$ 到 ∞，u 从 ∞ 到 $-\infty$ 时，曲线的内侧处于左边。

另一方面，如果舵的位置与航向的偏差成比例，则通过反馈稳定的算符为 $k_1 z^2 + k_2 z$，并且式（4.17）变为

$$u + iv = -k_1 y^2 - k_2 i y \qquad\qquad (4.49)$$

这条曲线可以表达为

$$v^2 = -k_3 u \qquad\qquad (4.50)$$

但在这种情况下，当 y 从 $-\infty$ 到 ∞ 时，v 也是如此，曲线表示为从 $y = -\infty$ 到 $y = \infty$。在这种情况下，曲线的外侧处于左边，并且无限放大成为可能。

为了实现这一点，我们可以采用另一个阶段的反馈。如果我们不是通过实际航向与期望航向之间的差异，而是通过这个数量与舵的角位置之间的差异来调节转向舵机的阀门的位置，我们就可以使舵的角位置与期望的船舶偏离真实航向的程度几乎成比例，前提是如果我们允许反馈足够大——也就是说，如果我们把阀门开得足够宽。关于控制的这种双重反馈系统实际上就是通过陀螺罗盘进行船舶的自动转向时通常采用的系统。

在人体中，手或手指的运动涉及大量关节系统。其输出是所有这些关节的输出的加性矢量和。我们已经看到，一般来说，像这样的复杂加性系统，无法通过某个单一反馈来稳定。相应地，我们用以调节任务尚

未完成的量的自发性反馈需要其他反馈的支持。我们称之为姿势反馈，它们与肌肉系统的健康状况的维持有关。自发性反馈在小脑损伤的情况下会显示崩溃或出现精神错乱的趋势，因为除非患者试图执行自发性任务，否则不会出现随之而来的震颤。这种目的性震颤，譬如患者无法不把水洒出来而拿起一杯水，在性质上与帕金森综合征[1]或震颤麻痹的震颤非常不同。帕金森综合征在患者休息时以其最典型的形式出现，当患者尝试执行特定任务时，症状通常看起来会大大减轻。有些患有帕金森综合征的外科医生能够非常高效地执行手术任务。众所周知，帕金森综合征并非起源于小脑的病变，而是与脑干某处的病理性病灶有关。帕金森综合征只是姿势反馈方面的疾病之一，许多这类疾病都源于神经系统某些不同部位的缺陷。生理控制论的重要任务之一，是解开和隔离这种自发性反馈和姿势反馈复合体的不同部分的基因座[2]。这类组合

---

〔1〕帕金森综合征，又称震颤麻痹，一种表现为运动迟缓、静止性震颤、肌强直和姿势不稳的任意组合的临床综合征，是多发于中老年人的中枢神经系统变性疾病。其病理变化主要出现在大脑黑质、苍白球及纹状体内，丘脑底核、延髓、丘脑下部、导水管周围和第三脑室周围的灰质和大脑皮层也可能偶然受侵，以及肉眼可见黑质有明显色素消失，脑室轻度扩大。帕金森综合征会使患者有不同程度的运动障碍，认知能力下降或完全丧失，并可能导致严重的焦虑和抑郁情绪。目前研究表明，帕金森综合征的发病机制非常复杂，医学界尚未发现可以根治帕金森综合征的治疗方法或药物。——译者注

〔2〕基因座，又称基因位点，指某个基因或某个具有调控作用的 DNA 序列在染色体上所占据的特定位置；基因座可通过染色体编号、染色体长短臂代号和其在染色体上所占据的"区""带""子带"编号位置表示。基因座上的 DNA 序列可能产生大量不同的变化，其各个变化形式被称为等位基因。——译者注

反射的示例包括搔扒反射[1]和踏步反射[2]。

当反馈可能且稳定时，正如我们已经说过的，它的优点是能够降低性能对负载的依赖程度。让我们考虑负载通过 dA 改变特性 A 的情况。其引起的分数变化为 $\dfrac{\mathrm{d}A}{A}$。如果反馈后的算符为

$$B = \frac{A}{C+A} \tag{4.51}$$

我们将得到

$$\frac{\mathrm{d}B}{B} = \frac{-\mathrm{d}\left(1+\dfrac{C}{A}\right)}{1+\dfrac{C}{A}} = \frac{\dfrac{C}{A^2}\mathrm{d}z}{1+\dfrac{C}{A}} = \frac{\mathrm{d}A}{A}\frac{C}{A+C} \tag{4.52}$$

因此，反馈有助于减少系统对运动特性的依赖，并且有助于稳定这种依赖性，因为对于所有频率都有

$$\left|\frac{A+C}{C}\right| > 1 \tag{4.53}$$

这就是说，内点和外点之间的整个边界都必须位于以点 $-C$ 为中心、以 C 为半径的圆内。然而，这甚至不符合我们讨论的第一种情况。如果强负反馈持续处于稳定状态的话，那么对低频系统来说，它的作用

---

〔1〕搔扒反射，字面意义为一种搔扒的动作，属于一种节间反射。实验证明，脊髓也可能存在不受大脑控制的简单反射。在实验中，一些动物被破坏或离断了大脑后，通过一些方法刺激这依然存活的动物的背部，将发现这些没有大脑中枢控制的动物仍可以用自己的后肢去抚、抓其受刺激的后背。——译者注

〔2〕踏步反射，又称行下步反射，特征是当婴儿被竖着抱起，将其双脚放在平面上时，会做出迈步的动作。——译者注

就是增加系统的低频稳定
性，但是对某些高频来说，
通常以牺牲其稳定性为代
价。在许多情况下，即使是
这种有代价的稳定程度也是
有利的。

由于反馈量过大而引
起的振荡相关的一个非常重
要的问题，是初始振荡的频
率。这个频率由 iy 中的 y 值

□ **维纳旧照**
　　1959年，维纳与夫人玛格丽特正与一位不知身份的
男子交谈。

确定的，iy 对应式（4.17）中位于负 u 轴最左侧的内部和外部区域的边界
点。量 y 自然具有频率的性质。

我们现在已经结束了对线性振荡的初步讨论，研究将从反馈的角度
进行。线性振荡系统具有某些非常特殊的性质，这些性质描述了其振荡
的特性。其一是当它振荡时，它总能够并且非常普遍地——在没有独立
的同时振荡的情况下——以下列形式振荡：

$$A\sin\left(Bt+C\right)e^{Dt} \tag{4.54}$$

周期性非正弦振荡的存在通常总是表明，或至少表明，观察到的变
量是方程组并非线性性质的变量。在某些情况下（但这种情况非常少），
系统可以通过自变量的新选择而再次呈现线性特性。

线性振荡和非线性振荡之间另一个非常明显的区别是：前者振荡
的振幅完全与频率无关；后者通常只有一个振幅，或最多一个离散振幅

集，这时系统将在给定频率下振荡，以及系统将产生振荡的离散频率集。这一点可以通过对管风琴管工作原理的研究而得到充分说明。有两种关于管风琴的理论：一种是相对粗略的线性理论，一种是相对精确的非线性理论。第一种理论将管风琴管看作一种保守系统。我们不关心风琴管如何得以振荡，并且振幅也完全不确定。第二种理论将管风琴管的振荡看作耗散能量，而这种能量被认为起源于穿过管口的气流。理论上确实存在穿过管风琴管口的稳态气流，该气流不与管风琴管的任何振荡进行任何能量交换，但是对于气流的某些速度而言，这种稳态条件是不稳定的。此时，最轻微的偏离就会将能量输入引入管风琴管的线性振荡的一种或多种固有模式中；这种能量大到一定程度后，这种气流运动实际上就会增加管风琴管的适当振荡模式与输入能量的耦合。通过热耗散[1]和其他方式进行的能量输入，其速度与能量输出的速度具有不同的增长规律，但为了达到振荡的稳定状态，这两个量必须相同。因此，非线性振荡的程度与其频率一样能准确地确定。

我们上面研究的情况是一个所谓的张弛振荡的例子。在张弛振荡的情况下，一个在时间平移下不变的方程组导致一个在时间上周期性的或与某种广义的周期性概念相对应的解，并且这个解在振幅和频率上确

---

〔1〕耗散是非匀相热力学系统中发生不可逆过程的结果，指能量从一种形式转换为另一种形式，并且后者可以做的功少于前者。——译者注

定，但在相位上不确定。在我们已经讨论的情况下，系统振荡的频率接近于系统中某些松散耦合[1]、近似线性部分的振荡的频率。作为张弛振荡的主要研究者之一，巴尔塔萨·范德波尔[2]曾指出，上述情况并非总会发生，事实上存在着一些张弛振荡的主导频率与系统的任何部分的线性振荡的频率并不接近。例如，一股瓦斯流入一个通风的腔室，并且其中有一盏燃烧的引火灯；当空气中的瓦斯浓度达到某个临界值时，系统在引火灯的引燃下准备爆炸，而且爆炸所需的时间仅取决于瓦斯的流速、空气渗入的速度和燃烧产物渗出的速度，以及瓦斯和空气的爆炸性混合物[3]的百分比组成。

一般来说，非线性方程组很难求解。然而，有一种特别容易处理的情况，在这种情况下，非线性系统与线性系统之间略有不同，并且区分它的项变化如此缓慢，以至于可以认为它们在一个振荡周期内基本保持不变。在这种情况下，我们可以把非线性系统当作一个参数缓慢变化的

---

〔1〕松散耦合，指的是系统或网络中使各组件互相连接的方法，旨在减少风险：一个元素中出现的变更使其他元素内出现非预期的变更。——译者注

〔2〕巴尔塔萨·范德波尔（Balthasar van der Pol，1889—1959年），荷兰物理学家，其主要研究是无线电波的传播和电路理论，他于1935年被授予无线电工程师协会（现电气电子工程师学会）荣誉勋章。世界上使用最广泛的非线性自激振荡模型——范德波尔振荡器，即是以他的名字命名。——译者注

〔3〕爆炸性混合物，指的是可燃气体或蒸汽与助燃气体形成的能够造成爆炸的均匀混合物。——译者注

线性系统来研究。可以用这种方式研究的系统称为久期扰动系统，而久期扰动方程组理论在引力天文学[1]中起着非常重要的作用。

一些生理性震颤[2]很可能被粗略地视为久期扰动的线性系统。在这样的系统中，我们可以很清楚地看到为什么稳态振幅水平可能与频率一样是确定的。假设这种系统中的一个元件为放大器电路[3]，其增益随着这种系统输入的长时间平均值的增加而降低。然后，随着系统振荡的增强，增益可能会降低，直到达到平衡状态。

希尔和庞加莱开发的方法已经被用于研究张弛振荡的非线性系统[4]。研究这种振荡的经典例子是系统的方程具有不同性质的情况；尤其是当这些微分方程为低阶的时候。据我所知，当系统的未来行为依赖于它的整个过去行为时，对相应的微分方程，人们尚未进行任何类似的充分研究。然而，要勾勒出这样一个理论应该采取的形式并不困难，尤其是当我们仅寻求周期性解时。在这种情况下，对方程式常数部分的细微修改会导致对运动式的轻微，甚至几乎线性的修改。例如，设 $Op\,[f(t)]$ 为

---

〔1〕引力天文学，一门研究天体引力波辐射的应用学科。——译者注

〔2〕生理性震颤是良性震颤的一种，多发于肢体远端，振幅较小，肉眼难以觉察。——译者注

〔3〕放大器电路，通过电源取得能量来源，增加信号的输出功率，使全部输出信号的波形与输入信号一致，同时具有较大振幅。由此看来，放大器电路也可以视为可调节的输出电源，从而获得比输入信号更强的输出信号。放大器的四种基本类型包括电压放大器、电流放大器、互导放大器和互阻放大器。——译者注

〔4〕Poincaré, H., *Les Méthodes Nouvelles de la Mécanique Céleste*, Gauthier-Villarset fils, Paris，1892—1899.

t 的一个函数，该函数由 $f(t)$ 上的非线性运算产生，而且受平移的影响。那么，对应于 $f(t)$ 中的变分变化 $\delta f(t)$ 和系统的动态性中的已知变化 $Op[f(t)]$ 的变体，$\delta Op[f(t)]$ 在 $\delta f(t)$ 中是线性的，但不是齐次的，在 $f(t)$ 中也不是线性的。如果我们现在知道以下方程式

$$Op[f(t)] = 0 \tag{4.55}$$

的一个解 $f(t)$，并且我们改变系统的动态性，我们会得到 $\delta f(t)$ 的线性非齐次方程式。如果

$$f(t) = \sum_{-\infty}^{\infty} a_n e^{in\lambda t} \tag{4.56}$$

且 $f(t) + \delta f(t)$ 也是周期性的，其形式为

$$f(t) + \delta f(t) = \sum_{-\infty}^{\infty} (a_n + \delta a_n) e^{in(\lambda + \delta\lambda)t} \tag{4.57}$$

那么

$$\delta f(t) = \sum_{-\infty}^{\infty} \delta a_n e^{i\lambda nt} + \sum_{-\infty}^{\infty} a_n e^{i\lambda nt} in\delta\lambda t \tag{4.58}$$

对于 $\delta f(t)$ 的线性方程式将使所有的系数可展开为 $e^{i\lambda nt}$ 的级数，因为 $f(t)$ 本身可以用这种形式展开。因此，我们将得到 $\delta a_n + a_n$、$\delta\lambda$、和 λ 中的线性非齐次无穷方程组，而且这个方程组可以用希尔的方法求解。在这种情况下，至少可以想象，从线性式（非齐次）开始，通过逐步改变约束条件，我们可以得到松弛振荡中非线性问题的非常普遍的解。然而，这项工作仍待进一步展开。

在一定程度上，本章讨论的控制反馈系统和前一章讨论的补偿系统均为竞争对手关系。它们两者都能将效应器的复杂输入输出关系转化为简单比例的形式。正如我们所看到的那样，反馈系统的作用远不止于此，

其性能相对独立于所用效应器的特性和特性变化。因此，这两种控制方法的相对用途取决于效应器的特性的恒定性。我们可以自然地假设，有利的做法是将这两种方法结合起来。结合的方法有多种，其中最简单的方法如图4所示。

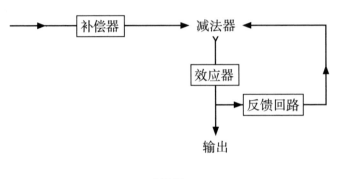

（图4）

可以将图示的整个反馈系统看作一个更大的效应器，而且不会出现新的点，除非必须布置补偿器以补偿反馈系统某种意义上的平均特性。另一种布置方式如图5所示。

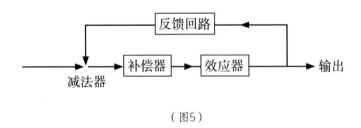

（图5）

此时，将补偿器和效应器组合成一个更大的效应器。一方面这种变化通常会改变允许的最大反馈，而且不容易看出是如何将反馈提高到重要的程度。另一方面，对于相同的反馈水平，它肯定会提高系统的性能。例如，如果效应器具有基本滞后的特性，则补偿器应为预期器或预测器，针对其输入的统计集合而设计。我们的反馈，即所谓的预期反馈，往往会加快效应机制的动作。

这种通用型的反馈肯定存在于人类和动物的反射中。在打猎时，我们试图最小化的误差不是枪的位置和靶的实际位置之间的误差，而是枪的位置和靶的预期位置之间的误差。任何防空火控系统都会遇到同样的问题。对预期反馈的稳定性和有效性的条件需要进行更彻底的讨论。

在结冰的道路上驾驶汽车时，我们会看到另一个有趣的反馈形式。我们的整个驾驶行为依赖于对路面打滑程度的了解，也就是说，对汽车—道路系统性能特性的了解。如果我们等待靠系统的普通性能来发现这一点，在我们发现以前汽车就会不知不觉滑出很远了。因此，我们给方向盘发出一连串小而快的脉冲，它不足以使汽车陷入严重打滑状态，但是足以向动觉系统报告汽车是否有打滑的危险，然后我们就会相应地调整我们的转向方法。

我们可以称这种控制方法为信息反馈[1]控制，而且不难用机械的形

---

〔1〕信息反馈，指的是通过控制系统将信息向外输送，然后将其作用结果返回，并影响信息的再输出，对其加以制约，从而达到预期目的的过程。信息反馈中的"信息"是常规意义上的术语，简单的"信息"涵盖能量的机械传递、电子脉冲、神经冲动、化学反应、文字或口头消息及用于进行"信息"传递的任何其他方式。——译者注

式进行图式[1]化，很值得在实践中使用。我们有针对效应器的补偿器，而且这个补偿器具有可以从外部改变的特性。我们在传入消息上叠加一个微弱的高频输入，并从效应器的输出中去除一个相同高频的输出部分，通过适当的滤波器与其余的输出分离。我们探讨了高频输出与输入的幅相关系，以获得效应器的性能特征。在此基础上，我们对补偿器的特性进行了适当修改。系统的流程图如图6所示。

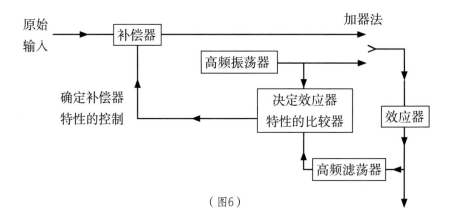

（图6）

这种反馈的优点在于它可以调整补偿器，使每种类型的恒定负载都具有稳定性；而且，如果与原始输入的变化相比，负载特性的变化足够慢，而且如果负载条件的读数准确，那么系统就不会产生振荡的趋势。

---

〔1〕图式是用于组织、描述和解释人类经验的概念网络和命题网络，辅助人们对感官接收的信息赋予意义，从而帮助我们快速整理思路，做出相对理性的行为。——译者注

在许多情况下，负载的变化以这种方式长久存在。例如，炮塔的摩擦载荷取决于润滑脂的硬度，而这又取决于温度，但这种硬度在炮塔的数次摆动中不会发生明显变化。

当然，只有当高频下的负载特性与低频下的负载特性相同，或后者能良好指示前者时，这种信息反馈才能充分发挥作用。如果负载的特性及因此产生的效应器的特性，包含相对较少的可变参数，则通常会出现这种情况。

这种信息性反馈，以及我们给出的关于通过补偿器反馈的例子，只是一种非常复杂的理论的特殊情况，而且这个理论尚未得到充分研究。整个领域正在经历异常迅速的发展。在不久的将来，它值得人们更多的关注。

在结束本章之前，我们不能忘记反馈原理在生理学上的另一个重要应用。在大量案例中，某种反馈不仅体现在生理现象中，而且对于生命的延续是绝对必要的，这种情况被称为稳态[1]。在高等动物中，生命，特别是健康生命能够延续的条件非常狭窄。体温变化0.5℃通常是疾病的征兆，而永久性的5℃变化则几乎无法维持生命。血液的渗透压及其氢离子浓度必须保持在严格的限制范围内。身体的废物必须在达到有毒浓

---

〔1〕稳态，又称做恒定状态，指在特定外部环境下，整体器官相互协调，促使有机体的内环境保持相对不变的状态，实现动态平衡。——译者注

度之前排出。除此之外，我们的白细胞和抗感染的化学防御必须保持在适当的水平；我们的心率和血压既不能太高也不能太低；我们的性周期必须符合种族繁衍的需要；我们的钙代谢既不能软化骨骼，也不能使组织钙化；诸如此类。简而言之，我们的内部经济结构必须包含一个恒温器、自动氢离子浓度控制器、调速器等组件，这对于一个大型化工厂来说是足够的。这些就是我们熟知的内环境稳态机制。

稳态反馈与自发性反馈和姿势反馈之间存在总体差异：稳态反馈往往更加缓慢。生理性稳态很少发生变化——甚至连脑贫血[1]也不例外——即使它们在几分之一秒钟内就会造成严重或永久的损害。因此，稳态的过程——交感神经和副交感神经系统——保留的神经纤维通常是无髓的[2]，而且已知其传输速度比有髓纤维[3]要慢得多。与自发性活动和姿势活动的典型效应器（条纹肌）相比，稳态的典型效应器——平滑肌和腺体——的动作同样缓慢。稳态系统的许多消息是由非神经通道传导的，这些非神经通道就是心肌纤维的直接吻合或化学媒介（如荷尔蒙、血液中的二氧化碳含量等）传输的；而且，除了心肌的情况外，这些也通

---

〔1〕脑贫血，又称为脑缺血，是脑内血液供应不足而引起的晕厥症状，可由颈椎病、心脏疾病、胸部疾病、营养不良等各种导致脑供血不足的因素引起。——译者注

〔2〕相对有髓神经纤维，无髓神经纤维是常被绝缘性髓鞘和神经膜包裹而成的神经纤维。——译者注

〔3〕有髓神经纤维，指具有髓鞘的神经纤维。有髓神经纤维的组成部分包括轴突（或树突）、髓鞘和神经膜，其中髓鞘和神经膜以鞘状包裹在轴突周围。无髓神经纤维则只被神经膜所包裹。——译者注

常是比有髓神经纤维慢的传输模式。

任何关于控制论的完整教科书都应包含对稳态过程的详尽论述，其中许多单个案例已经在文献中进行了详细讨论[1]。然而，本书与其说是一篇简明的论文，不如说只是对这一学科的介绍，而且有关稳态过程的理论涉及详细的一般生理学知识，故而不在此讨论。

---

〔1〕Cannon，W.，*The Wisdom of the Body*，W.W. Norton & Company，Inc.，New York，1932；Henderson，L.J.，*The Fitness of the Environment*，The Macmillan Company，New York，1913.

第五章　计算机和神经系统

深入探讨神经系统活动的某些机制和病理学的问题，用动物的神经系统类比计算机，归纳了信息流正常运作基本条件，并对二值运算逻辑和运算载体计算机进行讨论。

计算机本质上是用来记录数字、运算数字并以数字形式给出结果的机器。无论是资金还是构建工作量，其成本中有相当大一部分都用在了清楚而准确地记录数字这个简单的问题上。实现这一目的最简单的方式似乎需要统一的尺，及该尺上移动的某种指针。如果我们希望以 $\frac{1}{n}$ 的精度记录一个数字，就必须确保在尺的每个区域中的指针都在这个精度范围内处于预期位置。也就是说，对于信息量 $\log_2 n$，我们必须以这种精度完成指针的每部分移动，而且成本为形式 A_n，其中 A 偏离常数不太远。更确切地说，如果能准确地确定 $n-1$ 个区域，那么剩余的区域也能够准确地确定，记录信息量 I 的成本约为

$$(2^I - 1)A \tag{5.01}$$

现在让我们将这些信息分为两个尺，每个的标记都不那么准确。记录这些信息的成本大约为

$$2(2^{\frac{I}{2}} - 1)A \tag{5.02}$$

如果将信息分为 N 个尺，则近似成本为

$$N(2^{\frac{I}{N}} - 1)A \tag{5.03}$$

这个量在

$$2^{\frac{I}{N}} - 1 = \frac{1}{N}2^{\frac{I}{N}}\log 2 \tag{5.04}$$

时有最小值，或者我们设

$$\frac{1}{N}\log 2 = x \qquad\qquad （5.05）$$

则当

$$x = \frac{e^x - 1}{e^x} = 1 - e^{-x} \qquad\qquad （5.06）$$

时，当且仅当 $x = 0$ 或 $N = \infty$ 时，这个量才有极小值。也就是说，N 应该尽可能大，以使信息的存储成本最低。我们要记住，$2^{\frac{1}{N}}$ 必须是一个整数，并且1不是一个有效值，因为我们有无限多个尺，每个尺都不包含任何信息。$2^{\frac{1}{N}}$ 的最优有效值为2，在这种情况下，我们把数字记录在多个独立的刻度上，每个尺分成相等的两等份。换句话说，我们在许多刻度上表示我们在二进制系统中的数，其中我们所知道的只是某个量位于尺子的两个等份中的这一边或另一边上，而且关于刻度的观测值不能肯定落在尺的哪一半，这种概率非常小。换句话说，我们用下列形式表示一个数 v：

$$v = v_0 + \frac{1}{2}v_1 + \frac{1}{2^2}v_2 + \cdots + \frac{1}{2^n}v_n + \cdots \qquad\qquad （5.07）$$

其中每个 v_n 要么是1，要么是0。

目前存在两大类计算机：一类是像布什微分分析器那样的[1]。布什

---

〔1〕《富兰克林研究所杂志 》（*Journal of the Franklin Institute*）所载1930年后的各论文。——原注

□ **布什微分分析器**

　　1930年，布什研制出第一台微分分析器样机，这台机器没有键盘，占地数十平方米。分析器中有数百根平行的钢轴，它们被装配在金属框架上，电动机通过齿轮使这些钢轴转动，而钢轴的转动则模拟数的运算。

微分分析称为模拟器[1]，其中数据由某些连续刻度上的测量值表示，因此机器的精度由刻度所构造的精度决定；另一类机器，像普通的台式加乘机那样的，称为数控设备，其中的数据由一系列偶然事件中的选择集表示，而且准确度由区分偶然事件的清晰度、每个选择中出现的替代偶然事件的数量以及所给出的选择的数量这三个因素决定。我们看到，对于高精度的工作，数控设备显得更可取，尤其是那些按照二进制标度构造的数控设备，在这种机器上每个选择所给出的替代方案的数量为2。我们使用十进制标度的计算机，仅仅是因为历史上的一个偶然事件。当印度教徒发现零的重要性和位值记数法[2]的优势时，基于我们十

　　[1]模拟器，又称"仿真器"，指通过某个电子设备或计算机程序对其他设备或程序进行模拟。模拟器的工作原理是在主系统上运行为客户系统设计的软件或外部设备，借助硬件或软件，使一台计算机系统的行为与另一台计算机系统相类似。——译者注

　　[2]位值记数法，指一种按位值制进行记数的方法，即用一组有序数字表示数字（数字的大小同时取决于数字本身的数值和数字所处的位置）。位值制思想最早源于公元前2000年前后的古巴比伦。——译者注

个手指的十进制就已经在使用了。当借助于机器完成的大部分工作是把机器数字以传统的十进制形式转录到机器上，以及去除必须以同样的传统形式书写的机器数字时，它是值得保留的。

事实上，这就是银行、商务办公室和许多统计实验室普遍使用的台式计算机的用途。但并不是说使用更大、更自动化的机器就是最优方式。一般来说，使用任何计算机都是因为机器比手算要快。在计算方法的任何组合运用中，就像在化学反应的任何组合中一样，能够给出整个系统的时间常数的数量级由最慢的部分决定。因此，尽可能地将任何复杂的计算链中的人为因素去除，在开始和结束时绝对不可避免的情况下，才引入人为因素，这样的做法是有利的。为此，我们要引入针对记数的刻度变化的工具，它只在最初和最后的计算链中使用，而所有的中间过程则在二进制标度上执行。

因此，理想的计算机必须在一开始就插入所有数据，并且必须尽可能不受人为干扰，直到最后。这意味着不仅必须在开始时插入数值数据，而且还必须以指令的形式将它们组合起来，以涵盖计算过程中可能出现的每种情况。因此，计算机必须既是逻辑计算机，又是算术机，并且必须根据系统的算法组合偶然事件。虽然有许多算法可以用于组合偶然事件，但其中最简单的算法称为卓越逻辑代数或布尔代数。这种算法和二进制算法一样，是基于二分法，即以"是"与"否"之间的选择、类内与类外之间的选择。它优于其他系统的原因，与二进制算法优于其他算法的原因是相同的。

因此，输入机器的所有数据，无论是数字数据还是逻辑数据，均以两个备选方案之间的选择集的形式出现，而对数据的所有操作也均以依赖于旧选择做出的新选择集的形式出现。当我将两个一位数的数字 A 和 B 相加时，如果 A 和 B 都是1，则得到一个以1开头的两位数，否则为0。如果 $A \neq B$ ，则第二位数字为1，否则为0。超过一位数的数字相加遵循类似但更复杂的规则。二进制中的乘法，就像在十进制中一样，可以简化为乘法表和加法运算，二进制数的乘法规则采用下表中给出的特别简单的形式：

$$
\begin{array}{c|cc}
\times & 0 & 1 \\
\hline
0 & 0 & 0 \\
1 & 0 & 1
\end{array}
\qquad (5.08)
$$

因此，二进制乘法只是在给出旧数字来确定新数字集的一种方法。

在逻辑方面，如果 O 是一个否定断定，I 是一个肯定断定，那么每个算符都可以从三个方面推导出来：否定断定，把 I 转换成 O ，把 O 转换成 I ；逻辑加法，形式如下：

$$
\begin{array}{c|cc}
\oplus & O & I \\
\hline
O & O & I \\
I & I & I
\end{array}
\qquad (5.09)
$$

和逻辑乘法，使用与（1，0）系统的数字乘法相同的表，即

$$
\begin{array}{c|cc}
\odot & O & I \\
\hline
O & O & O \\
I & O & I
\end{array}
\qquad (5.10)
$$

这就是说，机器运行中可能出现的每一个偶发事件，都只需要根据一组事先决定的固定规则从偶发事件1和0中进行一系列新的选择。换句话说，计算机是一组结构相同的继电器构造起来的，每个继电器只能够

满足两种条件中的每一种，即"开"和"关"；而在每个运算步骤，各继电器的状态均由前一个操作阶段的部分或所有继电器的状态决定。操作的这些阶段可以由某个或多个中央时钟精确"计时"，或者可以暂停每个继电器的动作，直到所有本应在该过程中有较早动作的继电器完成所有要求的步骤。

计算机使用的继电器可能具有非常不同的特性。它们可能是纯机械的，也可能是机电的，如螺管式继电器，其中电枢[1]将保持在两个可能的平衡位置之一，直到适当的脉冲将其拉到另一侧。它们可能是纯电力系统，有两个可选的平衡位置，要么是充气管，要么是更快速的高真空管。在没有外部干扰的情况下，中继系统的两种可能状态可能都是稳定的，或者只有一种可能是稳定的，而另一种可能是暂时的。无论是在第二种情况下，还是在第一种情况下，都需要有特殊的装置来保持在未来某个时间起作用的脉冲，并避免系统堵塞，如果其中一个继电器不起任何作用，只会无限期地重复自身动作。然而，关于记忆的这个问题，我们稍后还有更多的话要说。

一个值得注意的事实是，人类和动物的神经系统已知能够进行计算系统的工作，包含最适合作为继电器的元素。这些元素就是所谓的神经

---

〔1〕在电气工程中，电枢指电机中传送交流电的绕组。电枢绕组即使在直流电机上也会传导交流电，这是整流子的作用或电子整流的作用所致，如无刷直流电机。电枢可位于转子或定子上，具体取决于电机的类型。其中电枢绕组与气隙中的磁场相互作用。——译者注

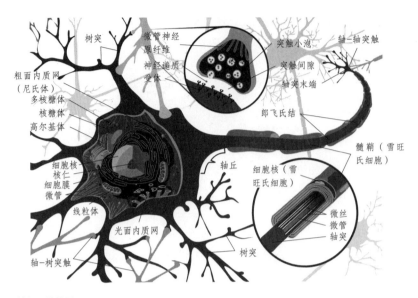

□ **神经元结构图**

　　神经元对各种神经信息进行处理，承担着感觉、运动、学习、记忆、思维和创造等各种大脑功能，具有感受刺激和传导兴奋的功能，是神经系统的基本结构和功能单位。人脑中有100亿个神经元，它们构成了极其复杂的神经网络。

元或神经细胞。虽然它们在电流的影响下表现出相当复杂的特性，但在它们正常的生理作用中几乎符合"全有全无律"[1]的原则；也就是说，它们要么处于静止状态，要么在"放电"时经历一系列变化，几乎与刺激的性质和强度无关。首先是一个活动期，以一定的速度从神经元的一

　　[1]全有全无律，描述骨骼肌或心肌的肌纤维或神经反应与刺激不相关程度的定律。若刺激超过阈电位，则神经或肌纤维将产生相关反应；否则，就完全不产生反应。这一定律最早由美国生理学家亨利·皮克林·鲍迪奇（Henry Pickering Bowditch，1840—1911年）于1871年针对心肌的收缩而提出。——译者注

端传递到另一端，随后是一个不应期[1]，在此期间神经元要么不能被刺激，要么无论如何不能被任何正常的生理过程刺激。在这个有效的不应期结束时，神经仍然处于不活动状态，但可能会因受到刺激再次变得活跃。

因此，可以将神经看作一种继电器，它基本上有两种活动状态：激发和不应。撇开那些从自由末梢或感觉末梢器官接受信息的神经元不谈，每个神经元都是从称为突触的接触点接受其他神经元传入的消息。对于一个给定的传出神经元，这些突触在数量上从极少到上百个不等。它是各种突触上的传入脉冲的状态，与传出神经元本身的先前状态相结合，会决定它是否会触发。如果它既不激发也非不应，并且在某个非常短的融合时间间隔内"激发"的传入突触的数量超过某个阈值，那么神经元就将在某个已知的、相当恒定的突触延迟之后触发。

这也许是对事实的过度简化："阈值"可能不仅仅取决于突触的数量，而且取决于它们的"权重"以及它们相互之间相对所传入的神经元的几何关系。而且有可信的证据表明，神经系统中存在一种不同性质的突触，即所谓的"抑制性突触"，这些突触要么完全阻止传出神经元的触发，要么至少提高了传出神经元对普通突触刺激的阈值。然而非常清楚的是，与给定神经元有突触连接的各传入神经元上的某些特定组合的脉冲会导致其触发，而其他脉冲输入则不会导致其触发。这并不是说可

---

〔1〕不应期，某一刺激发生反应后，即使再给予刺激，也不发生反应的时期。——译者注

□ **存储器**

存储器的存在是设备具有记忆功能的关键，有了它，设备才能正常工作。图为现代笔记本电脑中使用的DDR3内存片。

能不存在其他非神经元的影响，也许一种体液性质的影响就能产生缓慢持久的变化，往往会改变足以触发的传入脉冲的模式。

神经系统的一个非常重要的功能是记忆，而且如前所述，计算机也同样需要这项功能，记忆是一种保存过去操作的结果以供将来使用的能力。一方面，我们将看到，记忆有多种使用方式，不可能有任何单一机制能够满足所有需求。首先是执行当前进程（例如乘法）所必需的存储器，一旦进程完成，中间结果就变得没有价值，因此应释放设备存储空间以供将来使用。这样的存储器能够快速记录、快速读取、快速擦除。另一方面，还有一种记忆，是机器或大脑文件的一部分，能永久记录，而且至少在机器的一次运行中，能为机器未来的所有行为奠定基础。顺便指出，我们使用大脑和机器的方式有一个重要区别：机器进行的多次连续运行之间要么不存在联系，要么只有少量、有限的联系，而且这些运行之间的数据可以被清除；而作为一个自然过程的大脑运转，几乎从来没有完全清除过去的记录。因此，在正常情况下，计算机并不能完全模拟大脑，计算机只是对大脑某种相似的单次运行的模拟。稍后我们将看到，该表述在精神病理学和精神病学中具有深刻的意义。

回到记忆的问题上，一个构建短期记忆的令人高度满意的方法，是让一系列脉冲在闭环线路中传播，直到外界干预将这个闭环线路清除为止。我们有很多理由相信，这种情况也发生在我们的大脑中，即发生在所谓的表面上的现在[1]。这种方法已经在计算机的一些设备中得到了模拟，或者至少提出了这么做的建议。有两个条件在这种保持装置中是可取的：脉冲应在不难实现超长时滞的介质中传输；以及在仪器固有误差使它变得过于模糊之前，以尽可能清晰的形式重建脉冲。第一个条件基本排除了光传输，甚至在许多情况下排除了由电路传输产生延迟的可能，而较为有利的是使用某种弹性振动。而且实际上，计算机就是利用这种振动产生延迟并加以运用的。如果电路延迟，则每个阶段的延迟就相对较短；否则就像在所有线性装置中的情形一样，消息的变形将大量累积，并且很快就会变得无法负担。为了避免这种情况，就必须考虑第二个因素。我们必须在循环的某个地方插入一个继电器，该继电器不用于重复传入消息的形式，而是用于触发规定形式的新消息。这在神经系统中很容易做到。实际上，所有的传播或多或少都是一种触发现象。在电气工业中，用于此目的的装置早已为人所知，而且已经用于连接电报电路。它们叫做电报式中继器。将它们用于长期记忆的最大困难在于，它们必须在大量连续的操作周期中毫无缺陷地发挥作用。它们的成功变得更加引人注目：曼彻斯特大学的威廉姆斯先生设计了一种装置，其单

---

〔1〕表面上的现在，心理学名词，指的是内心中觉得是现在的事情的过去的事情。该心理现象可以视为具有表面上的现在型记忆。——译者注

□ **电磁继电器**

　　由电磁铁、弹簧片、触点、衔铁等元件组成的装置称为电磁继电器。电磁继电器是一种电子控制器件，它具有控制系统（又称输入回路）和被控制系统（又称输出回路），通常应用于自动控制电路中。电磁继电器实际上是用较小的电流、较低的电压去控制较大的电流、较高的电压的一种"自动开关"，故在电路中起着自动调节、安全保护、转换电路等作用。

位时间延迟为百分之一秒。这台装置已经成功地持续运行了好几个小时。更值得注意的是，这个装置不仅仅用于保存一个单一的"是"或"否"的判断，而是能保存成千上万的判断。

　　与旨在保留大量判断的其他设备一样，这台设备也根据扫描原理来工作。在相对较短的时间内存储信息的最简单方式，就是在电容器上充电；如果再补充上电报式中继器，它就成了一种适当的存储方法。为了最大限度地利用连接到这种存储系统的电路设施，电容器须要能连续且非常快速地切换到另一个电容器。通常的做法是利用机械惯性，但这无法实现高速。一个更好的方法是使用大量的电容器，其中一块板要么是溅射到电介质中的一小块金属，要么是溅射到电介质本身的不完全绝缘表面，而这些电容器的连接器之一是一束阴极射线。这种阴极射线通过扫描电路的电容器和磁铁，在类似犁耕田地中的犁的路线上移动。对这种方法有各种不同的阐述，而在威廉姆斯先生使用之前，美国无线电公司实际上已经以有些不同的方式使用了这种方法。

　　关于信息存储的这些方法，可以在相当长的时间内保存消息，但不能把消息保存到像人的生命时间那样长。对于更多的永久记录，我们可以选择广泛的替代方案。除了诸如使用穿孔卡片和穿孔磁带等笨重、缓慢和不可擦除的方法，我们有了磁带，以及对它们进行的现代技术改进，这在很大程度上消除了通过这种材料进行信息传播的趋势；还有适用磷光物质的方法，尤其是摄影。摄影的确是持久而详尽的理想记录方法，而且记录观察所需的曝光时间很短，从这个角度来看，它也是理想之选。然而它有两个严重的缺点：显影所需的时间尽管已经缩短到几秒钟，但仍然不够短，不足以让摄影可用作一种短期储存方式；以及（1947年的情形）摄影记录无法迅速擦除并快速植入新记录。伊士曼公司的技术人员一直在努力解决这些问题，这些问题似乎并不一定无法解决，而且很可能此时已经找到了答案。

上述许多信息存储方法都有一个重要的物理因素：它们似乎依赖于具有高度量子简并的系统，或者换句话说，依赖于具有大量相同频率的振动模式的系统。对于铁磁性来说，这当然是正确的；对于具有极高介电常数的材料来说，这也是正确的，后者在用于储存信息的电容器中特别有价值。磷光也是一种与高度量子简并有关的现象，这种效应也会出现在摄影过程中，充当显影剂的物质似乎存在大量的内部共振。量子简并似乎与使很小的因素产生显著和稳定效果的能力有关。我们在第二章中已经了解到，具有高度量子简并的物质似乎与新陈代谢和繁殖中的许多问题相关。我们此时在不存在生命物质的环境中发现它们与生命物质的第三个基本性质有关：接受和组织冲动并使其在外部世界发挥作用的能力，而这可能并非偶然。

我们在摄影和类似过程中已经看到，以某些存储元素的永久变更的形式存储消息是可能的。在将此信息重新插入系统中时，必须使这些变更影响通过系统传播的消息。做到这一点的最简单方法是，把通常有助于消息传输的部分作为已经变更的存储元件，并且这些元件必须具有这样一种性质，即因存储而导致的特性变化会影响它们在整个未来传播消息的方式。在神经系统中，神经元和突触就是这种类型的存储元件，而且信息很可能是通过神经元阈值的变化而得以储存一段时间的，或者换一种说法，是通过每个突触对消息的渗透性的变化而得以长期储存。现在对这种现象还没有更好的解释，我们中的许多人认为，大脑中的信息实际上是以这种方式存储的。可以想象，这种存储可以通过开辟新的路径或关闭旧的路径来实现。很显然，人在出生后，大脑中不会形成任何新的神经元，这一点已经得到充分证明。虽然不确定，但是很可能不再形成任何新的突触，而且在记忆过程中，阈值的主要变化是增加，这是一个貌似合理的猜测。果真如此，我们的整个生命就像巴尔扎克《驴皮记》描写的一样：学习和记忆的过程耗尽了我们学习和记忆的能力，直到生活本身耗尽了我们生命力的积蓄。这种现象很可能确实发生了。这是对衰老的一种可能解释。然而，衰老的真实现象太复杂了，仅用这种方法是无法解释的。

我们已经谈到了计算机，因此也谈到了大脑，作为一种逻辑计算机。考虑这种机器对逻辑的影响，无论是自然的还是人工的，这绝不是微不足道的小事。这方面的主要工作由图灵执行。[1]我们以前说过，机械推理器只不过是有引擎的莱布尼茨的微积分推理器；正如现代数理逻辑以这种微积分为起点，因此它当前的工程发展必然会对逻辑产生新的影响，这是不可避免的事。当今的科学是运算性的，也就是说，它认为每个说法本质上都与可能的实验或可观察的过程有关。根据这一点，对逻辑的研究必须简化为对逻辑计算机的研究，无论是神经的还是机械的，都有其不可消除的局限性和不完善之处。

有些读者可能会说，这会把逻辑学简化为心理学，而这两门科学存在显著、可证实的差异。许多心理状态和思维过程都不符合逻辑规则，从这个意义上说，确实如此。心理学包含许多与逻辑无关的东西，但是一个重要事实——任何对我们有一定意义的逻辑都不可能包含人类思维——也就是人类神经系统——无法理解的任何方面。当谈及所谓的逻辑思维的活动时，所有的逻辑都受到人类思维局限性的限制。

例如，我们将大部分数学知识用于涉及无穷的讨论中，但实际上这些讨论及其相关的证明并非无穷的。没有可接受的证明会涉及无限多数量的阶段。数学归纳法得出的证明似乎涉及无穷个阶段，但是这只是一种表象。事实上，它仅涉及以下几个阶段：

1. P_n 是涉及数字 n 的命题。

〔1〕Turing, A. M., "On Computable Numbers with an Application to the Entscheiduhgs-problem", *Proceedings of the London Mathematical Society*, Ser. 2, 42, 230-265（1936）.

□ 罗素

在剑桥大学，维纳的导师罗素建议维纳在研修逻辑的同时，进一步加强数学的训练，还鼓励他钻研爱因斯坦的相对论、卢瑟福的电子理论、玻尔的量子理论，这极大地开拓了维纳的视野，在他一生的科学生涯中，罗素无疑是个极重要的引路人。此后，维纳选择把数学和物理、工程学结合起来的研究方向，就是因为受了罗素的启蒙。

2. 已证明 $n = 1$ 时的 P_n。

3. 如果 P_n 为真，则 P_{n+1} 为真。

4. 因此，对于每个正整数 n，P_n 都为真。

确实，在我们的逻辑假设中，一定有一个可以证实这个论证的假设。然而，这种数学归纳法与无穷集上的完全归纳法是截然不同的。同样的道理也适用于更精确的数学归纳形式，如出现在某些数学学科中的超穷归纳法。

由此就会出现一些非常有趣的情形，我们能够——只要有足够的时间和足够的计算辅助——证明定理 P_n 的每一种情况。但是，如果没有系统方法把这些证明归入独立于 n 的单个论证之下，就像我们在数学归纳法中发现的那样，那么就不可能证明所有 n 的 P_n。这种偶发事件在称为元数学的学科中得到了承认，这是由哥德尔和他的学派发展起来的学科。

证明代表了一个逻辑过程，它在有限的几个阶段中得出了明确结论。然而，遵循明确规则的逻辑计算机未必永远会得出结论。它可能在几个阶段不断磨合，而永不停止，它可以描绘一个复杂程度不断增加的活动模式，或者通过进入一个类似国际象棋游戏终局时不断地"将军"

的循环过程。康托尔和罗素的一些悖论中就存在这样的情形。让我们考虑并非自身元素的所有元素的类。这个类的元素是否包含自身？如果是，那么它肯定不是自身这个类的一个元素；如果否，它就应该是自身的一个元素。回答这个问题的机器会给出连续的临时答案："是"、"否"、"是"、"否"，一直这样下去，而且永远无法达到平衡。

□ **图灵**
阿兰·麦席森·图灵，英国数学家、逻辑学家、密码学家，被称为人工智能之父。

伯特兰·罗素对他的悖论的解决方法是在每个陈述上附加一个量，即所谓的型，用来根据它所涉及的对象的性质——从最简单的意义上说，这些对象是否为"事物"，"事物"的类，"事物"的类的类——来区分形式上似乎为同一个陈述的东西。我们用来解决悖论的方法也是在每个陈述上附加一个参数，这个参数就是它被断言的时间。在这两种情况下，我们都引入了可成为均匀化的参数，从而解决了仅仅由于其未被重视而产生的歧义。

因此我们看到，机器的逻辑类似于人类的逻辑，而且，按照图灵的方法，我们可以用它来研究人类的逻辑。机器是否也具有更显著的人类特性——学习能力？为了证明这一点，让我们考虑两个密切相关的概念：观念关联的概念与条件反射的概念。

在英国经验主义[1]哲学流派中，从洛克到休谟，都认为心灵的内容是由洛克称之为观念的某些实体组成的，后来的作者则称之由观念和印象两部分组成。简单的观念或印象应该存在于一个纯粹被动的头脑中，就像一块干净的黑板上写着的符号一样，不受它所包含的观念的影响。通过某种不值得称之为力量的内部活动，这些观念应该根据相似性[2]、联系性[3]和因果关系[4]原则，将自身组合成集合。在这些原则中，最重要的可能是联系性：在时间或空间中经常同时出现的观念或印象被认为具有相互唤起的能力，因此其中任何一个的存在都会产生整个集合。

所有这些都隐含着动力学，但动力学的概念尚未从物理学渗透到生物学和心理学。18世纪的典型生物学家是林奈[5]，他既是博物学家又是

---

〔1〕经验主义，又称经验论，是认识论的多种观点之一（如理性主义、怀疑主义等）。经验主义认为知识只可以源于或主要源于感官经验，强调经验证据对思想理论形成的作用，而不是依赖先天的思想或传统。然而，经验主义者往往声称传统实际上来源于先前的感官经验。——译者注

〔2〕这里的相似性，指对两个个体或部分之间精细结构或属性等元素的一致性评估，广泛应用于数学、结构、模型、化学、语言等方面。——译者注

〔3〕在认知科学中，联系性具有这样的原则：当一个人经常与另一个人一起经历时，思想、记忆和经验将被联系起来。——译者注

〔4〕因果关系，指一个事件与另一个事件之间的作用关系，其中后一事件被视为前一事件的结果。通常认为，因果还用于指一系列因素和一个现象之间的关系。——译者注

〔5〕卡尔·冯·林奈（Carl von Linné，1707—1778年），瑞典植物学家，动物学家，医生，瑞典科学院创始者、首任主席，为现代生物学命名法——二名法奠定了基础，被誉为"现代生物分类学之父"，也被当作现代生态学的创始者。——译者注

分类学家，他所持的观点与当今的进化论者、生理学家、遗传学家和实验胚胎学家的观点完全相反。事实上，世界有这么多领域需探索，生物学家的心态几乎也是如此。同样，在心理学中，心理内容的看法支配着心理过程的看法。这很可能是学术界对物质强调的一种延续，在这个世界里，名词是实体化的，而动词几乎没有任何分量。尽管如此，从这些静态的观念到当今更具动态性的观点所经历的过程，正如巴甫洛夫[1]的作品所展示的那样，是非常清楚的。

巴甫洛夫在对动物研究方面的工作比对人的研究要多得多，而且他关注的是看得见的行为而不是内省的思维状态。他在狗身上发现，食物的存在会导致唾液和胃液的分泌增加。如果在有食物并且仅在有食物的情况下向狗展示某个视觉对象，然后在没有食物的情况下再给狗展示这个对象，这个对象本身就能够刺激狗唾液或胃液的分泌。洛克通过内省观察到的由于观念的连续而发生的观念结合，现在变成了类似的行为模式的结合。

然而，巴甫洛夫的观点和洛克的观点之间有一个重要的区别，那是因为洛克研究的是观念，而巴甫洛夫研究的是行为模式。巴甫洛夫观察

---

[1] 伊万·彼得罗维奇·巴甫洛夫（Ivan Petrovich Pavlov，1849—1936年），俄罗斯生理学家、心理学家、医师，他发现了条件反射，1904年由于对消化系统的研究而获得诺贝尔生理学或医学奖，著作有《动物高级神经活动（行为）客观研究20年经验：条件反射》《论消化腺的活动》等。——译者注

到的反应往往会使一个过程成功地完成，或避免一场灾难。唾液分泌对于吞咽和消化很重要，而我们认为的痛苦刺激往往会保护动物免受身体伤害。因此，有一种我们可以称之为情感基调的东西进入了条件反射。我们不需要把它与我们自己的快乐和痛苦的感觉联系起来，也不需要抽象地把它与动物的优势联系起来。重要的是：情感基调是按照某种尺度排列的，从消极的"痛苦"到积极的"快乐"；在相当长的一段时间内或永久性地，情感基调的提高有利于神经系统中当时正在进行的所有过程，并赋予它们提高情感基调的辅助效果；相反，情感基调的降低往往会抑制当时正在进行的所有过程，并赋予它们降低情感基调的辅助能力。

当然，从生物学角度讲，较大的情感基调必须发生在对种族（如果不是对个体）延续有利的情况下，而较小的情感基调必须发生在对种族延续不利（如果不是灾难性）的情况下。任何不顺应这一规则的种族都将走上路易斯·卡罗尔[1]的"黄油面包上的苍蝇"的道路，而且总是会灭亡。然而，即使是注定灭亡的种族，只要种族继续延续下去，也可能显示出一种有效的机制。换句话说，即使是最具自杀倾向的情感基调配置也会产生一种明确的行为模式。

---

〔1〕路易斯·卡罗尔（Lewis Carrol，1832—1898年），原名查尔斯·路特维奇·道奇森，英国作家、数学家、逻辑学家，著有儿童文学作品《爱丽丝梦游仙境》与其续集《爱丽丝镜中奇遇》。——译者注

请注意，情感基调的机制本身就是一种反馈机制。我们甚至可以给出关于这种机制的图表，如图7所示。

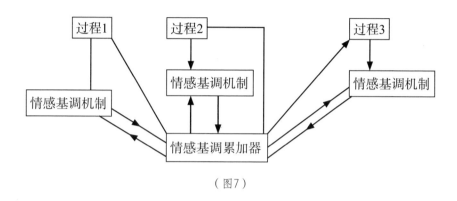

（图7）

在这里，情感基调累加器根据某种规则，将过去短时间间隔内由单个情感基调机制给出的情感基调组合起来。我们现在不需要详细说明这个规则。返回到单个情感基调机制的线索，用于在累加器输出的方向上修改每个过程的内在情感基调，而且这种修改一直持续到由来自累加器的消息修改为止。从累加器返回到过程机制的线索，用于在总情感基调提高时降低阈值，并在总情感基调下降时提高阈值。它们同样具有长期效应，并一直持续到由来自累加器的另一个脉冲修改为止。然而，这种长期效应仅限于返回消息到达时实际存在的那些过程，类似的限制也适用于对单个情感基调机制的效应。

我想强调，我并不是说条件反射的过程是根据我所给出的机制运作的，我只是说它可能会这样运作。然而，如果我们假设存在这种或任何类似的机制，那么我们可以谈论关于它的方面就有很多。一是这种机制

□ 弗莱明真空管

　　弗莱明发明了世界上第一支电子管，即真空二极管。1907年，李·德弗雷斯特发明了真空三极管，在这之后，电子管才成为真正实用的器件。

有学习能力。人们已经认识到，条件反射是一种学习机制，而且这一观点已经应用于研究迷宫中小鼠的学习行为。这里所需的关键是，所使用的诱因或惩罚分别具有积极和消极的情感基调。有一点可以肯定：实验者通过经验而不是简单地通过先验的因素，来了解这种情感基调的本质。

　　另一个令人感兴趣的点是，这种机制涉及一组特定的消息，这些消息通常会进入神经系统，并传递给处于准备接收这些消息的所有元素。这些是来自情感基调累加器的返回消息，而且在一定程度上是从情感基调机制到累加器的消息。事实上，累加器不一定是单个元素，相反可能仅代表来自单个情感基调机制的消息的某种自然组合效应。现在，这种"可能相关者周知"的消息，很可能通过神经以外的通道，以最低的设备成本最有效地发送出去。以类似的方式，矿井的普通通信系统可能由一个带有附加线路和设备的电话中心组成。当我们急于清空一口矿井时，我们不会依赖这种机制，而是会打破通风口的一根硫醇管来向井下的人报送消息。像这样或者荷尔蒙那样的化学信使，是不针对特定接收者的最简单、最有效的传递信息方式。此刻，请允许我插叙一个在我看来纯属幻想的问题。荷尔蒙活动的高度情绪以及相应的情感思想是最具启发性的。但这并不意味着一种纯粹的神经机制不具备情感基调和学习能力，它只是意味着，在研究我们的精神活动时不能忽视荷尔蒙传递的可能性。将这个概念与弗洛伊德理论中的记忆——神经系统的储存功能和性活动有关系的事实联系起来，可能过于异想天开了。一方面是性，另一方面是所有的情感内容，二者都含有非常强烈的荷尔蒙因素。这是由莱文博士和奥利弗·塞尔弗里奇先生向我提出的关于性和激素的重要性建议。虽然目前没有足够的证据表明其有效性，但它在原则上并不明显荒谬。

计算机的性能并没有任何阻碍它表现出条件反射之处。我们须记住，运行中的计算机不仅是设计者设计在继电器的串联中的存储机制，它还包含其存储机制的内容，而且这些内容不会在单次运行过程中完全清除。我们前面提到，是计算机的运行而不是计算机的机械结构的完整存在，与个体的生活相对应。我们还看到，信息之所以能长期储存，很可能是因为突触渗透性的变化，我们完全有可能构建一个以这种方式存储信息的人工机器。例如，我们完全有可能使进入存储器的任何信息以永久或半永久的方式改变一个或多个真空管的栅极偏压，并且从而改变将使一个或多个真空管触发的脉冲的总和的数值。

关于计算机和控制机器中的学习设备及其可能用途的更详细说明，像本书这样的初级书籍并不适合做这项工作，最好留给工程师，也许将本章的剩余部分用于讨论现代计算机更先进、正常的用途更好。这些用途中的一个关注重点是求偏微分方程[1]的解。即使是线性偏微分方程，也需要记录大量的数据才能成立，因为这些数据涉及对两个或多个变量的函数的精确描述。对于双曲型偏微分方程[2]，如波动方程，典型的问题是在给定初始数据时求解方程。这可以在任何给定的后续时间以渐进的方式从初始数据到结果进行。抛物型方程[3]在很大程度上也是如此。当涉及椭圆型方程[4]，其中自然数据是边值而不是初值[5]，自然求解方法涉及逐次逼近法[6]的迭代[7]过程。这个过程被重复了很多次，因此非常快速的方法（如现代计算机器的方法）几乎是不可或缺的。

---

〔1〕偏微分方程，涉及未知函数及其偏导数的方程，表示自变量、未知函数及其偏导数之间的关系，符合此关系的函数为方程的解。偏微分方程包括线性偏微分方程和非线性偏微分方程，通常具有多个解并且包含额外的边界条件。——译者注

〔2〕在物理中，双曲型偏微分方程通常指的是一类二阶微分方程，然而其数学上的定义更加广泛。——译者注

〔3〕抛物型偏微分方程，一类二阶偏微分方程，简称抛物型方程，表示自然科学中广泛存在的问题（如热能的扩散、布莱克—斯科尔斯模型等）。——译者注

〔4〕椭圆型偏微分方程，一类二阶偏微分方程，简称椭圆型方程，主要表示物理的平衡稳定状态（如电磁场、引力场等）。——译者注

〔5〕数学中的初值问题指的是涉及微分方程式与一定初始条件的问题；该初始条件为微分方程式的未知函数在某些点的预设值。——译者注

〔6〕逐次逼近法，又称"渐进性接近法"，指的是针对行为塑造和代币制管理中的一个操作条件作用法则，也就是说，将待塑造的靶反应分解排列为一个难度递增的子反应系列，使之逐渐接近待习得的靶反应；对每个逼近靶反应的子反应进行强化，从而鼓励个体做出进同步子反应，并最终习得靶反应。——译者注

〔7〕迭代，指重复反馈过程的活动，通常旨在接近并达到预期目标或结果，对过程的每次重复叫做一次"迭代"，而每次迭代产生的结果将用作下次迭代的初值。——译者注

在非线性偏微分方程中，我们缺少在线性方程[1]的情况下所拥有的那种相当充分的纯数学的理论。此时，计算方法不仅对于处理特定的数值示例很重要，而且，正如冯·诺依曼所指出的那样，我们需要熟悉大量特定示例。如果不熟悉，我们就很难形成一般理论。在某种程度上，这是在非常昂贵的实验设备的帮助下完成的，如风洞。正是通过这种方式，我们才熟悉了冲击波[2]、滑动面[3]、湍流[4]等的更复杂的性质。对于这些特性，我们几乎无法给出足够的数学理论。我们不知道有多少类似性质的未发现现象。与数字机器相比，模拟机器的精度要低得多，而且在许多情况下要慢得多，因此数字机器给了我们更多的未来希望。

---

〔1〕线性方程，又称一次方程，由于笛卡尔坐标系上任意一次方程的表示均为直线，组成一次方程的各项必须为常数或常数与变量的乘积。此外，线性方程必须包含一个变量，否则不存在变量而仅含有常数的式子叫做算术式而非方程式。如果一次方程仅含有一个变量，则该方程为一元一次方程。——译者注

〔2〕冲击波，又称激波、骇波，是紊流的一种传播方式。和其他常规形式下的波动一样，冲击波还能够通过介质传输能量。对于某些不存在物理介质的特殊情况，冲击波能够通过场（如电磁场）进行能量传输。冲击波的主要特征在于介质特性在激波前后经历了类似正的阶梯函数的急剧变化。——译者注

〔3〕在几何和晶体学中，滑动面是一种对称操作，表示平面上的反射，随后与该平面平行的平移，如何得以使晶体保持不变。滑动面用 a、b 或 c 表示，具体取决于滑动所在的轴。如果未定义具体的轴，则滑动面可用 g 表示。当滑动面平行于屏幕时，这些平面可用虚线表示，或当滑动面垂直于屏幕平面时用点线表示。——译者注

〔4〕湍流，又称乱流、扰流或紊流，是流体的一种流动状态。在流速很低时，流体分层流动，互不混合，叫做层流或片流；流速逐渐增加时，流体的流线开始产生波浪状的摆动，摆动频率、振幅随流速的增加而增加，此类流况叫做过渡流；在流速增加到很高时，流线不再清晰可辨，流场中存在大量小漩涡，叫做湍流。——译者注

□ ENIAC

这是世界上第一台大型的电子管计算机 ENIAC，它采用电子管作为基本电子元件，使用了22000个电子管，内存为磁鼓，外存为磁带。虽然 ENIAC 体积庞大，耗电惊人，运算速度不过几千次（现在的超级计算机的速度最快达每秒运算万亿次），但它比当时已有的计算装置要快1000倍，这样的速度在当时已经是人类智慧的最高水平。

人们已经清楚地认识到，在使用这些新机器的过程中，需要掌握关于机器本身的纯数学技术，与手工计算或使用容量更小的机器有很大的技术差异。例如，即使使用机器计算中高阶行列式[1]或同时求解二三十个联立的线性方程组，也会出现一些困难，而在我们研究类似的低阶问题时不会出现这些困难。除非在设置问题时小心谨慎，否则我们可能得不到任何有效数字的解。一般来说，像超快速计算机这样精细、高效的工具，那些不具备足够技术的人士是无法充分利用它们的。超快速计算机肯定不会减少对具备高水平理解能力和技术培训背景的数学家的需求。

---

〔1〕行列式，表示为 det 或 $|A|$，指在方块矩阵上计算得出的标量。行列式可视为有向面积或体积的概念在常规欧几里得空间中的扩展。换句话说，在欧几里得空间中，行列式表示一个线性变换对"体积"所产生的影响。行列式在线性代数、多项式理论、微积分学中均用作基本数学工具。——译者注

　　在计算机的机械或电气结构中，有几个准则值得考虑。一个是有些频繁使用的机制，例如乘法或加法机制，应使用相对标准化的组合形式，以适应某一特定用途；而那些较少使用的机制，也可用于其他目的的元素组合起来以供临时使用。与此密切相关的另一个准则是，在这些更一般的机制中，各组成部分应根据其一般性质得到利用，而且不应把它们永久地与其他设备部件特定地关联起来。设备中应有某些部件用于寻找各种可用组件和连接器，并根据需要进行分配，如自动电话交换机。这样就可以避免由于存在大量不常使用的元件（它们仅在使用整个大型组件时才能使用，否则无法使用）而产生的浪费。当我们考虑通信问题和神经系统中的超载时，我们会发现这个准则非常重要。

　　最后请允许我指出：对于一台大型计算机，无论是机械、电子设备形式，还是大脑本身，都要消耗大量的能量，所有这些能量都会以热量的形式耗散掉。流出大脑的血液比进入大脑的血液温度高一些。没有其他计算机能耗的经济程度无法与大脑匹敌。在像 ENIAC 或 EDVAC 这样的大型设备中，仅灯丝消耗的能量就要用千瓦来衡量。除非提供足够的通风和冷却设备，否则系统将遭受高温带来的机械异常，直到机器的正常参数因热量而发生根本变化，直至机器性能崩溃。但无论如何，单次操作所消耗的能量几乎微乎其微，甚至不构成对设备性能的充分测量。机械大脑并不像早期唯物主义者声称的像"肝脏分泌胆汁"那样分泌思想，也不像肌肉输出活动那样以能量的形式输出思想。信息就是信息，不是物质或能量。任何不承认这一点的唯物主义都无法在当今立足。

第六章　格式塔与一般概念

从生理视觉引申出群扫描和多级反馈系统的概念，讨论了视觉生理的某些问题，以及用一种感官来弥补另一种感官缺陷的问题。

我们在上一章讨论的各种问题中，有一个是给洛克的观念关联理论赋予一种神经机制的可能性。洛克认为，联想是根据毗连原则、相似原则和因果原则这三个原则进行的。其中因果原则被洛克，甚至更明确地说被休谟归结为恒定伴随，因此归入毗连原则。至于相似原则，则需要我们作更详细的讨论。

我们如何识别一个人的特征，也就是说，无论我们看到他的侧面、四分之三的脸，或是全脸，都能认定是他？我们如何把圆识别为圆，无论它是大还是小、是近还是远，也无论它是否在一个平面上（这时看作圆形），或有一定朝向（这时可看作椭圆），都能认定是圆？我们如何在云雾或罗夏测验的斑点图片中识别人脸、动物和地图？所有这些示例都涉及眼睛，但类似的问题也可延伸到其他感官，其中一些涉及多个感官之间的关系。我们如何用语言表达鸟儿或昆虫的叫声？我们如何通过触摸识别硬币的圆度？

现在，让我们把讨论的范围集中在视觉上。比较不同物体形态的一个重要因素，当然是眼睛和肌肉的相互作用，包括眼球内的肌肉、移动眼球的肌肉、移动头部的肌肉、移动整个身体的肌肉。事实上，一定形式的视觉——肌肉反馈系统，即使对扁形虫这样的低等动物也一样重要。扁形虫具有负向光性，即避光的倾向。这种负向光性似乎由两个眼点[1]的脉冲的平衡来控制。这种平衡反馈回到躯干的肌肉上，使身体远离光线；当再加上用于向前移动的一般脉冲，动物就会进入附近最暗的区域。请注意，这一点很有趣：将一对光电池与适当的扩大器、一个用于平衡其输出的惠斯通电桥，以及一些用于控制进入双螺杆机构的两个马达的输入的扩大器组合在一起，可为我们提供针对小船的非常充分的负向光性控制。我们可能很难或无法把这种机制压缩到扁形虫所能承受的尺寸；但是此时，我们仅列举了关于读者现在一定已经熟悉的事实的另一个示例，即生物机制往往比最适合人类技工的技术的机制具有小得多的空间尺度，尽管另一方面，电子技术[2]的使用使人工机械在速度上就大大超过了生物机体。

让我们撇开中间阶段，马上来讨论人类的眼肌反馈问题。其中一些反馈是纯稳态性质的，例如当瞳孔在黑暗中张开，在光线强时闭合，就是在将进入眼睛的光线限制在比其他情况下可能更窄的范围内。另一些人则关注这样一个事实，即人眼能经济地将其最优形态和色觉局限于相对较小的视网膜中央凹部，而其对运动的感知能力则在周边更强。当周边视觉通过亮度、光线对比或颜色或通过运动捕捉到某个显眼的物体

---

〔1〕眼点，一种存在于原生动物和低等无脊椎动物中的光感受器官，体积小，构造简单。——译者注

〔2〕电子技术，一门指导人们遵守电子学原理的学科，通过使用电子元件以设计和制造具有某种特定功能的电路，从而解决实际问题，涵盖信息电子技术和电力电子技术。——译者注

时，就会发生反射反馈，将物体影像带入视网膜中央凹部。这种反馈伴随着一个复杂的相互关联的从属反馈系统，它引导两个眼球移动，以使吸引注意力的物体位于两只眼睛视野的同一区域，并聚焦晶状体，使其轮廓尽可能清晰。除此之外，头部和身体也作一些补充动作。如果单靠眼睛的运动，无法轻易把对象聚焦到视觉中心。我们可以通过这些补充运动将物体带入视觉的中心，或者通过这些补充运动将其他感觉捕捉到的视野之外的物体带入视野内部。对于我们在一个角度方向上比另一个角度方向上更熟悉的物体——文字、人脸、风景等——还有一种机制可以用来将它们移动到正确的方向。

所有这些过程可以用一句话来概括：我们倾向于把任何吸引我们注意力的对象置于标准位置和方向上，以便我们对它形成的视觉形象在尽可能小的范围内变化。这并非我们穷尽感知对象的形式和意义所涉及的过程，但是它确实方便了为达到这一目的的所有后续过程。这些后续过程发生在眼睛和视觉皮层内。有相当多的证据表明，在这个过程中的大部分阶段，每一步都减少了参与视觉信息传播的神经元通道的数量，并使这种信息更接近于其使用和在记忆中保存的形式。

这种视觉信息集中的第一步发生在视网膜和视神经之间的转换上。须要注意的是，在视网膜中央凹部，视杆细胞、视锥细胞和视神经纤维之间存在一种几乎是一一对应的关系。而外围的对应物则使得一根视神经纤维对应于十个或更多的末梢器官。这一点完全可以理解，因为外围纤维的主要功能与其说是视觉本身，不如说是眼睛的定心和聚焦导向机制的改进。

　　视觉最显著的现象之一是我们识别轮廓图的能力。一张轮廓图，比如说一个人的脸，在颜色或在光影的聚集上，与脸本身几乎没有相似之处，但它可能是脸这一主题中最容易辨认的图。对此最合理的解释是，在视觉过程的某个地方，强调了轮廓，并将图像的其他一些方面的重要性降至最低。这些过程的开始是在眼睛本身。像所有感官一样，视网膜也受到调节的影响，也就是说，对刺激的持续维持会降低其接收和传输刺激的能力。对以恒定的颜色和照度记录大块图像内部的受体来说，这一点尤为明显，因为即使是视觉中不可避免的焦点和注视点的轻微波动，也不会改变接收到的图像的特征。在两个对比区域的边界上有很大不同。此时，这些波动会在一个刺激和另一个刺激之间产生交替，正如我们在余像[1]现象中所看到的那样，这种交替不仅不会通过调节耗尽视觉机制，甚至会增强其敏感性。无论两个相邻区域之间的对比度是光强度还是颜色，都是如此。作为对这些事实的评论，需要我们注意的是，视神经中四分之三的纤维仅对光照的"闪光"作出反应。因此我们发现，眼睛在边界处感受到最强烈的印象，事实上，每个视觉图像都有一些线条画的性质。

　　可能这个动作并非全部发生在外围。人们知道，在摄影中对底片的某些处理会增加其对比度，而这种非线性的现象肯定不会超出神经系统

---

　　〔1〕余像，视觉刺激停止作用后所残存的视觉影像。——译者注

的能力范围。这些现象可以与我们提过的电报式中继器的现象联系起来看。和摄影一样，电报式中继器使用一个印象，其模糊程度尚未超过某个点以触发一个具有标准锐度的新印象。无论如何，它们减少了图像所携带的全部无法使用的信息，而且可能与视觉皮层的不同阶段所发现的传输纤维数量的减少有关。

以上我们指定了进行视觉印象图解化的几个实际或可能阶段。我们将图像集中在注意力的焦点附近，而且在一定程度上将其简化为轮廓。现在我们必须将它们互相比较，或者至少与存储在存储器上的标准印象进行比较，如"圆形"或"方形"。这可以通过几种方式来实现。我们已经给出了一个粗略的示意图，它表明了与之相关的洛克的临近原则是如何机械化的。我们应当注意到临近原则也涵盖了洛克的相似原则的许多部分。同一物体的不同方面，通常可以从使它成为注意焦点的那些过程中看到，也可以从引导我们发现它的其他运动中看到，这些距离时远时近，角度同样变幻不定。这是一个普遍原则，并不局限于它在任何特定意义上的应用，而且在比较我们更复杂的经验时无疑非常重要。然而，就我们基于视觉形成的一般观念，或者如洛克所谓的"复杂观念"的形成看来，上述过程未必是唯一的。我们的视觉皮层的结构组织得太过严密、太过具体，以至于我们无法假设它是通过一种高度概括的机制来运作的。它给我们留下的印象是，我们此时处理的是一种特殊机制，它不仅仅是通用元件与可互换部件的临时组合，而是一种永久性的子组合，就像计算机的加法和乘法组合一样。在这种情况下，这样一个子组合能如何起作用，以及我们应该如何着手设计它，这是值得考虑的。

一个对象的所有可能透视变换[1]形成了所谓的群，这个概念在第二章就已经定义过了。这个群又定义了几个变换子群：仿射群，其中我们仅考虑那些不涉及无穷远处的变换；关于一个给定点的齐次膨胀，即这个点的坐标轴的方向以及各方向上的尺度等分均保持不变的变换；保长变换；绕一个点的二维或三维旋转；所有变换的集合等。在这些群中，我们刚才提到的群都是连续群，也就是说，属于它们的操作是由适当空间中若干连续变化的参数的值确定的。它们因而在 n 维空间中形成多维构型，而且包含构成此类空间中区域的变换子集。

现在，正如普通二维平面中的一个区域由电视工程师所熟悉的扫描过程所覆盖一样，由该区域中近乎均匀分布的样本位置集也可以用来表示整体，因而一个群空间中的每个区域，包括此类空间的整体，都可以用群扫描的过程来表示。在这样一个过程中，它绝不局限于三维的空间，空间中的位置网以一维顺序遍历[2]，而且这个位置网的分布如此之广，以至于从某种适当定义的意义上说，它接近该区域的每个位置。它因而包含尽可能接近我们希望的任何位置。如果这些"位置"或参数集

---

〔1〕透视变换，指利用透视中心、像点、目标点三点共线的前提，根据透视旋转定律令承影面（透视面）围绕迹线（透视轴）旋转某个角度，扰乱原始投影光线束，仍然可以使承影面上投影几何图形保持不变的一种变换。——译者注

〔2〕此处的遍历，指沿某条搜索路线，按顺序对树（或图）中各节点均进行一次访问。访问节点所执行的操作取决于特定应用问题，特定访问操作可能为检查节点的值、更新节点的值等。对于不同遍历方式，其访问节点的顺序也有所不同。遍历作为二叉树上最重要的一种运算，奠定了二叉树上其他运算的基础。——译者注

被实际上用于生成适当的变换，这意味着通过这些变换对给定图形加以变换的结果，将尽可能接近通过位于目标区域的变换算符对图形进行的任何给定变换。如果我们的扫描足够精确，而且变换的区域具有由所考虑的群所变换的区域的最大维数，这意味着实际遍历的变换将产生一个结果区域，它与原始区域的任何变换所重叠的量是其面积的一小部分，正如我们所希望的那样。

让我们从一个固定的比较区域和一个用来和它比较的区域着手。在该组变换扫描的任何阶段上，如果在所扫描的变换中的某个变换下待比较区域的图像与固定图案的重合度比给定公差允许的更完美，则记录这种情况，并称这两个区域具有相似性。如果这种情况在扫描过程的任何阶段都没有发生，则称其不具有相似性。这个过程完全适合于机械化，并且作为一种识别图形形状的方法，与图像的大小或方向无关，也与待扫描的群区域中可能包含的任何变换无关。

如果这个区域并非整个群，很可能的情况是：区域 A 看起来像区域 B，区域 B 看起来像区域 C，但是区域 A 看起来不像区域 C，这是现实中肯定会发生的现象。一个图形可能不会显示出与倒置的同一图形有任何特别的相似之处，至少就直接印象而言——不涉及任何更高等级的过程的印象。然而，在其倒置的每个阶段，可能相当大范围的邻近位置看起来相似。由此形成的普遍"观念"并非完全不同，而是相互渗透的。

还有其他更复杂的方法，可以通过群扫描从群的变换中抽象出来。我们在此考虑的群都有一个"群测度"，即存在一个概率密度，它取决于变换群本身，而且当群的所有变换因在群的任何特定变换之前或之后而改变时，它都不会改变。可以用这样一种方式扫描一个群：令某一特定类的任意区域的扫描密度、即可变扫描元件在该区域内的任何完整扫描所需的时间与该群的群测度接近正比例关系。在这种均匀扫描的情况下，如果我们有任一量依赖于由该群变换的元素集 S ，而且如果该元素集被该群的所有变换所变换，那么我们用 $Q(S)$ 来表示依赖于 S 的量，并用群的变换 T 来表示集合 S 的变换。那么当 S 被 TS 置换时，$Q(TS)$ 将是替换 $Q(S)$ 后的值。如果我们对变换 T 的群的群测度求平均值或求积分，我们会得到一个量，可以用以下形式来表示：

$$\int Q(TS)\mathrm{d}T \qquad\qquad (6.01)$$

这里对群测度求积分。对于在群变换下彼此可互换的所有集合 S ，即对于在某种意义上具有相同形式或格式塔的所有集合 S ，量（6.01）都完全相同。如果被积函数 $Q(TS)$ 在被忽略的区域上很小，因而量（6.01）的积分不在整个群的范围内，则我们有可能得到一个近似可比的形式。关于群测度的讨论就到此为止。

近年来，用假体代替某个有缺陷的感官的问题引起了人们的广泛关注。在实现这一目标所做的尝试中，最引人注目的是通过使用光电池为盲人设计的阅读设备。我们假设这些尝试仅限于印刷品，甚至仅限于单个印刷字体或少量几种印刷字体。我们还将假设页面的对齐、行的居中、行与行之间的移动自动或手动地完成。我们可以看到，这些过程与我们视觉完形判断的那部分相对应，这部分取决于肌肉反馈以及我们正常的定心、定向、聚焦和相交装置的使用情况。现在随之而来的问题是，当扫描设备依次扫过各个字母时，如何确定它们的形状。有人建议用垂直排列的光电池来实现这一点，其中每节光电池都能连接到具有不同音高的发声设备上。这可以对字母黑体部分用发声或不发声进行记录。让我们假设取后一种情况，假设三个光电池接收器自上而下相互重叠。当出现一个和弦的三个音符时让它们记录，比如让上面的记录最高音符，让下面的记录最低音符。那么大写字母 F 将会记录为

————————	高音持续时间
—————	中音持续时间
—	低音持续时间

大写字母 Z 将记录为

———————

——

————

大写字母 O 将记录为

——

——　　　——

——

诸如此类。加上我们的一般解读能力的帮助，阅读这类听觉代码应该不会太难。就比如不会比阅读布莱叶盲文更有难度。

　　然而，所有都取决于一个条件：光电池与字母垂直高度之间的适当关系。即使对于标准化的字体，字体的大小仍然存在很大的变化。因此，我们希望扫描的垂直刻度能够向上或向下移动，以便将给定字母的压痕降低到标准值。我们必须至少应具有实现垂直方向上的扩张变换群

的变换装置，不论是以手动还是自动的方法。

　　有几种方法可以做到这一点。一方面我们可以对光电池进行垂直方向的机械调整。另一方面，可以把大量光电池垂直阵列，并根据字体的大小更改音高分布，让字体上方和下方的音高保持无声。这可以借助两组连接器来构成线路，其中从光电池出来的输入线连接到一组越来越宽的辐散开关上，各个垂直线则用来输出，如图8所示。这里单线表示来自光电池的导联，双线表示通向振荡器[1]的导联，虚线上的圆圈表示输入和输出导联之间的连接点，而且虚线本身表示振荡器组中的一个或另一个借以起作用的导联。这就是我们在导言中提到的由麦卡洛克设计的旨在调整字体高度的装置。在最初的设计中，虚线和虚线之间的选择是依靠手动完成的。

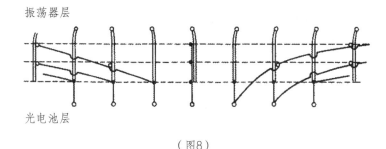

（图8）

---

　　〔1〕振荡器，一种能量转换装置，能够将直流电能转换成具有一定频率的交流电能。构成振荡器的电路称为振荡电路。振荡器主要有谐波振荡器和弛张振荡器两种。——译者注

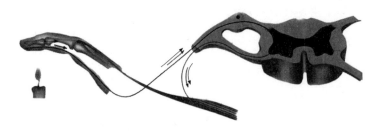

□ 刺激的反应过程

　　在生命体从接收刺激到发生反应的过程中，接收刺激的器官或细胞称做感受器，发生反应的器官或细胞称做效应器。从感受器接收刺激（如蜡烛烧到手指）产生神经冲动，冲动经过感觉神经元传到中枢神经系统，中枢冲动又通过中间神经元被直接或间接地传递给运动神经元，后者再将冲动传递到效应器（如屈肌），导致效应器发生反应（手臂肌肉协调舒张或者收缩，导致手自然抬起）。

　　冯·博宁博士看了这幅图像后，认为它相当于视觉皮层的第四层。连接圈相当于这一层的神经元细胞体，它们排列在各亚层中，其分布水平密度作均匀变化，亚层大小则随密度的增加而减小。水平导联可能以某种周期顺序触发。整个装置似乎非常适合于群扫描过程。当然，还须有一个随时将上部输出重组的过程。

　　而这就是麦卡洛克提出的实际运用于检测大脑视觉完形的装置。它表示一种可用于任何类型的群扫描的方法。类似的方法也适用于其他情况。对耳朵来说，音乐从一个基本音高转到另一个基本音高只不过是频率对数的平移，因此可以由群扫描设备执行。

　　因此，群扫描组合具有明确、适当的解剖学结构。必要的切换可以由独立的水平导联来执行，这些水平导联提供足够的刺激，以将每个级别的阈值移动到适当的水平，使其在导联接通时触发。虽然我们不知道机器性能方面的所有细节，但是推测一种符合解剖结构的机器并不困难。简而言之，群扫描组合非常适合形成大脑的固定部件，其功能相当于数值计算机的加法器或乘法器。

最后，扫描设备应具有一定的固有运行周期，该周期应在大脑的反应中可以识别。这个周期的数量级应当是在直接比较不同大小的物体的形状所需的最短时间内。仅在两个大小相差不大的物体之间进行比较时，这种情形才有实现的可能，否则扫描就是一个长期过程，需要由非特定的组件完成。当可以直接比较对象时，则需要十分之一秒的数量级的时间。这似乎也与以周期顺序刺激所有层的横向连接器所需的激发时间有一致的数量级。

虽然这种循环过程可能是一个局部决定的过程，但是有证据表明，在大脑皮层的不同部位之间存在广泛的同步性，并且表明这种同步性来源于某个计时中心。事实上，它具有适合大脑 α 节律的频率顺序，如脑电图所示。我们可能会怀疑这种 α 节律与形式知觉[1]有关，而且它具有扫描节律的性质，就像电视设备扫描过程中所显示的节律一样。这个 α 节律在深度睡眠中消失，似乎被其他节律掩盖和压制，正如我们可能预料的那样，当我们实际在观看某个东西时，扫描节律就像其他节律和活动的载体一样发挥作用。当我们在清醒时闭上眼睛，或者当我们凝视空

---

〔1〕形式知觉，指对物体视觉元素的知觉。尤其是与形状、样式和先前确定的重要特征相关的视觉元素，在视觉作用下对轮廓和由界线区划构成形象的认识，借助网膜和神经中枢的功能，使形象合成一种知觉。——译者注

间如瑜伽修行者冥想那般的时候[1]，α节律表现出近乎完美的周期性。

我们刚刚看到，感官假体的问题——通常由失去的感觉所传递的信息通过另一种仍然可用的感觉所传递的信息来替代的问题——很重要，而且并不一定无法解决。使事情变得更有希望解决的是这样一个事实：由一种感觉接近的记忆和联想区域，并非像一把钥匙开一把锁一样，而是可以用来储存从其他感觉（而不是这些印象通常所属的感觉）感受到的印象。一个后天失明的人，也许与先天失明的人有所不同，不仅保留了事故发生之前的视觉记忆，甚至能够以视觉形式储存触觉和听觉印象。他可能需要靠摸索才能在房间里走动，但却保留有对房子外观的印象。

因此，一方面，他有一部分正常的视觉机制可以使用。另一方面，他失去的不仅仅是眼睛；他还失去了视觉皮层[2]的那部分功能，视觉皮层可能被视为组织视觉印象的固定组件。他不仅需要配备人工视觉感受器[3]，还需要配备人工视觉皮层，这将把他新感受器上的光印痕转化为一种与他视觉皮层的正常输出密切相关的形式，使得通常锁定在一起的物体现在听起来很像。

因此，以听觉替代视觉的可能性的标准至少在一定程度上是皮层水

---

[1] 英国布里斯托尔，沃尔特·列文博士的个人通信。——原注

[2] 视觉皮层，指的是大脑皮层中主要用于处理视觉信息的部分，处于大脑后部的枕叶上。人类视觉皮层涉及初级视皮层和纹外皮层。——译者注

[3] 感受器，又称感觉接受器，指感觉神经元感受刺激的构造（通常为轴突），即感觉神经的神经末梢。——译者注

平上可识别的不同的视觉模式和可识别的不同的听觉模式的数量之间的比较。这是一种信息量的比较。由于感觉皮层的不同部分的组织有些相似，所以比较皮层的两个部分的面积，很可能不会存在巨大差异。视觉区域面积与听觉区域面积之比大约为100∶1。一方面，如果所有的听觉皮层都为视觉服务，我们可以预料，接收到的信息量约为通过眼睛传入的信息量的1%。另一方面，我们用于视觉评估的常用标准，是在一定分辨率下获得对象图像的相对距离，因此1%的视觉意味着信息量约为正常信息量的1%。这是极差的视力水平，但绝不是失明，拥有这种视力的人不会认为自己是盲人。

从另一个角度来看，情况甚至会更加有利。眼睛只需使用其1%的视力就可以替代听觉去检测能够感受到的所有细微差别，而且仍然可以保持95%左右的视力，这可以说是视觉基本上完整的状态。因此，感官假体的问题是一个非常有希望的研究领域。

第七章　控制论和精神病理学

借助讨论电子计算机的工作可靠性，从控制论的观点设想了某些精神病理学现象的可能机制，指出生理学、心理学等方面的成就对形成控制论科学思想的重要影响。虽然这部分阐述缺乏足够的科学实验根据，但仍然具有一定的启发性，为自动控制技术以及生物学、物理学和化学的研究开辟了一条重要的途径。

在本章开始时，请允许我声明：一方面，我既不是精神病理学家，也不是精神病治疗学家，我在这个领域中缺乏任何经验（而经验的指导是唯一可靠的指导）。另一方面，我们关于大脑和神经系统正常反应的认识，还远未达到可以通过先验理论获得任何信任的完美状态，更不用说关于它们异常反应的认识了。因此，我不希望事先对精神病理学中的任何特定案例（例如克雷佩林[1]及其学派人员所描述的任何病态状况）做出判断，认为这类病症都是由于作为计算机的大脑的组织中特定类型的缺陷所致。那些可能从本书的考虑因素中得出这种具体结论的人，应当自行承担相应风险。

然而，意识到大脑和计算机有很多共同之处，可能会为精神病理学甚至精神病学，提供新的、有效的方法。这些工作也许能从最简单的问题开始：大脑是如何避免由于单个部件的故障而导致的绝对错误以及行为的严重失败的？这对于计算机的类似问题具有非常重要的实际意义，因为这里涉及一系列运算，其中每个运算均仅需几分之一毫秒，而全部操作则可能会持续数小时或数天。一系列计算运算很可能涉及 10^9 个单

---

〔1〕埃米尔·克雷佩林（Emil Kraepelin，1856—1926年），德国精神病学家，确定了精神病分类体系，首次将精神分裂和躁郁症加以区分，对后来的精神病分类学产生了重大影响。在汉斯·艾森克的《心理学百科全书》中，克雷佩林被视为现代科学精神病学、精神药理学、精神病基因学的奠基者。——译者注

独步骤。在这种情况下，哪怕一次运算出错都不可忽略，尽管事实上，现代电子设备的可靠性确实远远超出了最乐观的预期。

在手动或由台式计算机进行的普通计算实践中，人们习惯于对每一步计算进行检查。当发现错误时，人们习惯于从发现错误的第一个点开始，通过反向过程对其进行定位。要使用高速机器进行这项工作，检查必须按照原机器的速度进行，否则机器的整个有效顺序需符合较慢的检查过程的有效顺序。此外，如果机器的目的是保存其工作的所有中间记录，需将其复杂性和体积增加到无法容忍的程度，其系数可能远远大于2或3。

关于检查的一种更好的方法，而且实际上也是在实践中普遍使用的方法，是将每个运算同时交给两三个独立的机制去做。在使用两个这样机制的情况下，它们的答案会自动相互对照；如果存在差异，则将所有数据传输到永久存储器里，同时机器停止运行，并向操作员发送一个故障信号。然后操作员会比较结果，而且在结果的指导下查找故障部件，也许是一根烧坏了需要更换的管子。如果在每个阶段均使用三个独立的机制，并且单个故障实际上与它们本身一样罕见，那么在三个机制中总会有两个结果会始终保持一致，而且这种一致性会给出所需的结果。在这种情况下，排序机制会接收多数报告，而且机器无须停止运行；只是有一个信号表明少数报告在何地、如何与多数报告不同。如果这发生在不一致的第一个时刻，则误差位置的指示可能非常精确。在设计良好的机器中，没有特定元素分配给运算顺序中的特定阶段，但是在每个阶段都有一个搜索过程，与自动电话交换机中使用的搜索过程非常相似，就会找到给定类型的第一个可用元素，并将其切换到运算顺序中。在这种情况下，拆除和更换故障元素不一定成为任何明显延迟的原因。

我们可以想象且相信，神经系统中至少存在两个进行这个过程的元素。我们很难期望将任何重要的消息交给单个神经元去传递，也不能期望将任何重要的操作交给单个神经元机制去完成。就像计算机一样，大脑的工作原理可能是刘易斯·卡罗尔在《猎鲨记》中阐述的著名原理的变体："我告诉你三次的就是真的。"如果认为可用于信息传播的各种通道通常在没有吻合的情况下，从其路线的一端到达另一端，这也是错的。更有可能的是，当一个消息进入到神经系统的某个层次时，它可能离开那个位置，然后通过所谓的"神经元丛"的一个或多个替代成员进入下个层次。实际上，在神经系统的某些部分，这种可互换性受到了严重限制或取消，而且这些部分很可能是皮层中高度专业化的部分，就像那些作为特殊感觉器官的向内延伸部分一样。尽管如此，这个原则仍然适应，而且可能非常清楚地适用于相对非专业化的皮层区域，实现联想和我们所说的更高级心理机能[1]的目的。

到目前为止，我们一直在考虑性能上的错误，这些错误是正常的，只在扩展意义上是病理性的。现在让我们谈谈那些更明显的病理学问题。精神病理学对医生的本能唯物主义相当失望，他们认为每种疾病都

---

〔1〕瑞士心理学家荣格把人的心理倾向分为外倾型和内倾型两种基本心态，并归纳出四种心理机能：思维、情感、知觉和直觉。——译者注

必须伴随着某些特定组织的物质损伤。诚然，特定的脑损伤，如损伤、肿瘤、凝块等，可能伴有精神症状；而某些精神疾病，如轻瘫，是全身疾病的后遗症，表现出脑组织的病理状态；但是没有办法识别严格的克雷佩林类型的精神分裂症[1]患者的大脑、躁郁症[2]患者的大脑、或偏执狂[3]患者的大脑。我们将这些疾病称为功能性疾病[4]，这种区分似乎违背了现代唯物主义的教条，即每一种功能性疾病在相关组织中都有一些生理学或解剖学基础。

　　功能性疾病和器质性疾病之间的这种区别，分别从对计算机的研究中得到了极大启发。正如我们已经看到的那样，与大脑——至少是成人大脑——相对应的，不是计算机的空洞的物理结构——而是这种结构与在一系列运算开始时给它的指令，以及与在这一系列运算过程中存储和从外部获得的所有补充信息的结合。这些信息以某种物理形式——存储器的形式——存储起来，但是其中一部分为循环存储器的形式，具有当机器关闭或大脑死亡时就消失了的物理基础；另外一部分为长期记忆

---

　　〔1〕精神分裂症，一种严重的精神疾病，可能导致患者产生幻觉、妄想及某种极端混乱的思绪和行动，影响患者日常生活，并有可能造成伤残。——译者注

　　〔2〕躁郁症，又称双相情感障碍，在发病期间，情感高涨时叫做躁狂，表现为情感低落时叫做抑郁。此类病症在患者一生中可能反复多次发作，两次发作相隔时间称为间歇期，此时患者精神状态完全恢复正常，发病后，患者精神状态却很少转为衰退。——译者注

　　〔3〕偏执狂，指医学上一种呈现极度焦虑和恐惧特征的思考方式，并且经常是非理性的、异常的妄想。——译者注

　　〔4〕功能性疾病与器质性疾病相对，主要指因为大脑皮层功能失调，导致自主神经功能紊乱出现的一系列临床症状。——译者注

的形式，以一种我们只能猜测的方式储存，但是也可能为具有死亡时即消失的物理基础的形式。尚无任何已知方法，可用于在尸体上识别活着时某个给定突触的阈值；而且即使我们知道这一点，我们也无法找出与之交流的神经元和突触链，也无法确定这条链对于它所记录的概念内容的意义。

因此，将功能性精神障碍根本上看作记忆、大脑在活跃状态下保存的循环信息障碍，以及突触的长期渗透性的疾病障碍，这一点也不奇怪。即使是像轻瘫等这样更严重的疾病，也可能产生很大的影响，这与其说是由于它们所涉及的组织的破坏和突触阈值的改变，不如说是由于通信的继发性干扰——神经系统剩余部分的过载和消息的重新路由——而这些必然伴有这种原发性损伤。

在含有大量神经元的系统中，循环过程很难长时间保持稳定，或者就像"仿佛现在"的记忆一样，这种循环顺其自然，自行消散，直至消亡；或者它们在自身系统中包含越来越多的神经元，直到它们占据神经元池的紊乱部分。这就是我们应该预料到的伴随焦虑症的恶念的情形。在这种情况下，患者可能根本没有空间，没有足够数量的神经元来执行正常的思维过程。在这种情况下，大脑中加载尚未受影响的神经元的活动可能会减少，因此它们更容易参与扩张过程。此外，永久性记忆的参与程度越来越深，而且最初在循环记忆水平上发生的病理过程可能在永久性记忆水平上以更难处理的形式重复出现。因此，它一开始只是轻微、偶然地破坏了稳定性，逐渐就可能会发展成一个对普通精神生活极为有害的过程。

对于机械或电子计算机来说，具有某种类似性质的病理过程并不陌生。可能轮子的轮齿发生了打滑，使与之啮合的任何轮齿无法将其拉回到正常状态，或者高速电子计算机可能进入一个似乎无法停止的循环过程。这些偶发事件可能取决于系统的极不可能的真实瞬时配置，而且在补救后，可能永远不会——或者很少——重复出现。但是，当发生这种事件时，它们会使机器暂时停止运转。

我们如何处理机器使用中的这些故障呢？我们要做的第一件事是清除机器上的所有信息，希望当它用不同的数据再次启动时，不会再次出现这种故障。如果做不到这一点，如果困难出现在清除机制永远或暂时无法接近的某一点上，我们可以摇动机器，或者如果机器为电动的，还可以向机器施加异常大的电脉冲，以期到达无法接近的部分，而且将其置于其活动的虚假循环会中断的位置。如果即使这样也无法解决问题，我们还可以断开设备上出错的部分，因为很可能仍然保持连接的部分就足以满足我们的要求。

但是现在除了死亡以外，没有一个正常的过程可以从大脑中彻底清除所有既往印象；而且死亡后，就不可能再让大脑继续运转。在所有正常过程中，睡眠与非病理性清除最接近。我们经常发现，处理复杂琐事或思维混乱的最好办法是睡觉！但是，睡眠并不能清除更深层的记忆，而且足够恶性的焦虑状态也不能通过充足的睡眠消除。因此，我们经常被迫对记忆周期采取更为暴力的干预方式。其中较为暴力的方法是对大脑进行外科手术干预，给手术患者留下永久性损伤、残缺，并且永久性削弱患者的记忆能力，因为哺乳动物的中枢神经系统似乎不具备任何再生能力。已经实施的外科干预，其主要类型为前额叶切除术，包括切除或隔离皮质的前额叶的一部分。这种手术目前很受欢迎，可能是因为它使许多患者的监护变得更容易吧。但我想顺便说一句，杀死患者岂非使对他们的监护变得更加容易？然而，前额叶切除术似乎确实对恶性焦虑真正有用，不是通过使患者更接近他的问题的解决方案，而是通过损害或摧毁持续焦虑的能力。这在另一个专业的术语中称为良心。更普遍地说，它似乎限制了循环记忆的所有方面，即记住实际上没有发生的情况的能力。

各种形式的休克疗法——电击、胰岛素、强心剂——都是处理类似病症的不太激烈的方法。它们不会破坏脑组织，或者至少无意破坏脑组织，但是它们确实会对记忆产生明显的破坏作用。由于这与循环记忆有关，而且这种记忆主要在最近一段时间的精神失常时期受到损害，而且这种记忆很可能不值得保留，因此电击疗法就有一定的优势，可以推荐使用，而不是脑叶切除术。但是它并不始终对永久记忆和人格不存在有害影响。就目前的情况而言，这是另一种用于中断精神恶性循环的暴力的、未完全理解、未完全控制的方法。这并不妨碍它在许多情况下成为我们目前能采取的最优方案。

脑叶切除术和电击疗法尽管有一定效果，但就其本质而言，比更深层次的永久记忆更适合处理恶性循环记忆和恶性忧虑。正如我们说过的那样，对于长期存在的精神障碍病例，永久记忆也会像循环记忆一样严重错乱。我们似乎没有任何纯粹的药物或手术方式来对永久记忆进行差异性干预。这正是精神分析和其他类似的心理治疗方法起作用的地方。

不管精神分析是从正统的弗洛伊德角度进行，还是从荣格或阿德勒的行为矫正角度展开，或者不管我们的心理治疗根本不是严格意义上的精神分析，我们的治疗显然是基于这样一个概念：大脑储存的信息位于许多可访问的层次上，而且比通过直接独立内省获得的信息更加丰富和多样化；它受到情感体验的极大制约，而我们不能总是通过这种自省来获得这种体验，要么因为这种体验从未用我们的成人语言明确表达，要么因为这种体验被一种明确的机制掩盖，这种机制尽管通常是非自发的，却是情感的机制；而且这些存储经验的内容，以及它们的情感基调，很可能以病态的方式制约着我们后续的许多活动。精神分析学家的手段主要通过一系列方法，用于发现和解读这些隐藏记忆，即使不能矫正其存储经验的内容，至少也能改变这些经验所承载的情感基调，使患者接受其自身状况，并通过他们的这种接受姿态，减轻其危害性。所有这些都与本书的观点完全吻合。这或许也解释了为什么在某些情况下需要联合使用电击疗法和心理疗法，目的就是针对神经系统广泛的消极影响现象采取物理或药物疗法，以及针对长期记忆由心理疗法来进行干预。因为这些长期记忆如果不进行干预，患者就可能从内部恢复电击疗法中断的恶性循环。

我们已经提到了神经系统的通信问题。许多作者，如达西·温特沃斯·汤普森[1]，认为每种组织的形式都存在规模上限，超过这个上限，

---

[1] Thompson, D' Arcy, *On Grwuth and Form*, Amer. ed., The Macmillan Company, New York, 1924.

组织就无法运转。例如，昆虫机体的大小受限于其体中管状器官的长度，这个管状器官通过扩散直接将空气带到呼吸组织；陆地动物体形不能太过庞大，以免腿或其他与地面接触的部分负担不起其自身重量；树木的大小受限于将水分和矿物质从根部转移到叶片，以及将光合作用的产物从叶片转移到根部的机制；诸如此类。工程建设中也可以观察到同样的现象。摩天大楼的规模也受到限制，因为当其超过一定高度时，上层所需的电梯空间就会过多占用下层的横截面积。由具有给定弹性特性的材料建成的最优的悬索桥，在超过一定跨度时也会因自身重量过重而垮塌；而且超过某个更大跨度时，由一种或多种给定材料建成的任何结构都会因自身重量过重而垮塌。同样地，根据一个恒定、不能再扩展的计划建成的单个电话中心的规模也是受限的，而且电话工程师已经详细地研究了这种限度。

在电话系统中，重要的限制因素是用户发现其无法接通电话的那一段的短暂时间。即使最苛刻的人，也会对99%的通话成功率感到满意；而90%的通话成功率也足以使业务顺利进行，如果是75%的通话成功率就有点令人恼火了，但还是能让业务马马虎虎继续下去；而如果50%的电话都以通话失败告终，用户就会开始拒绝使用电话业务。现在，这些只代表了总体情况。如果呼叫要经过 n 个不同的交换阶段，而且每个阶段的失败概率相互独立且相当，那么为了使总的成功概率相当于 p ，则每个阶段的成功概率必须为 $P^{\frac{1}{n}}$ 。因此，为了在五个阶段后获得75%的通话成功率，我们必须在每个阶段保持大约95%的通话成功率。为了获得90%的通话成功率，我们必须在每个阶段保持大约98%的通话成功率。即使为了获得50%的成功通话率，我们也必须在每个阶段保持87%的成功通话率。由此可以看出，当单次呼叫故障超过临界水平后，所涉及的阶段越多，服务质量变得非常糟糕的速度就越快。而且当未完全达到这个故障的临界水平时，服务质量就变得非常好。因此，一个涉及多个阶段并针对特定故障水平而设计的交换服务，直到通信到达临界点的边缘才会显示出明显的故障迹象；而当它完全崩溃时，我们会遇到灾难性的通信堵塞。

在所有动物中，人类所拥有的神经系统最发达，而且人类的行为可能取决于最长的有效运作的神经元链。因此，他很可能在接近超负荷边缘的情况下高效执行复杂的行为，而一旦超过这个边缘，他就会发生严重的崩溃。这种超负荷可能以这样几种方式发生：要么由于需承载的通信量过大，通过对信道进行物理移除以便承载通信，要么由于这种信道被不良的通信系统（如已经上升到病态的循环记忆）过度占用。在所有这些情况下，当没有给正常通信留出足够的分配空间时，我们就会——很突然地——面临一种近乎错乱的精神崩溃。

它首先影响的是涉及最长神经元链的官能或操作。有明显证据表明，这些恰恰是我们普通量度范围内最高水平的过程。证据是：体温在接近生理极限的范围内升高时，大多数（即使不是所有）神经元的活动过程会变得更容易。而且对于级别较高的过程来说，程度会更高，大致按照我们对其"高度"水平进行常规评估的顺序排列。现在，对单个神经元——突触系统中某个过程的任何简易化都应具有累加效果，正如该神经元与其他神经元之间的串联一样。因此，这一过程通过温度升高而获得的协助水平是对它所涉及的神经元链长度的粗略衡量。

由此我们知道在所使用的神经元链的长度上，人脑比其他动物具有优越性，这正是精神障碍在人类中表现得最明显、最常见的原因之一。还有另一种更具体的方式来考虑一个与此极为相似的问题。让我们首先考虑两个在几何上相似的大脑，其灰质[1]和白质[2]的权重具有相同的比例因子$A:B$，但在比例中具有不同的线性尺寸。设灰质中细胞体的体积和白质中纤维的横截面在两个脑中的大小相同。那么两种情况下，细胞体数量的比例均为$A^3:B^3$，而长距离连接体的数量比例均为$A^2:B^2$。这意味着，在细胞内活动密度相同的情况下，纤维中活动密度是小脑中的$A:B$倍。

如果我们将人脑与低级哺乳动物的大脑进行比较，就会发现人脑要复杂得多。灰质的相对厚度大致相同，但它分布在更复杂的脑回[3]和脑沟[4]系统上。其效果是以白质的数量为代价增加灰质的数量。一

---

〔1〕灰质，中枢神经系统中大量神经元聚集的部位。大脑皮质是典型的灰质，其中神经元之间的大量化学突触或电突触充当通信途径，形成相当复杂的神经回路，完成各种各样的感觉、运动或中间信息处理。——译者注

〔2〕白质，中枢神经系统中主要由被髓鞘包覆的神经轴突或长树突聚集而成的区域，可控制神经元间共享的讯号，协调脑区间的正常运转。——译者注

〔3〕脑回，大脑皮质中呈隆起的部位，与呈裂缝状的脑沟相对。脑回和脑沟产生的原因在于，演化过程中折叠结构使大脑颅内容量相同时人类能够有更多的大脑皮质，而较低等的动物的脑沟和脑回则较少。——译者注

〔4〕脑沟，大脑皮层中呈裂缝状的部位，与呈隆起的回状结构脑回相对。——译者注

方面，在脑回内，白质的减少主要是纤维长度的减少，而不是纤维数量的减少，因为脑回的相对褶皱比它们在相同大小的光滑表面的大脑上更接近。另一方面，当谈到不同脑回之间的连接体时，它们必须经过的距离会因大脑的卷积而增加。因此，人脑似乎在短距离连接体方面相当有效，但在长距离沟壑方面却相当欠缺。这意味着，在通信堵塞的情况下，涉及彼此距离较远的大脑部分的过程应该首先受到影响。也就是说，在精神错乱的情况下，涉及多个中心、多个不同运动过程和大量关联区域应该是最不稳定的。这些正是我们通常会归类为更高的过程，我们获得了关于我们期望的另一个确认，这似乎得到了经验的验证，即较高级的过程首先在精神错乱中恶化。

有一些证据表明，大脑中的长距离路径倾向于在大脑皮质之外行走并穿过低级中枢。这一点可以从切断白质的一些远程大脑回路造成的非常小的损伤中看出。这似乎表明这些表面的连接是如此的不完善，以至于它们仅提供了真正需要的连接的一小部分。

与此相关，考虑用手习惯和大脑半球的遗传支配性现象十分有趣。在低级哺乳动物中，似乎也有惯用左侧肢体或右侧肢体的现象，尽管不像人类那么明显，这部分原因可能是动物动作对组织和灵巧的要求较低。然而，即使对于低等灵长类动物，右侧和左侧肌肉熟练度的差异似乎也确实比人类少。

众所周知，普通人的右手习惯通常与惯用左脑有关，而且少数人的左手习惯与惯用右脑有关。也就是说，大脑功能在两个脑半球上的分布并不均匀，而且其中一个脑半球，即占主导地位的那个，拥有大部分的高级功能。的确，许多本质上涉及两半球功能——例如视觉——各自体现在适当的脑半球中，尽管并非所有两半球功能都是如此。然而，大多数"等级较高"区域处于优势半球。例如在成年人中，次要半球大面积损伤的影响远不如优势半球相同损伤带来的影响严重。巴斯德[1]在其职业生涯的相对早期曾患过右侧脑溢血，使其患上中度单侧瘫痪症，即偏瘫。在他去世后，对其大脑进行了检查，结果发现他所患的右侧损伤如此严重，以至于有人说他受伤后"只有半个大脑可以使用"。在他的顶叶[2]和颞叶[3]区域有广泛的病变。尽管如此，在这次受伤后，他还是完成了一些最优秀的工作。如果一个右撇子成年人的大脑左侧有类似损伤，几乎肯定是致命的，而且肯定会使患者的精神和神经瘫痪，陷入类似动物的状态。

据说，如果在婴儿早期发生这种状况，造成的影响明显就要小得多，而且在婴儿出生后的头六个月，如果优势半球广泛性损伤，可能会迫使正常的次级半球取代前者的位置。因此，患者看起来比他在后期受伤的情况下更接近正常人。这与神经系统在出生后最初几周表现出的普

---

〔1〕路易·巴斯德（Louis Pasteur, 1822—1895年），法国微生物学家、化学家、微生物学的奠基者，主要贡献包括以借生源说否定自然发生说、倡导疾病细菌学说、发明预防接种法及巴氏杀菌法，是首个研发狂犬病和炭疽病疫苗的科学家。——译者注

〔2〕顶叶，大脑的一部分，位于额叶、枕叶和颞叶之间，而其与额叶的分界线为中央沟，顶枕沟是顶叶与枕叶的分界线。——译者注

〔3〕颞叶，大脑的主要脑叶，位于额叶和顶叶下方、枕叶前方。颞叶背侧为外侧沟。——译者注

遍强大灵活性以及随后迅速发展的强大强健度是完全一致的。在非常年幼的孩子中，只要不发生如此严重的伤害，惯用手是很有可能相当灵活的。然而，早在孩子达到学龄期之前，天生的用手习惯和大脑半球的遗传支配性就已经终身确定了。过去人们认为，左手习惯是一种严重的社交劣势。因为大多数工具、课桌和运动器材都是针对右手习惯对象设计的，这在某种程度上肯定是对的。而且在过去，人们总是因迷信而排斥左撇子，正如人们排斥稍微背离常态的特征，如胎记或红头发。出于各种动机，许多人甚至试图通过教育来改变孩童的外在用手习惯，尽管可能会成功，也无法改变其在大脑半球中占支配地位的生理基础。后来的研究发现，在许多情况下，优势半球变更的孩子往往患有口吃，以及在语言、阅读和写作方面的其他缺陷，甚至严重影响了孩子的生活和正常职业生涯。

现在我们对这类现象有至少一种可能的解释。在训练劣势手时，次要半球中处理熟练动作（如写作）的那一部分也受到了训练。然而，由于这些动作的执行与阅读、言语和其他与优势半球密不可分的动作之间存在最密切的联系，参与这类过程的神经元链就必须从一个半球跨越到另一个半球，然后再返回；而且在具有任何复杂程度的过程中，他们必须一次又一次地这样做。现在，在人脑这样大的大脑中，大脑两半球之间的直接连接体——大脑连合——的数量如此之少，以至于它们几乎没什么用处，而且两半球之间的通信必须绕道穿过脑干的迂回路线。我们对这条路线还不甚了解，但是它肯定又长又细，而且容易中断。因此，与语言和写作相关的过程很可能会遭遇到通信堵塞，于是发生口吃也最自然不过了。

也就是说，人类大脑可能已经太大了，从而无法有效地使用在解剖学上现有的所有功能。在猫身上，优势半球受损的危害似乎比在人身上产生的危害轻，而对次要半球的受损可能对它造成更严重的危害。无论如何，猫的两个半球之间的功能分配更接近相等。对人类来说，因大脑体积增大和复杂程度增加而获得的优势，因同一时间内可以有效使用的器官功能减少这一事实而部分抵消。我们可能正面临着自然界的限制：高度专业化的器官出现效率下降，而且最终导致物种的灭绝。人类大脑可能在通往这种破坏性的专业化道路上越走越远，最后就像恐龙的大鼻角一样，这种反思十分有趣。

第八章　信息、语言和社会

　　将控制论延伸到社会科学领域，试图运用控制论的观点去分析社会发展的问题，进而将社会生活中通信工具这样一个纯技术性问题提升到某种高度，并得出通信技术越发达，社会就越不稳定的结论。

　　一个组织中的各要素本身也是小组织，这个概念既不陌生也不新鲜。古希腊的松散联邦、神圣罗马帝国及其同时代类似的封建国家、瑞士联邦、荷兰联合王国、美利坚合众国及其南部的许多合众国、苏维埃社会主义共和国联盟等，这些都是政治领域内组织等级制度的例子。霍布斯的《利维坦》[1]，即由小人物构建的"人类国家"，是在较低等级规模上的同一政治思想；而莱布尼茨把生命体看作一个包括其他活的生物机体（如红细胞，它有自己的生命）的整体，也是朝同一方向迈出的另一步。事实上，这种思想只不过是对细胞理论的一种哲学上的预期，其中大多数中型动物、植物，以及所有大型动物和植物都是由单元、细胞组成的，这些单元、细胞具有独立生物机体的许多（如果并非全部的话）属性。多细胞生物本身可能就是更高等级生物的构成元素，例如僧帽水母，一种由分化的腔肠动物构成的复杂结构，其中几个个体以不同的方式被调整，用于为整个群体提供营养、支持、运动、排泄、繁殖功能，并维持整个群落。

　　严格来说，这样一个肉体相互结合形成的群体，其所提出的组织问

---

　　[1]《利维坦》，作者为托马斯·霍布斯（Thomas Hobbes，1588—1679年，英国政治哲学家、现代自由主义政治哲学体系的奠基人，他制定了机械唯物主义的完整体系，将宇宙看作所有机械运动着的广延物体的总和）。"利维坦"原是《圣经·旧约》记载的一种怪兽，在该书中喻指强势的国家。——译者注

题在哲学意义上并不比等级较低的个体所提出的问题更深刻。而人类和其他社会性动物——如狒狒或牛群、海狸群落、蜂巢、黄蜂或蚂蚁的巢穴——大不相同。社区生活的整合程度可能非常接近单个个体的行为所显示的水平，然而个体可能具有固定的神经系统，在元素和永久连接之间具有永久的地形关系，而社区则由个体组成，这些个体在空间和时间上具有不断变化的关系，而且没有永久、牢不可破的物理联系。蜂巢的所有神经组织就是某只蜜蜂的神经组织。那么，蜂巢如何协调一致地行动，而且以一种高度变化、适应不同环境、组织力高的协调一致的方式行动呢？显然，秘密就在于其成员之间的相互交流。

这种相互交流在复杂程度和具体内容上可能存在巨大差异。对于人类来说，这种交流包含了语言和文学的全部错综复杂性，而且可能超出这种复杂性。对于蚂蚁来说，这种交流可能涉及的只不过几种气味。一只蚂蚁难以将这只蚂蚁与那只蚂蚁区分开。它当然可以将自身巢穴的蚂蚁与其他巢穴的蚂蚁区分开，并可能与自身巢穴的蚂蚁合作，却消灭掉其他巢穴的蚂蚁。在少数类似外部反应中，蚂蚁具有近乎模式化的思维，正如它被角质包裹的身体。这是我们对一种动物可能的先验期望，一个动物的生长阶段，在很大程度上，乃至其学习阶段与成熟活动阶段是严格分开的。我们能在它们身上找到唯一的交流方式，就像体内交流的荷尔蒙系统一样普遍和分散。事实上，气味，作为一种被嗅觉感知的化学物质，尽管具有普遍性和无方向性，但与体内荷尔蒙的影响并没有什么不同。

附带说一下，我们可以将麝香、灵猫香、海狸香以及哺乳动物身上散发的具有性吸引力的物质看作一种社群性的外源性激素，尤其是对于独居动物，这些激素在适当的时候可以将两性聚集在一起，对种族的延续来说是必不可少的。我的意思并不是这些物质一旦到达嗅觉器官，它们的内在作用就是荷尔蒙的，而不是神经的。很难看出，一方面作为纯荷尔蒙，它的量是如此之少，它是如何做到被轻易察觉的；另一方面，我们对荷尔蒙的作用了解得太少，无法否认这种数量非常少甚至难以察觉的物质的荷尔蒙作用的可能性。此外，在麝香酮和灵猫酮上发现的长而扭曲的碳原子环无须过多进行重新排列，就可以形成性激素、某些维生素和某些致癌物质所特有的链环结构。我不想对此事发表意见，但我把这看作一个有趣猜测。

蚂蚁感知到的气味似乎会引起一种高度标准化的行为过程。但是，一个简单的刺激（如气味）在传播信息方面的价值，不仅取决于刺激本身所传达的信息，而且还取决于刺激的发出者和接受者的整个神经结构。假设我和一个聪明的野蛮人共同处在一片森林里，他不会说我的语言，我也不会说他的语言。即使我们没有共用的语言，我也能够从他那里学到很多东西。我需要做的只是关注他表现出情绪或兴趣的那些时刻。然后我环顾四周，也许还会特别注意他目光的方向，并记住我看到或听到的东西。用不了多久，我就会发现对他来说很重要的事情，这不是因为他用语言向我传达了这些信息，而是因为我自己观察到了这些现象。换句话说，一个没有真正内容的信号可以通过他当时的观察在他脑海中获得意义，并可以通过我当时的观察在我脑海中获得意义。他能够分辨出我表现得特别在意、积极关注的时刻，这种注意力本身就是一种语言，其可能呈现的方式就像我们两个能够理解的印象范围一样变化多端。因此，群居动物可能早在语言发展之前就拥有活跃、聪明、灵活的交流方式。

无论一个种族有什么样的交流方式，都有可能定义和衡量这个种族可用的信息量，并将其与个体可用的信息量区分开。当然，个体可用的信息不可能对种族来说也都可用，除非这种信息改变了某个个体对其他个体的行为。甚至这种行为也不具有种族意义，除非其他个体能将这种行为与其他形式的行为区分开。因此，关于某个信息是种族信息还是个体信息的问题，取决于它是否导致个体采取一种活动形式，而这种活动形式可以由种族的其他成员看作一种独特的活动形式，也就是说，它会反过来影响他们的活动，等等。

我已经谈到了种族。这个说法对于大多数公共信息的作用范围来说，实在是太宽泛了。准确地说，社区的范围仅限于信息有效传播的范围。我们通过比较从外部进入群体的决策数量和在群体内部做出的决策数量，可以给出关于它的衡量方法。我们由此可以衡量群体的自主性。衡量一个群体有效规模的标准是由它为达到一定程度的自治而必须具备的规模来确定的。

一个群体可能比它的成员拥有更多或更少的群体信息。一群临时聚集的非群居动物包含很少的群体信息，尽管其成员作为个体可能拥有大量信息。一方面，这是因为某个成员的行为可能很少被群体的其他成员注意到，而且被它们仿效成为群体行为。另一方面，人类有机体所包含的信息很可能比其体内任何一个细胞所包含的信息都要多得多。因此，种族或部落或社区的信息量与个体可用的信息量之间在任何方向上都没有任何必然联系。

就个体而言，种族可用的所有信息并不是无须经过努力就能获得的。有一个众所周知的趋势，即图书馆往往因自身书籍量过多而信息流通不畅；科学发展到如此专业化的程度，以至于专家在超出自身专业之外往往一无所知。布什博士建议使用机械辅助设备在大量文献中查找所需的资料。这些可能确实有用，但是它们的局限性在于，除非某个特定的人对新书应该归于何类十分清楚，否则不可能将一本书适当归类。如果两个学科具有相同的技术和知识内容但分属于相差甚远的领域，那么分类工作仍然需要有像莱布尼茨这样知识面广泛的人来担任。

关于公共信息的有效性的量，最令人惊讶的事实之一是团体政治极度缺乏有效的稳态过程。在许多国家中流行一种信念，这种信念在美国已经上升到官方信条的级别，即自由竞争本身就是一个稳态过程：在自由市场中，交易者个体的自私性，即每个人都希望尽可能高价卖出，尽可能低价买入的特性，最终会导致价格的稳定动态，而且有助于实现共同利益最大化。这与一种乐观的观点有关，个体企业家在寻求实现自身利益的过程中，在某种程度上是一个公共捐助者，因此获得社会给予他的巨大回报。不幸的是，事实与这个简单的理论背道而驰。市场是一场博弈，这就像是垄断资本的家族赌场。因此，它严格遵循由冯·诺依曼和摩根斯坦提出的一般博弈论。这个理论基于这样一个假设，即每个玩家在每个阶段中根据博弈可用的信息，按照完全明智的策略进行游戏，而这个策略最终会保证他获得最大可能的回报预期。因此，这是一场完全明智、完全无情的经营者之间的博弈。即使只有两个玩家，这个理论也比较复杂，尽管它经常导致在明确的游戏路线上做选择。然而，在许多情况下，会有三个玩家参与，而且在绝大多数情况下，当玩家的数量很大时，结果会充满极端不确定性和不稳定性。个体玩家由自身的贪婪驱使而结成联盟；但是，这些联盟通常不会以任何单一、决定性的方式成立，而是通常以背叛、背叛主义和欺骗的混乱状态告终。这对于高层次的商业生活，或者与政治、外交和战争密切相关的生活来说，实在是太真实了。从长远来看，即使最聪明、最唯利是图的人也必然倾家荡产；相反，让玩家们厌倦这种相互倾轧，并同意彼此和平相处，那么丰厚的回报就会留给那些等待时机违背约定、背叛同伴的人。这里不存在任何意义上的稳态机制。我们被卷入了繁荣和失败的商业循环、接踵而至的独裁和革命、人人都为输家的战争中，这些正是现代生活的真实写照。

当然，冯·诺依曼把玩家描绘成完全聪明、完全无情的个体，这是一种抽象和对事实的歪曲。很少会看到一大群非常聪明而又没有原则的人在一起游戏。只要有骗子聚集的地方，就总会有傻瓜；而当傻瓜的人数足够多的时候，他们会为无赖提供更有利可图的剥削对象。这些傻瓜的心理已经成了值得骗子们认真关注的课题。傻瓜不会按照冯·诺依曼的游戏玩家的方式来寻求自身的终极利益，而是以一种大体上可以预测的方式运作，就像老鼠在迷宫中挣扎一样。这种谎言策略——或者更确切地说，与事实无关的陈述——会引导他购买某个特定品牌的香烟；那种谎言策略可能诱使他给某个特定候选人——任何候选人——投票或者参与政治迫害。将宗教、色情和伪科学的某种精确混合构成了一份图文并茂的刊物。通过哄骗、贿赂和恐吓的混合就能诱使年轻的科学家从事制导导弹或原子弹研究工作。为了确定这些人有多少，我们以普通人为研究对象，形成了一套媒体受众问卷、选举民意调查、意见抽样和其他心理调查的机制。而且总会有统计学家、社会学家和经济学家现身为这些机制出卖他们的本领。

幸运的是，这些谎话连篇的商人、欺骗世人的剥削者的伎俩还没有臻于完美，可以完全为所欲为。这是因为没有人完全是傻瓜，也没有人完全是骗子。普通人在处理自己的切身利益时是相当理智的，而面对自己眼前的公共利益或他人的痛苦则会保持利他主义。在一个由于发展时间足够长而形成了统一的理智和行为规范的小型乡村社区，居民对不幸者的关照、对道路和其他公共设施的管理、对那些曾经有过一两次违反社会规则者的容忍，都形成了非常值得尊敬的标准。一方面，这些人本身就存在，而社区的其他人必须继续与他们共同生活。另一方面，在这样一个社区里，一个人习惯对邻居过分苛刻的做法并不可取。因为有许多方法可以让他感受到公众舆论的压力。一段时间过后，他会发现舆论是如此无处不在、如此不可避免、如此令人受限和受压，以至于他不得不出于逃避而离开这个社区。

因此，小型、紧密结合的社区具有相当多的稳态措施。而且这一点，无论是在文明国家还是在原始村落，均是如此。尽管许多野蛮人的习俗在我们看来可能奇怪，甚至令人反感，但是他们通常都具有非常明确的稳态价值，而人类学家的职责之一就是去解读它们。只有在大型社会里，世界的统治者才能靠财富让自己免受饥饿，靠隐逸和匿名让自己免受公众舆论的影响，靠诽谤法和拥有通信工具让自己免受私人非议，这样的社会才会使残忍达到最极端的境界。在社会的所有反稳态的因素中，对通信工具的控制显得最有效、最重要。

本书给出的教训之一就是，任何有机体都是因拥有获取、使用、保留和传播信息的工具才具有自身的内稳态。在一个规模太大而无法让它的成员有直接相互接触的社会里，维持内稳态是靠报纸杂志、书籍、广播、电话系统、电报、邮局、剧院、电影、学校，以及教堂来实现的。它们除了作为通信工具本身的重要性之外，还有其他次要功能。报纸是广告的载体，也是报商获取金钱利益的工具，电影和广播也是如此。学校和教堂不仅是学者和圣人的庇护所，也是伟大教育家和主教的归宿。无法为出版商赚钱的书不会付诸刊印，而且当然也不会再版。

在我们这样一个公认以买卖为基础的社会里，一切自然和人力资源都被看作有足够进取心去开发这些资源的第一个商人的绝对财产，通信工具的这些次要方面往往会越来越多地侵蚀它的主要方面。这得益于通信工具本身的日渐精巧和费用增加。乡村报纸可能会继续派出记者在周围的村庄获取是非消息，但它还得购买国内新闻、辛迪加特辑，以及政界的"样板文件"。电台依靠其广告商赚钱，而且与其他地方一样，谁付了钱，谁就有权发号施令。对于中等收入的出版商来说，获得优质新闻服务的成本太高了。图书出版商专注于出版可能被书商青睐的那些图书，而这些书商会买断整本巨著的版权。大学校长和主教，即使他们本人对权力没有任何野心，却有花销巨大的机构要经营，只能在有钱的地方寻求资金。

因此从各个方面来看，通信工具受到三重限制：用利润较高的工具取代利润较低的工具；这些工具掌握在极少数富裕阶层手中，因此自然地会代表这个阶层主张的工具；以及作为获得政治权力和个人权力的主要途径之一，它们特别吸引了那些渴望获得这种权力的人。与所有其他制度相比本应更有助于保证社会稳态的那些制度，却直接落入那些最热衷于权力和金钱游戏的人手中，而就我们了解，这正是中主要的反稳态因素之一。因此，受这种破坏性影响的较大社区中可获得的社区可用信息远远少于较小社区，这一点不足为奇，更不用说构成所有社区的个人的因素了。国家就像狼群一样（尽管这是我们不希望的），比它的大多数成员都愚蠢。

这个观点认为由于社区比个人更大，所以也更聪明，这与企业高管、大型实验室负责人以及类似人士普遍支持的背道而驰。持有这种观点的一部分原因只不过是出于对大场面和奢华的幼稚喜爱。另一部分原因是对大型组织的一劳永逸的可能性的感觉。然而，其中大部分人只不过是在寻找获利的良机来满足私欲。

还有另一群人，他们将现代社会的无政府状态看得一无是处，但他们乐观地认为一定会另有出路，而这导致对社区的可能稳态因素估值过高。尽管我们可能与这些人产生强烈共鸣，而且理解他们所处的情感困境，但是我们不能过于期待这种一厢情愿的想法。这就像是老鼠面对给猫系铃铛的问题时的思维模式。毫无疑问，如果给这个世界上的食肉猫都戴上铃铛，对我们这些老鼠来说是非常喜人的，但是问题在于——由谁来执行呢？谁能向我们保证，无情的权力不会再回到那些最热衷于权利的人士手中？

我之所以提到这一点，是因为我的一些朋友非常希望（尽管我认为是虚假的希望）这本书可能包含的任何新的思维方式能够带来社会功效。他们确信，我们对物质环境的控制已经远远超过了对社会环境的控制和理解。因此，他们认为，近期的主要任务是将这种自然科学的研究方法延伸到人类学、社会学、经济学的领域，并且希望能够在社会领域取得类似的成功。他们从相信这样做有必要，从而相信它有可能实现。在这一点上，我认为他们表现得过于乐观，而且对所有科学成就的本质有所误解。

在精确科学[1]上取得的所有巨大成就，都是在现象与观察者之间存在某种高度隔离的状态下取得的。一方面，我们在天文学的案例中已经看到，这种成就可能是某类现象对于人类来说的巨大规模造成的，因此即使人类尽最大程度的努力，也无法在天体世界留下一丝一毫的可见影响，更别说仅仅是观察了。另一方面，在现代原子物理学[2]中，作为一

---

〔1〕精确科学，指具备精准量化表示或准确预测的科学领域，还具备进行假说测试的严谨方法，特别是利用可重复性的实验，其中包含可量化的预测及测量。因此，物理和化学属于精确科学，而系统生物学由于广泛运用数学中的图论、逻辑、统计及常微分方程，同样属于精确科学。此类说法暗示将这些学科与其他学科区分开来的二分法。——译者注

〔2〕原子物理学，一门研究原子结构和特性及原子与电磁辐射、其他原子相互作用的科学。——译者注

门观察对象小到无法形容的科学，我们所做的任何事情都确实会对许多单个粒子产生影响，从粒子的角度来看，这种影响十分显著。然而，无论是在空间上还是在时间上，我们都不是生活在粒子的尺度上；而且从符合其存在规模的观察者角度来看，可能具有最显著影响的事件在我们看来——除了一些例外，如威尔逊云室[1]实验中一样——只不过是平均质量效应，其中巨大粒子群相互合作。就这些效应而言，从单个粒子及其运动的角度来看，其相关时间的间隔很大，使得我们的统计理论具有充分的实践基础。简而言之，我们相对于恒星太过渺小，不足以影响恒星的运行轨迹；而我们相对于分子、原子和电子又太过庞大，以至于只能关注到它们的质量效应。在这两种情况下，我们均实现了与我们正在研究的现象充分松散的耦合，从而对这种耦合进行全面的总体描述，尽管这种耦合可能不够松散，以至于我们无法完全忽略它。

在社会科学中，观察到的现象与观察者之间的耦合才最难减少。一方面观察者能够对引起他注意的现象施加相当大的影响。虽然我尊重那些人类学家朋友的智慧、技能和诚实的目的，但我不认为他们调查过的任何社区以后仍会保持原有的状态。许多传教士在从原始语言到文字的简化过程中，将自己对这种语言的误解作为永恒真理固定下来。一个民

---

[1]当时，卢瑟福等青年科学家均为剑桥大学卡文迪许实验室的研究生，威尔逊常与他们一同进行饭后讨论。1894年，威尔逊在英国第一高峰——苏格兰本内维斯峰的天文台一度过了几周时间，其间观测到阳光返照云彩的奇景，希望在实验室进行情景再现，这使得他踏上了发明云室的旅程。——译者注

族的社会习惯可以仅仅因为对其调查这一行为，就消失或发生改变了。从另一种意义上来说，这就是通常所说的"翻译即背叛"。

另一方面，社会科学家没有从永恒的、普适的高度来冷静地俯视其研究对象的优势。也许应该有一门关于人类的动物性行为研究的大众社会学，这门学科就像研究瓶中果蝇的种群一样去研究人类，但是这并非本身作为人类的我们特别关注的社会学。我们不太关心人类在永恒之下的兴衰、快乐和痛苦。以往人类学家所报告的习俗，只是与他本人的生命长度大致相同的人的生活、教育、职业和死亡相关的习俗。以往经济学家最感兴趣的，是预测其经营时长不会超过一代人的商业周期，或者至多是那种对个人职业生涯的不同阶段产生不同影响的商业周期。如今很少有政治哲学家愿意将其研究局限于柏拉图的思想世界。

换句话说，在社会科学中，我们必须处理的是短期统计数据，因而我们无法确定所观察到的相当一部分内容并非我们本身创造的产物。对股票市场的调查很可能会扰乱股票市场。我们与我们的调查对象太容易合拍了，因而不可能进行翔实的调查。简而言之，无论我们在社会科学领域的研究是统计研究还是动态研究——而且这种研究应同时涉及这两种性质——其结果不可能精确到超过小数点后几位。简而言之，社会科学研究永远不可能为我们提供能与自然科学研究相媲美的大量可验证、有意义的信息。我们既不能忽视它们，也不应该对它们的可能性抱有过高的期望。不管我们喜欢与否，我们必须将许多工作留给专业历史学家用非"科学的"叙述方法去解读。

附 注

有一个问题应属于本章的范畴，尽管它远不是议论的重点。这个问题就是：是否有可能构造一台国际象棋机，以及机器的这种能力是否代表了机器潜力与大脑之间的本质区别。一方面请注意，我们不需要提出这样一个问题，即"是否有可能构造出一台能作出冯·诺依曼意义上执行最优博弈的机器"。即使最优秀的人类大脑也无法达到如此水平。另一方面，不管棋局质量如何，我们毫无疑问有可能构造一台机器，用于从遵循游戏规则的意义上进行国际象棋游戏。这基本上不会比构造用于铁路信号塔的连锁信号系统更有难度。真正的问题在于中间过程：构造一台机器，充当人类棋手的旗鼓相当的对手，下出更有趣的棋局。

我认为有可能构造一个相对简陋但并非平庸的装置来实现这个目的。这台机器实际上必须——如果可能的话，以很高的速度——执行自身接下来的两到三步内所有动作和对手所有可能的回击。对于接下来每一个动作顺序，它都应指定一个特定的常规估值。此时，将死对手在每个阶段得到的估值最高，而被将死时估值最低；当输掉棋子、拿走对手的棋子、检查，以及其他可识别的情况时，得到的估值应与优秀玩家可能分配给它们的估值不会相差甚远。整个动作顺序的第一步应得到一个与冯·诺依曼理论可能赋予的价值非常接近的估值。在机器与对手还剩最后一手棋的阶段，机器所下的每一手棋的价值应取对手下出所有可能的下法之后的局面的最低估值。在机器与对手还剩最后两手棋的阶段，机器下出的这两手棋里的第一手的价值应是在对手下出第一手后局面最

不利于己方的估值，而对手
的这个第一手则是根据在双
方都只剩下一手的局面下机
器能下出最得分的一手的预
期来下的。这个过程可以扩
展到每个玩家执行三个动作
的情况，以此类推。然后机
器选择任何一个动作，参考
对后续 n 个阶段动作的最大
估值，其中 n 具有机器设计

□ **国际象棋**

　　国际象棋的棋盘、棋子和其走法，常常用来表示各种
不同的数学概念，在有关控制论、博弈论、计算数学、战
役研究、图论和组合分析的书籍中，就出现了很多国际象
棋术语。

者已经决定的某个值。它将这看作其终极动作。

　　这样一台机器可能不仅按照规则下棋，而且下棋水平也不至于糟糕
到可笑。在任何阶段，如果有可能在两到三步内逼将，机器就可能去执
行。如果有可能在两到三步内避开敌人的将军，机器也可能去避开它。
机器很有可能赢过愚蠢或粗心的棋手，但是几乎肯定会输给相当熟练的
谨慎棋手。换句话说，机器的下棋水平很可能和绝大多数人类的水平一
样。这并不意味着它会达到梅泽尔欺诈机[1]的那种熟练程度，但是无论
如何，它能达到相当高的成就。

―――――――――――――

　　〔1〕典故出自爱伦·坡的《梅泽尔的象棋手》，其中描写了百战百胜的机器棋手实由侏儒控
制。——译者注

第 二 部 分

第九章　关于学习和自增殖机

　　将控制论思想再次延伸，讨论人造机器能否自我学习、自我增殖的问题。

我们认为生命系统所独有的两种现象是：学习和自我繁殖的能力。这些性质虽然看起来不同，但却彼此密切相关。会学习的动物能够顺应历史环境转化自身存在，并且能够在其个体的一生中适应自身所处的环境。会复制的动物能够创造出与自身相似的其他动物，尽管后者与自身并不完全相似，但至少近似相似，从而使其物种不会随时间的推移而变化。如果这种变异本身是可遗传的，那么我们就拥有自然选择可以利用的原材料。如果遗传的不变性与行为方式有关，那么在各种行为模式的遗传中，我们会发现一些模式对种族的继续存在有利，而且会自我稳固，其他对这种继续存在不利的模式则会被消除。与个体的个体学习相比，上述结果是某种种族或系统学习。个体学习和系统学习都是动物能够适应其环境的模式。

个体学习和系统学习这两者，尤其是后者，不仅将自身延伸到所有动物身上，也延伸到植物身上，而且甚至延伸到在任何意义来说都可以认为是有生命的所有有机体上。然而，这两种学习方式在不同种类的生物中的重要程度存在巨大差异。对于人类，以及在某种程度上对于其他哺乳动物，个体学习和个体适应能力均提升至最高点。的确，可以这么说：人类系统学习的很大一部分都用于构建良好个体学习的可能性。

　　朱利安·赫胥黎在其关于鸟类智力的论文[1]中已经指出，鸟类的个体学习能力很弱。昆虫也是类似的情况。在这两种示例中，对个体来说，最迫切的要求是飞行，因此相应神经系统的发育具有优先性，个体学习也必须从属这一目标。尽管鸟类复杂的行为模式——飞行、求偶、照顾幼鸟和筑巢——能够在第一次就正确执行，而不需要母亲的悉心指导。

　　专门将本书的一章用于讨论这两个相关学科是非常恰当的。人造机器能够学习吗？它们能够自我增殖吗？在这一章中，我们试图证明，它们事实上能够学习和自我复制，而且文中将介绍这两项活动所需的技术。

　　这两个过程中比较简单的是学习过程，所以在这个过程中技能的发展也走在前面一些。在这里，我会特别讨论博弈机的学习，因为这种学习使机器能够根据经验改进自身的战略和战术。

　　有一个关于博弈的公认理论——冯·诺依曼理论[2]。该理论提出一种策略，最好从博弈结束而不是开始时加以运用。在博弈的最后一步，如果有可能的话，玩家会努力走出制胜的一步，退而求其次则至少走出导致平局的一步。他的对手在上一阶段努力控制动作，从而阻止对

---

〔1〕Huxley, J., *Evolution: The Modern Synthesis*, Harper Bros., New York, 1943.

〔2〕Von Neumann, J., and O. Morgenstern, *Theory of Games and Economic Behavior*, Princeton University Press, *Princeton*, *N J.*, 1944.

方走出制胜或导致平局的一步。如果他本身能够在那个阶段走出制胜的一步，那么他会这么做，而且这不是比赛最终阶段前的一个阶段，而是最终阶段。准备做出在此之前的动作的另一个玩家会试图以这样一种方式移动，即确保该玩家的对手的最优资源不会阻止他以制胜的一步结束游戏，以此类推。

另外有些游戏，如井字游戏[1]，它的整个策略是已知的，而且从一开始就可以执行这个策略。如果这个策略可行，显然就是游戏的最优方式。然而，在许多诸如国际象棋和西洋跳棋的游戏中，我们的知识不足以形成一个完整策略，只能尽量靠近它。冯·诺依曼的逼近理论倾向于引导玩家以极其谨慎的方式移动，因为他假设对手是一个完美的高手。

然而，这种态度并不总是合理的。对于战争（也属于一种博弈）来说，这通常会导致行动优柔寡断，结果往往比失败好不了多少。让我来举出历史上的两个例子。其一是当拿破仑与奥地利人在意大利交战时，他之所以行动高效，部分是因为他深知奥地利的军事思想模式是墨守成规和遵循传统，因此他有充分理由相信，奥地利的军事思维模式不可能利用法国大革命士兵制定的新型"强制决策"的战争方法。其二是当纳尔逊与欧洲大陆的联合舰队作战时，他的优势在于拥有作战用的海上军舰，使他多年来一直掌握制海权，并且由此发展出了一些其敌人想象不

---

〔1〕井字游戏，由两名玩家分别轮流在九宫格中填〇或×，先将三个〇或×填成一行者即为获胜者。——译者注

到的思想方法（他知道这些思想方法是敌人没有的）。如果他没有充分利用这一优势，而是像假设他面对的是具有同样丰富的海军经验的敌人那样谨小慎微，那么从长远来看，他可能会赢，但不可能赢得如此迅速和果断，从而建立起严密的海上封锁，并使得拿破仑最终垮台。因此，在这两种情况下，指导因素都是指挥官及其对手的已知记录，正如在他们的历史行动统计中所体现的那样，而不是试图与完美对手进行完美博弈。在这类情况下，任何

□ **机械象棋机**

托雷斯·克维多斯是西班牙工程师、数学家和发明家。1912年，他制造了一台机械国际象棋机器，并在1914年巴黎世界博览会上展示，后来在1920年又制造了第二台。这是一种模拟计算机，可以计算出如何将一个落单的国王与一个车交锋。图为在巴黎的控制论博览会上，托雷斯·克维多斯和维纳正在玩克维多斯发明的机械象棋机。

直接使用冯·诺依曼的博弈理论方法的做法最终都将是徒劳无功的。

同样，关于国际象棋理论的书籍也并非从冯·诺依曼的角度出发写的。它们是从高素质、知识渊博的棋手之间对弈的实践经验中总结出来的原则概要。而且它们给出了每个棋子的丢失、移动、指挥、发展以及其他可能随游戏阶段而变化的因素的特定估值或权重。

制造能下棋的机器并不太难。如果仅仅遵守游戏规则，从而只移动合法的棋步，这很容易就在相当简单的计算机的能力范围内实现。事实

上，使普通数字计算机适用于这些目的并不难。

现在我们来讨论游戏规则中的策略问题。对棋子、指挥、移动等的每个估值，本质上都可以简化为数值项；当这一步完成时，国际象棋书的准则可以用来确定每个阶段的最优棋步。这样的机器已经制造出来了，而且可以用来展开一场公平的业余象棋比赛，尽管目前这还不是大师级的比赛。

设想你在与这样一台机器下棋。为了公平起见，让我们假设你正在参加国际象棋通信赛，而不知道与你对战的是一台机器，所以不存在由于知道这一点而可能引发的偏见。很自然，就像国际象棋一样，你会对对手的棋艺个性做出判断。你会发现，当同样的局势两次出现在棋盘上时，对手每次的反应都是一样的，于是你会发现他的个性非常死板。如果你有任何技巧可以赢过他，那么这种技巧在同样的条件下总是会奏效。因此，对于一个专家来说，了解他的机器对手并且每次都击败他并不太难。

然而，有些机器却无法如此轻易地被打败。让我们假设每隔几场比赛，机器就会休息一段时间并将它的功能另作他用。此时，它不是与对手在比赛，而是检查其存储器中记录的所有历史比赛数据，以确定对棋子价值、指挥、移动性等的不同估值中的权重有助于获胜。这样，它不仅能从自身的失败中吸取教训，也能从对手的成功中吸取经验。现在，它以新的估值取代先前的估值，而且继续作为一台新的更好的机器参与比赛。这样一台机器的个性就不再刻板，而且对手曾经用来赢过它的那些技巧最终不再有效。不仅如此，随着时间的推移，它可能会借鉴对手的一些策略。

所有这一切在国际象棋中是很难做到的，事实上，这项技术还没有被开发到能够让机器参加大师级国际象棋比赛的程度。西洋跳棋则是相对简单的问题。棋子价值的均质性，大大减少了需考虑的组合的数量。此外，正是由于这种均质性，西洋跳棋不像国际象棋那样分成多个阶段。即使在西洋跳棋中，终局游戏时的主要问题不再是吃棋子，而是与对手建立一种联系，使吃棋子变为可能。同样，国际象棋比赛中的棋步估值在不同阶段有着不同的价值。在最重要的考虑因素上，开局、中局和终局都是不同的。与中局游戏相比，开局游戏更加致力于让棋子自由移动，从而便于进攻和防守。因此我们不能大致满足于对整个游戏的各种权重因素进行统一评估，而是必须将学习过程划分为若干独立阶段。只有这样，我们才有希望构建一台能够参加大师级国际象棋比赛的学习机。

将一阶编程（某些情况下可能是线性的），与二阶编程（通过更广泛的历史片段确定需在一阶编程执行的策略）相结合的思想，在本书前面与预测问题相关的部分中已经有所提及。预测器运用线性运算，根据飞机飞行的最近历史数据预测未来的飞行状态。但是确定正确的线性运算是一个统计问题，在这个问题中，将过去长期的飞行状态和过去诸多类似飞行状态用作统计的基础。

根据过去长期的统计研究，确定短期需采取的策略，这种统计研究是

□ 霍普夫

霍普夫，德国数学家，在代数拓扑和整体微分几何方面的成就突出，对数论亦有研究。他和维纳合作完成了一篇关于一类奇异积分方程的论文，此方程称为维纳-霍普夫方程，后来与此对应的维纳-霍普夫技术应用到了多个学科领域。

高度非线性的。事实上，在使用维纳-霍普夫方程[1]进行预测时[2]，该方程系数的确定是以非线性方式进行的。一般说来，学习机通过非线性反馈进行运算。塞缪尔[3]和瓦塔纳贝[4]所描述的西洋跳棋机能够在10到20个工作小时的编程基础上，学会以一种相当自洽的方式击败其编程人员。

瓦塔纳贝关于使用编程机的哲学思想很令人兴奋。一方面，他按照某种优雅和简单的标准给出优化方法，把证明初等几何定理的方法看作一种学习游戏，而且游戏并非针对单个对手，而是针对我们所谓的"伯基上校（Colonel Bogey）"。当我们希望在经济性、直接性等评

---

〔1〕维纳-霍普夫方程，一种特殊的积分方程，让连续时间平稳过程的方差估计误差实现极小的最优滤波器脉冲响应函数所必须满足的必要条件。——译者注

〔2〕Wiener, N., *Extrapolation, Interpolation, and Smoothing of Stationary Time Serieswith Engineering Applications*, The Technology Press of M. I., T., and John Wiley Sons, New York, 1949.

〔3〕Samuel, A. L., "Some Studies in Machine Learning, Using the Game of Checkers", *IBM Journal of Research and Development*, 3, 210–229（1959）.

〔4〕Watanabe, S., "*Information Theoretical Analysis of Multivariate Correlation*", *IBM Journal of Research and Development*, 4, 66–82（1960）.

估的基础上，通过确定有限数量的保留参数的评估值的方法，建立一个准美学（quasi-aesthetic）意义上为最优的理论时，我们就是在按照逻辑归纳法进行一种类似于瓦塔纳贝正在研究的那种博弈。诚然，这只是一种有限的逻辑归纳法，但是仍然非常值得研究。

我们通常认为并非游戏的斗争活动，仍然可以从游戏机的理论那里得到很多启发。一个有趣的例子是猫鼬和蛇之间的搏斗。正如吉卜林在短篇小说《里奇-提奇-塔维》（*Rikki-Tikki-Tavi*）中写的那样，猫鼬也不能幸免于眼镜蛇毒液的危害，尽管它在某种程度上受到自身坚硬毛发的保护而使蛇很难咬到它。正如吉卜林所描述的，这场战斗是一场与死亡共舞的搏斗，是一场肌肉耐力和敏捷性的搏斗。没有理由认为猫鼬的单个动作比眼镜蛇的动作更快速或更准确。然而，猫鼬几乎总是能杀死眼镜蛇，而且全身而退。它是如何做到这一点的呢？

在这里我给出一个在我看来似乎说得通的解释。我观看过这样的战斗，以及其他类似战斗的影视资料。我不能保证以我的观察结果作为解释一定是正确的。猫鼬以佯攻开始，从而激发蛇启动攻击。猫鼬闪躲并做出另一个类似的佯攻动作。这样我们就有了两种动物有节奏的活动模式。然而，这场舞蹈并非静止不变的，而是循序渐进、逐步发展的。随着时间的推移，猫鼬的佯攻相对于眼镜蛇的快速攻击来说越来越早，直到最后当猫鼬发动攻击时，眼镜蛇才伸展开身子，从而无法快速移动。这一次猫鼬的攻击不是佯攻，而是对眼镜蛇的大脑进行致命的精确撕咬。

换句话说，蛇的动作模式仅限于单次快速攻击，每次攻击都按自己的节奏进行，而猫鼬的动作模式则涉及战斗的整个过程中相当可观的一段（如果不是很长的一部分的话）。在这种意义上，猫鼬的行为就像一台学习机，其攻击的真正致命性取决于一个高度组织化的神经系统。

正如几年前的一部迪士尼电影所表现的那样，当走鹃——一只西部鸟——攻击响尾蛇时，也会出现类似的状况。当鸟用喙和爪子搏斗、猫鼬用牙齿搏斗时，它们的活动模式高度相似。斗牛也是关于这种活动模式的良好示例。我们要记住，斗牛不是一项运动，而是一场与死神的共舞，它展示了公牛与人之间的美而协调交错的动作。平心而论，公牛最初并没有主动加入这场舞蹈，而且从我们的角度来看，我们可以忽略最开始的引逗和削弱公牛锐气的动作，因为这么做的目的是强化比赛氛围，使公牛和斗牛士之间达到最高水平的模式互动。熟练的斗牛士会表演大量炫技的引逗、闪躲动作，如将红布甩向公牛以激怒挑逗、各种闪躲和环体转圈，等等，这些动作旨在使公牛进入猛烈攻击的状态，而且持续到斗牛士将剑精确刺入公牛心脏的那一刻。

我谈论过的关于猫鼬和眼镜蛇之间，或者斗牛士和公牛之间的战斗，同样也适用于人与人之间的身体对抗。让我们谈一谈用短剑进行的决斗。它由一连串的佯攻、躲避和猛击动作组成，每个参与者都希望对手的剑走空，这样他就可以在不使自己暴露于双重攻击的情况下将剑刺中对方。同样，在网球冠军赛中，每一次击球仅仅是完美地发球或回球是不够的，好的策略是迫使对手在进行一系列的回球中逐渐处于劣势，直到对手无法安全地回击为止。

这些身体对抗和我们认为游戏机应该参与的那种游戏，在对手的习惯和自己习惯的经验方面，具有相同的学习因素。适用于身体对抗的游戏同样适用于智力对抗的游戏，如战争和模拟战争的游戏。指挥部通过考察军事经验这一要素赢得战争胜利。无论是对于古典的陆战还是海战，或者全新的尚未试验过的原子武器战争也是如此。某种程度的机械化，就像学习机通过学习能下西洋跳棋一样，使所有这些过程都有可能。

没有什么比第三次世界大战更危险的事了。值得考虑的是，是否这种危险的一部分来自滥用学习机。我一再听到这样一种说法，即学习机不会使我们承受任何危险，因为我们可以在感到危险时关掉它们。但是我们真的可以做到吗？要想有效地关掉机器，我们必须掌握关于危险点是否已经到来的信息。我们虽然制造了机器，但这一事实并不能保证我们会拥有控制它的适当信息。我们在谈论西洋跳棋机可以通过学习，仅仅在非常有限的时间内即能击败编程员时已经暗示了这一点。况且现代数字计算机的运算速度已经快到阻碍了我们感知和思考危险迹象的能力。

非人类装置具有强大的力量和执行策略的强大能力，关于这种机器的危险性的想法已不算新鲜。新鲜的是我们现在已经拥有了这种有效装置。在过去，类似的可能性被当成魔法，成为许多传说和民间故事的主题。这些故事全面探讨了魔法师的道德处境。我已经在早先一本名为《人有人的用处：控制论与社会》[1]的书中讨论了传奇中魔法的伦理内

---

[1] Wiener, N., *The Human Use of Human Beings*, *Cybernetics and Society*, *Houghton Mifflin Company*, *Boston*, 1950.

容。我在这里重复该书中讨论过的一些材料，以便在学习机的新背景下更准确地展示出来。

歌德的《魔法师的学徒》是最著名的魔法故事之一。在这个故事中，巫师让他的学徒独自承担打水的苦差事。学徒是个又懒又有些小聪明的男孩，他把工作交给了一把扫帚，并对着扫帚说出他从主人那里听到的咒语。于是扫帚殷勤地为他干活，不曾停下。这样，这个男孩很快就濒临淹死。他这才发现他没有学会或者忘记了如何让扫帚停下来的第二个咒语。绝望之下，他拿起扫帚，把它从膝盖上折断，却惊愕地发现每一半扫帚仍然在继续打水。幸运的是，在他被彻底淹没之前，巫师回来了，念出几句咒语阻止了扫帚继续打水，并严肃批评了学徒。

另一个故事是《一千零一夜》中渔夫与魔鬼的故事。渔夫从渔网里打捞了一个盖着所罗门印章的罐子。这是所罗门囚禁叛逆魔鬼的器皿之一。魔鬼巨大的身影从一团烟雾中现身。他告诉渔夫，在他被囚禁的最初几年里，他决心用权力和财富回报他的救命恩人，但是现在却希望立即将恩人杀死。幸运的是渔夫找到了一个方法，把魔鬼重新装回瓶子里，然后把瓶子扔入海底。

比这两个故事中任何一个都更恐怖的，是本世纪初英国作家W. W. 雅各布斯的寓言故事《猴爪》。一位退休的英国工人和他的妻子，以及一位从印度归来的英国军官朋友坐在桌旁。军官向主人展示了一个猴爪形状的干瘪的护身符。这是一位印度圣人赐予他的，圣人许诺护身符可以满足三个人每人三个愿望，用以证明挑战命运是愚蠢的行径。军官说，他对第一个所有者的前两个愿望一无所知，但知道最后一个愿望是死亡。

而他本人，正如他告诉朋友的那样，是第二个所有者，但不愿谈论他自己的恐怖经历。他把猴爪扔进火里，但他的朋友将它捡了回来，并希望测试它的力量。他的第一个愿望是200英镑。过了一会儿，有人敲门，他儿子所在公司的一名职员走进了房间。这位父亲得知他的儿子在机械事故中丧生，但是公司不希望承担任何责任或法律义务，只愿意向父亲支付200英镑作为抚慰金。悲痛欲绝的父亲又许下了第二个愿望——希望他的儿子能回来。这时又有人敲门，门被打开时，出现一样东西，不必多说，那就是他儿子的鬼魂。而他最后的愿望就是让这个鬼魂消失。

在所有这些故事中，重点是魔法的执行者都是死板的，如果我们向他们请求恩惠，我们必须要说明我们真正想要的是什么，而不是我们认为我们想要的内容。这种新的真正的学习机的机制也一样死板。如果我们为赢得一场战争而对机器编程，我们必须认真思考我们所说的胜利具体指什么。学习机必须根据经验编程。我们关于核战争的唯一经验，不是来自现实，而是来自战争游戏。如果我们要把这个经验作为我们在真正紧急情况下的行动指南，那么我们在编程游戏中取得的获胜的值就必须与我们在战争的实际结果中的值相同。我们只能在直接、彻底和无法挽回的严重危险中获得这些值。我们不能期望这台机器能理解我们那些偏见和情感妥协，由于这些，我们可以把毁灭当作胜利。如果我们希望胜利，却不知道胜利指的是什么，那么结果就会和鬼魂敲门一样，与我们的期望相去甚远。

关于学习机的讨论就到此为止。现在让我就自传播机发表一下意见。此时，"机器"和"自传播"这两个词都很重要。机器不仅仅是物

质的一种形式，也是实现某种特定目的的机制。而自传播不仅仅指创造
一个有形复制品，它还指创造具有相同功能的复制品。

此处两种不同的观点可以作为证据。其中一个观点是纯粹的上面
两个概念的组合，涉及机器是否有足够的部件和足够复杂的结构，从而
使自我复制成为其功能之一。这个问题在已故的约翰·冯·诺依曼那里
得到了肯定的回答。另一个问题聚焦构造自复制机的实际运作程序。此
时，我将注意力集中在这样一类机器上，尽管它不包括所有的机器，但
是具有普适性。我指的是非线性换能器。

这种机器输入具有单一的时间函数，而其输出具有另一个时间函
数。输出完全由输入的过去决定，但一般来说，输入的增加并不会导致
相应输出的增加。这种装置称为换能器。所有的换能器，无论是线性的
还是非线性的，都有一个特性，那就是相对于时间平移的不变性。如果
机器执行某种功能，那么，如果输入及时倒转回去一定的量，输出也会
将相同的量倒转回去。

我们的自复制机理论的基础是基于非线性换能器表示的一种规范形
式。在线性设置的理论中十分重要的阻抗[1]和导纳[2]的概念，在此时

---

〔1〕阻抗，又称电阻抗，指电路的电阻、电感、电容对交流电造成阻碍的统称。阻抗，实部
叫做电阻，虚部叫做电抗；其中电容在电路中对交流电所造成的阻碍叫做容抗，电感在电路中对
交流电所造成的阻碍叫做感抗，容抗和感抗一起叫做电抗。阻抗令电阻的概念扩展至交流电路领
域，不仅表示电压和电流的相对振幅，也表示其相对相位。——译者注

〔2〕导纳，电导与电纳的统称。根据导纳在电力电子学中的定义，它是阻抗的倒数，用符号
Y 表示，单位为西门子，简称为西。——译者注

完全不适用。我们将不得不参考实现这种表示的某些新方法，即部分由我本人[1]开发、部分由伦敦大学的丹尼斯·加博尔[2]教授开发的那些方法。

虽然加博尔教授的方法和我本人的方法都能够实现非线性换能器的构造，但从这个意义上它们是线性的：这种非线性换能器用输出来表示，这个输出是具有相同输入的一组非线性换能器的输出之和。这些输出与不断变化的线性系数相结合，使我们能够将线性发展理论用于非线性换能器的设计和规范。特别值得注意的是，这种方法允许我们通过最小二乘法获得组成元素的系数。如果我们把这一方法和所有输入的统计平均方法相结合，我们基本上说就得到了正交展开理论的一个分支。非线性换能器理论的这种统计基础，可以从对每种特殊情况下使用的输入的历史统计数据的实际研究中获得。

这是对加博尔教授的方法的简单介绍。虽然我的方法基本与之相似，但是我的统计基础略有不同。

众所周知，电流不是连续传导的，而是由电子流[3]传导的，并且电子流的均匀性在统计上与均匀性有差异。这些统计波动可以用布朗运动

---

〔1〕Wiener, N., *Nonlinear Problems in Random Theory*, The Technology Press of M. I. T. and John Wiley & Sons, Ine., New York, 1958.

〔2〕Gabor, D., "Electronic Inventions and Their Impact on Civilization", *Inaugural Lecture*, March 3, 1959, *Imperial College of Science and Technology*, University of London, England.

〔3〕电子流，自由电子在空间的定向运动所导致的电流。——译者注

理论，或类似的散粒效应噪声[1]，或电子管噪声理论来表述，这些是我将在下一章要谈论的内容。无论如何，我们总可以制造出用于产生具有高度特定的统计分布的标准化散粒效应，而且这种设备已经投入商业化生产。请注意，从某种意义上说，电子管噪声是一种通用输入，它在足够长的时间内的波动迟早会接近任何给定曲线。这种电子管噪声具有非常简单的积分和平均理论。

根据电子管噪声的统计数据，我们很容易确定一组正交和正交非线性运算的闭集。如果受这些运算影响的输入具有适合于电子管噪声的统计分布，则我们设备的两个部件的输出的平均乘积将为零，其中该平均值是相对于电子管噪声的统计分布计取的。此外，每台设备的均方输出可以归一化为1。结果表明，运用我们熟悉的正交函数理论就可以对常规的非线性换能器做展开。

特别是装置的各个分支的输出是输入过去的拉盖尔[2]系数中的埃尔米特多项式的乘积的结果。这一点在我的《随机理论中的非线性问题》中有详细介绍。

当然，首先很难对可能的输入集进行平均。使这项艰巨任务得以实

---

〔1〕散粒效应噪声，又称散弹噪声或颗粒噪声。在电化学研究中，在电流流经被测体系时，若被测体系的局部平衡仍未被破坏，此时被测体系的散粒效应噪声可不考虑。——译者注

〔2〕埃德蒙·尼古拉斯·拉盖尔（Edmond Nicolas Laguerre，1834—1886年），法国数学家，19岁即发表论文《焦点论》，曾担任法兰西学院数学物理学教授，提出拉盖尔多项式作为拉盖尔方程的标准解。——译者注

现的条件是，散粒效应输入具有称为度规传递性或遍历性的特性。几乎在所有情况下，散粒效应输入的分布参数的任何可积函数的时间平均值等于其在集合上的平均。这使我们能够使用两台具有相同的散粒效应输入的设备，通过获取其乘积并对其进行时间平均来确定其乘积在可能输入集合上的平均。所有这些过程所需的运算储备仅涉及电势的加法、电势的乘法和随时间平均的运算。所有这些运算都有设备存在。事实上，加博尔教授的方法所需的基本设备与我的方法所需的基本设备相同。他的一个学生发明了一种特别有效且廉价的乘法装置，该装置依靠两个磁性线圈的吸引力在晶体上产生的压电效应[1]。

这意味着，我们可以通过一系列线性项的和来模拟任何未知的非线性换能器，其中每个线性项都具有固定特性和可调系数。当同一个散粒效应发生器连接到未知换能器和特定已知换能器的输入端时，该系数可以确定为来自未知换能器和已知换能器输出的平均乘积。此外，如果让各个系数自动实现将系数传输到各反馈装置的方法，而并非先在一台仪器上计算该结果，然后再手动将其传输到适当换能器上，从而生成装置的逐段模拟。这样做没什么特别的问题。我们已经成功地做到了：制作一个白盒，该白盒能模拟任何非线性换能器的特性。然后将其引入给定

---

〔1〕压电效应，电介质材料中一种机械能与电能相互转换的情形。压电效应包括正压电效应和逆压电效应，广泛用于声音的产生和侦测、高电压的形成、电频形成、微量天平和光学器件的超细聚焦。——译者注

黑盒换能器的类似装置中，方法是对两者提供相同的随机输入，并以适当的方式将结构的输出连接起来，从而无需任何人为干预就能得到适当的组合。

试问这个过程，与另一个过程——以基因为模板，从氨基酸和核酸的不确定的混合物中形成同一基因的其他分子，或者某个病毒引导同一病毒的其他分子从其宿主的组织和汁液中形成自身的形式时——所发生的变化在哲学上是否具有显著差异。我并不期待这些过程在细节上相同，但是我相信它们在哲学上是非常相似的现象。

第十章　脑电波和自组织系统

由对脑电波的介绍和讨论，展开对非线性现象在脑（一种特殊的自组织系统）中起主要作用的研究。

在上一章中，我讨论了学习和自传播的问题，因为它们既适用于机器，也适用于（至少近似地适用于）生物系统。在此，我将重复我在序言中提出的某些观点并加以应用。正如我已经指出的，这两种现象密切相关，因为第一种现象是个体依靠经验适应其环境的基础，也就是我们所说的个体学习，而第二种现象是系统学习的基础，因为它提供了变异和自然选择所依据的材料。我已经提过，哺乳动物，特别是人类，对环境的适应很大程度上是通过个体学习来完成的；而鸟类因其高度多样化的行为模式，无法在个体的生活中学习，因此它们更多依赖于系统发育学习。

我们已经了解了非线性反馈在这两个过程起源中的重要性。本章致力于研究特定的自组织系统，其中非线性现象起重要作用。我在此描述的内容，就是我认为在脑电图或脑电波的自组织中发生的现象。

在我们能够明智地讨论这个话题之前，我必须先谈谈什么是脑电波，以及它们的结构如何受精确数学处理的影响。多年来人们已经知道，神经系统的活动伴随着某些电势。对这个领域的初次观察可以追溯到19世纪初，伏特和伽伐尼在青蛙腿部进行的神经肌肉准备实验。这标志着电生理学[1]的诞生。然而，这门科学在20世纪前25年里，发展得都

---

〔1〕在神经科学中，电生理学指的是研究生物细胞或组织学特性的科学，其研究对象为神经元的电学特性，特别是动作电位包括细胞膜电势变化与跨膜电流的调节情况，涵盖多个维度，从单个离子通道蛋白至整个器官（如心脏）的电压或电流变化的测定值，测量对象包括神经元的放电活动，尤其是在动作电位的活动。——译者注

很缓慢。

为什么生理学的这一分支的发展如此缓慢，这一点非常值得反思。最早用于研究生理电势的原始仪器由电流计组成。这些仪表有两个缺点。第一个缺点是，移动电流计的线圈或指针所涉及的全部能量来自神经本身，而且过于微小。第二个缺点是，当时的电流计是一种仪器，其活动部件具有相当明显的惯性，必须有非常确切的恢复力才能将指针移动到特定位置。也就是说，电流计不仅是一种记录仪，而且是一种失真仪[1]。早期最好的生理电流计是艾因特霍芬[2]的弦线电流计[3]，其中的活动部件被简化为一根极细的导线。尽管按照当时的标准，这种仪器相当出色，但它还不足以记录小的电势而没有严重的失真。

因此，电生理学不得不等待一种新技术。这种技术就是电子技术，它有两种形式。其中之一是基于爱迪生发现的与气体传导有关的某些现象，并由此产生了真空管或电动阀[4]放大。这有助于我们合理地将弱电势转化为强电势。因此，我们能够通过使用不是来自神经而是由神经控

〔1〕失真仪，在测试和计量低频与超低频标准波形的过程中对波形失真度进行测定的专用仪器装置，主要用于电力系统及其他要求检测信号波形纯正程度的领域。——译者注

〔2〕威廉·艾因特霍芬（Willem Einthoven，1860—1927年），荷兰生理学家，在心电图学领域做出重要贡献，被称为"心电图之父"，于1924年获诺贝尔生理学或医学奖。——译者注

〔3〕弦线电流计，在永久磁铁或电磁铁的磁极间通过一根被拉紧的垂直弦线充当其可动部分的检流计。——译者注

〔4〕电动阀，又称空调阀，指用电动执行器控制阀门，以实现阀门的开和关，包括上下两部分，上半部分是电动执行器，下半部分是阀门。——译者注

□ 晶体管

晶体管是一种固体半导体器件,可以用于检波、整流、放大、开关、稳压、信号调制和其他许多功能。晶体管的研发历经了1950到1960年的十年,这期间,全世界掀起了一股"晶体管热",人们纷纷投入巨资研究、开发与生产晶体管和半导体器件。

制的能量来移动记录设备的最终元件。

第二项发明还涉及真空中的导电,这被称为阴极射线示波器[1]。这使得我们能够用比以往任何电流计都要轻得多的电枢作为仪器的运动部件(即电子流)。借助这两种装置,无论单独使用还是组合应用,20世纪的生理学家能够准确地跟踪小电位的时间进程[2],而这在19世纪则完全超出了精确仪器的可能范围。

有了这些手段,我们就能够准确记录插在头皮上或植入大脑的两个电极[3]之间产生的微小电位的时间进程。虽然这些电位在19世纪就已经

[1] 阴极射线示波器,一种显示电压波形的电子装置,包括示波管、放大器和锯齿波发生器等部件,它可以将信号电压施加于示波管的垂直偏转板,将锯齿波电压施加于水平偏转板,从而使电子束在荧光屏上绘制出待研究的电压波形,便于观察、记录或拍照,主要用于测量频率、相位、电压,分析电子管、晶体管的特性曲线,进行电化学测量等。——译者注

[2] 时间进程,描述观察者的时间进行快慢的物理用语。——译者注

[3] 电极,用于和电路中的非金属部分产生电接触的电导体,可充当传导电子的端,或充当传输电信号的器件。电极的"正负极"通过电势的高低来区分,而"阳阴极"则通过氧化或还原反应来区分;正负极与阳阴极之间不存在必然的固有关系。正极指的是原电池或电解池中电势较高的电极;而负极指的是原电池或电解池中电势较低的电极。——译者注

观察到了，但新的准确记录的出现让二三十年前的生理学家燃起了极大希望。使用这些设备直接研究大脑活动这一领域的代表人物，有德国的伯杰、英国的阿德里安和马修斯，以及美国的贾斯珀、戴维斯和吉布斯夫妇。

必须承认的是，到目前为止，脑电图的近期发展还未能实现该领域早期工作者的美好希望。他们当时的数据是由印字机记录下来的。这些数据是非常复杂和不规则的曲线；而且虽然可以辨别出某些主要的频率，比如每秒大约10次振荡的 α 节律，但是这种印字机记录的形式并不适合进一步的数学处理。其结果是，脑电图与其说是一门科学，不如说是一门技术，它依赖于训练有素的观察者在丰富经验的基础上识别印字机记录的能力。对脑电图的解读有很强的主观性，这是一个非常根本的缺陷。

20世纪20年代末到30年代初，我对连续过程的谐波分析产生了兴趣。虽然物理学家以前曾考虑过这类过程，但研究谐波分析的数学家几乎还局限于研究周期过程，或那些在某种意义上随时间变大、正向或负向而趋于零的过程。我的工作是最早尝试将连续过程的谐波分析建立在坚实的数学基础上。在这篇文章中，我发现最基本的概念是自相关，而泰勒（现在的杰弗里·泰勒爵士）已经在对湍流的研究[1]中使用了这个

---

〔1〕Taylor，G.I.，"Diffusion by Continuous Movements"，*Proceedings of the London Mathematical Society*，Ser. 2，20，196–212（1921–1922）.

□ IBM 701中使用的磁带驱动器

磁带通常是在塑料薄膜带基（支持体）上涂覆一层颗粒状磁性材料（如金属磁粉）或蒸发沉积上一层磁性氧化物或合金薄膜而成。最早曾使用纸和赛璐珞等做带基，现在主要用强度高、稳定性好和不易变形的聚酯薄膜。

概念。

这种时间函数 $f(t)$ 的自相关由 $f(t+\tau)$ 乘以 $f(t)$ 的时间平均值表示。即使在所研究的实际案例中，我们处理的是实变函数[1]，引入针对时间的复变函数[2]也是有利的。现在，自相关成为 $f(t+\tau)$ 与 $f(t)$ 的共轭乘积的平均值。无论处理的是实变函数还是复变函数，$f(t)$ 的功率谱[3]都是通过自相关的傅里叶变换给出的。

我已经谈论过印字机记录不适用于进一步数学处理的情况。在自相关概念产生更大影响之前，有必要用更适合仪

[1]实变函数，将实数当作自变量的函数。将实变函数当作研究对象的数学分支称为实变函数论。作为对微积分学的进一步发展，其基础为点集论（专门分析点所构成集合性质的理论），我们也可以认为实变函数论指基于点集论进而研究分析数学中某些基本概念和性质的理论。——译者注

[2]复变函数，将复数当作自变量和因变量的函数，与其相关的理论称为复变函数论。解析函数指的是复变函数中存在解析性质的一类函数，复变函数论的主要研究对象为复数域上的解析函数，因此复变函数论又通常叫做解析函数论。——译者注

[3]功率谱，又称功率谱密度函数，指的是单位频带内的信号功率，用于描述信号功率随频率而变化的情况，也就是信号功率在频域上的分布情况。功率谱描述信号功率与频率变化之间的关系，主要用于表述与分析功率信号（与能量信号相区分），其曲线（也就是功率谱曲线）通常用横坐标代表频率，用纵坐标代表功率。——译者注

器的其他记录方式。

记录小的波动电位以便进一步处理的最佳方法是使用磁带。这有助于以永久的形式存储波动电位，可以便于以后使用。大约十年前，在罗森布利斯教授和布雷热博士的指导下[1]，麻省理工学院电子学研究实验室设计了这样一种仪器。

在该装置中，磁带以其调频形式使用。原因是磁带的读取总是涉及一定量的擦除。对于调幅[2]磁带，这种擦除会引起所携带信息的变化，因此在连续读取磁带时，我们实际上是在跟踪变化的信息。

在频率调制中也会产生一定量的擦除，但是我们用来读取磁带的仪器对振幅相对不敏感，只读取频率。在磁带被严重擦除到完全无法读取之前，磁带的部分擦除不会明显扭曲它所携带的信息。因此这种磁带可以多次读取，其精确度基本上与第一次读取时相同。

正如自相关的性质所展示的那样，我们需要一种通过可调节的量将磁带读取延迟的工具。如果在具有一个接着一个的两个重放磁头的设备上播放一段持续时间为 A 的磁带记录，则会产生两个信号，除了时间上的

---

〔1〕Barlow, J. S., and R. M. Brown, *An Analog Correlator System for Brain Potentials*, Technical Report 300, Research Laboratory of Electronics, M. I. T., Cambridge, Mass.（1955）.
〔2〕调幅，又称幅度调制，指电子通信中使用的一种调制手段，主要用于无线电载波传输信息。在幅度调制中，载波幅度与所发送的波形之间存在比例变化关系，如该波形可能对应于扬声器再现的声音，也可能对应于电视像素的光强度。此种方式在载波频率变化的频率调制及相位变化的相位调制之间产生对比。——译者注

相对位移之外，这两个信号是一样的。时间位移取决于重放磁头之间的距离和磁带速度，而且可以随意改变。我们可以称其中一个为 $f(t)$，另一个为 $f(t+r)$，其中 r 是时间位移。例如，通过使用平方律整流器和线性混频器[1]，并利用以下恒等式[2]，可以形成两者的乘积。

$$4ab = (a+b)^2 - (a-b)^2 \qquad\qquad (10.01)$$

乘积可以通过与电阻—电容网络的积分进行近似平均，该网络具有比样本的持续时间 A 要长的时间常数。所得平均值与关于延迟 r 的自相关函数的值成比例。对关于各种 r 值过程的重复会产生关于自相关（或者更确切地说，从大的时基 A 上抽取的自相关）的值集。如图9所示的随附图表显示了这类实际自相关的布局[3]。请注意，这里只显示了曲线的一半，因为关于负时间的自相关肯定会与关于正时间的自相关相同，至少当我们用来取自相关值的曲线为实变函数时是这样。

应当指出，类似的自相关曲线已经在光学领域使用了很多年，用于获取这类曲线的仪器是迈克尔逊干涉仪[4]，如图10所示。通过反射镜和

---

〔1〕混频器，电子学中的一种非线性电路，可通过施加至其上的两个信号生成新的频率。——译者注

〔2〕在数学上，恒等式这种表达式指无论等式中的变量如何取值，等号两边永远相等。恒等式中的等号可以用恒等号"≡"代替。——译者注

〔3〕这项研究是在与马萨诸塞总医院神经生理学实验室和麻省理工学院通信生物物理学实验室的合作下进行的。——原注

〔4〕迈克尔逊干涉仪，一种精密光学仪器。该仪器借助分振幅法产生双光束来实现干涉，可将其调整以生成等厚干涉条纹或等倾干涉条纹，由美国物理学家迈克尔逊和（接下页注释）

r 以秒为单位

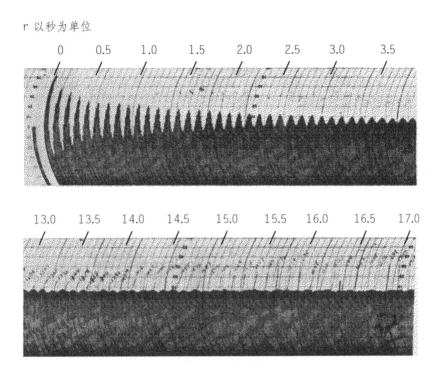

（图9）

透镜系统，迈克尔逊干涉仪将一束入射光分为两束，这两部分通过不同光程[1]的路径发送，然后再合并成一束光。不同光程的路径会导致不同

（接上页注释）莫雷于1881年为研究"以太"漂移而设计制造。阿尔伯特·亚伯拉罕·迈克耳逊（Albert Abraham Michelson，1852—1931年），波兰裔美国物理学家，因测量光速而闻名，特别是迈克耳逊-莫雷实验，于1907年获诺贝尔物理学奖，为美国芝加哥大学物理系的创办人士、首任系主任。——译者注

〔1〕光程，一种折合量，指相同时间内光线在真空中传播的距离，在传播时间相同或相位改变相同的前提下，将光在介质中传播的路程折合成光在真空中传播的相应路程。光程的数值为介质折射率与光在介质中传播路程相乘的结果。——译者注

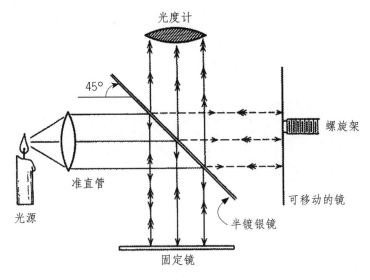

光度计

45°

螺旋架

准直管

可移动的镜

光源

半镀银镜

固定镜

（图10　迈克尔逊干涉仪）

的时间延迟，而且合成的光束是入射光的强度相等的两束光（入射光和透射光）之和，可以将其再次称为 $f(t)$ 和 $f(t+\tau)$。当光束强度通过功率敏感光度计[1]测量时，光度计的读数与 $f(t+\tau)+f(t+\tau)$ 的平方成正比，因此包含一个与自相关成正比的项。换句话说，干涉仪条纹的强度（线性变换除外）会呈现自相关信息。

　　所有这些都隐含在迈克尔逊的工作中。可以看出，通过对条纹进行

---

　　[1] 光度计，测量溶液中或特定表面下光线强度所用的一种仪器。大部分光度计通过光敏电阻、光电二极管或光电倍增管进行光线侦测。为了便于分析，可先让光线通过滤光器再进行量测，如需分析光谱或特定波长的光线，则让光线通过单色仪。——译者注

傅里叶变换，干涉仪可以得到光的功率谱，它实际上是光谱仪[1]。它确实是我们所知的最精确的光谱仪。这种类型的光谱仪是近几年才投入使用的。有人告诉我，它现在已成为精密测量的重要工具。其意义在于，我现在介绍的用于处理自相关记录的技术同样适用于光谱学，而且提供了可能将由光谱仪产生的信息推向极限的方法。

让我们讨论一下利用自相关获取脑电波的光谱的技术。设 $C(t)$ 是 $f(t)$ 的自相关。那么 $C(t)$ 可以表示为以下形式：

$$C(t) = \int_{-\infty}^{\infty} e^{2\pi i \omega t} dF(\omega) \qquad (10.02)$$

此时 F 始终是 ω 的递增函数[2]或至少是非递减函数[3]，我们将其称为 f 的累积光谱。通常，该累积光谱由三部分组成，并通过相加组合而成。谱线部分仅在可数点集处递增。去掉这部分后，我们会得到一个连续光谱[4]。该连续光谱本身是两部分之和，其中一部分仅在测度零的

---

〔1〕光谱仪，将成分复杂的光分解成光谱线所用的一种科学仪器，由棱镜或衍射光栅等组成。可通过光谱仪测量物体表面反射的光线。阳光中的七色光为肉眼可见的部分，如果通过光谱仪将阳光分解，从波长来看，可见光仅仅是光谱中很小的一部分，其余均为肉眼无法分辨的光谱（如红外线、微波、紫外线、X 射线）。——译者注

〔2〕递增函数，在任何自变量增加时，函数值并不减少的函数。——译者注

〔3〕非递减函数通常指按自然次序排序的实数集子集之间的映射，受实数上单调函数图形的启发。——译者注

〔4〕连续光谱，指光（辐射）的强度随频率变化呈连续分布的光谱。量子理论认为原子、分子处于各种分立状态。两个状态之间的跃迁形成光谱线。每个光谱线系倾向于短波极限，波长短于该极限即出现一个光谱的连续区，该极限叫做线系限。从该位置起，连续区的强度快速下降，该连续区为连续光谱。——译者注

集上递增，而另一部分是绝对连续的，是正可积函数的积分。

从现在起，让我们假设光谱的前两部分——离散部分和在测度零集上递增的连续部分——丢失了。在这种情况下，我们可以表示为

$$C(t) = \int_{-\infty}^{\infty} e^{2\pi i \omega t} \phi(\omega) d\omega \qquad (10.03)$$

其中 $\phi(\omega)$ 为光谱密度[1]。如果 $\phi(\omega)$ 是勒贝格类 L^2，那种我们可以表示为

$$\phi(\omega) = \int_{-\infty}^{\infty} C(t) e^{-2\pi i \omega t} dt \qquad (10.04)$$

正如通过观察脑电波的自相关所展示的那样，光谱功率的主要部分处于10个周期的邻近区域。在这种情况下，$\phi(\omega)$ 具有类似下图的形状：

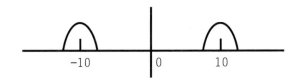

频率10赫兹和 –10赫兹附近的两个峰是彼此的镜像。

以数值方式执行傅里叶分析的方法多种多样，包括使用积分仪[2]和

---

〔1〕光谱密度，以波长 a 为中心的微小波长宽度范围内的辐射量 x（如辐通量、辐照度、辐亮度）与此波长宽度之间的比率。用于描述特定波长中光源的能量，该相对值与波长之间的函数关系对应于光谱功率而分布。——译者注

〔2〕积分仪，主要用于测量和控制应用的装置，其输出信号为其输入信号的时间积分。在规定时间内累积输入量从而形成代表性输出。——译者注

数值计算[1]过程。在这两种情况下，主峰都在10和−10附近，而不是在0附近，这给工作带来了不便。然而，也有将谐波分析转移到零频率邻近区域的模式，这大大减少了需要执行的工作。请注意

$$\phi(\omega - 10) = \int_{-\infty}^{\infty} C(t) e^{-2\pi it} e^{-20\pi i\omega t} dt \qquad (10.05)$$

换句话说，如果我们将 $C(t)$ 乘以 $e^{20\pi it}$，所得到的新的谐波分析会给出处于零频率邻近区域的一个频带，和频率在+20赫兹邻近区域的另一个频带。如果我们执行这种乘法，而且通过相当于使用滤波器的平均方法去除频带 +20赫兹，我们就可以把谐波分析缩小到零频率邻近区域的分析。

现在

$$e^{20\pi it} = \cos 20\pi t + i \sin 20\pi t \qquad (10.06)$$

因此，$C(t)e^{20\pi it}$ 的实部和虚部分别由 $C(t) \cos 20\pi t$ 和 $iC(t) \sin 20\pi t$ 给出。+20赫兹邻近区域频率的去除可以将这两个函数通过低通滤波器[2]来执行，这相当于在 $\frac{1}{20}$ 秒或更长的时间间隔上对它们取平均值。

假设现在有一条曲线，其中大部分功率几乎处于 10赫兹的频率上。

---

〔1〕数值计算是通过高效运用数字计算机以寻求数学问题近似解的手段与过程，是由相关理论构成的学科，主要研究对象为如何通过计算机获得各种数学问题（如连续系统离散化和离散形方程）的最优解，同时处理误差、收敛性及稳定性等问题。——译者注

〔2〕作为一种信号过滤方式，低通滤波器容许低频信号正常通过，抑制高于临界值的高频信号通过。——译者注

当我们将其乘以 $20\pi t$ 的余弦或正弦时，我们会得到一条曲线，它是两部分之和，其中一部分可以局部性地表现为：

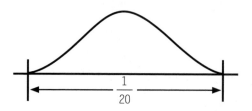

而另一部分表现为：

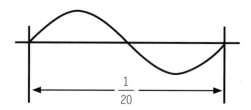

当我们在 $\dfrac{1}{10}$ 秒的时间内对第二条曲线取平均值时，结果为零。当我们对第一条曲线取平均值时，结果得到最大高度的一半。其结果表明，通过对 $C(t)\cos 20\pi t$ 和 $iC(t)\sin 20\pi t$ 的平滑处理，我们可以分别得到一个函数的实部和虚部的良好近似值，其中该函数频率的所有部分均处于零附近，而且该函数的分布频率处于零附近，而 $C(t)$ 光谱的一部处于10赫兹附近。现在设 $K_1(t)$ 为平滑 $C(t)\cos 20\pi t$ 的结果，而 $K_2(t)$ 为平滑 $C(t)\sin 20\pi t$ 的结果。我们希望得到

$$\int_{-\infty}^{\infty}\left[K_1(t)+iK_2(t)\right]\mathrm{e}^{-2\pi i\omega t}\mathrm{d}t$$

$$=\int_{-\infty}^{\infty}\left[K_1(t)+iK_2(t)\right]\left[\cos 2\pi\omega t-i\sin 2\pi\omega t\right]\mathrm{d}t \qquad (10.07)$$

这个表达式必须为实变函数，因为它是一个光谱。因此，它的结果为

$$\int_{-\infty}^{\infty} K_1(t)\cos 2\pi\omega t\, dt + \int_{-\infty}^{\infty} K_2(t)\sin 2\pi\omega t\, dt \qquad (10.08)$$

换句话说，如果我们对 K_1 进行余弦分析，对 K_2 进行正弦分析，并将二者相加，我们可以得到 f 的位移谱。可以看出，K_1 是偶数，K_2 是奇数。这意味着，如果我们对 K_1 进行余弦分析，而且加上或减去 K_2 的正弦分析结果，我们可以分别得到距离 ω 处中心频率左侧和右侧的光谱。这种获得光谱的方法可以称为外差法[1]。

对于局部近似为正弦周期的自相关值，例如 0.1赫兹（如图9所示脑电波自相关中出现的那种），这种外差法所涉及的计算可以得到简化。我们以秒的时间间隔取自相关的值。我们然后再取0秒、$\frac{1}{20}$秒、$\frac{2}{20}$秒、$\frac{3}{20}$秒等的时间序列，以此类推，并用奇数分子改变那些分数的符号。我们在适当的持续时间内连续对这些值进行平均，从而得到一个几乎等于 $K_1(t)$ 的量。如果我们对 $\frac{1}{40}$秒、$\frac{3}{40}$秒、$\frac{5}{40}$秒等的时间序列进行类似处理，交替地改变这些值的符号，然后执行与之前相同的平均过程，我们就可以得到 $K_2(t)$ 的近似值。从这个阶段开始，整个运算程序就变得很清晰了。

---

〔1〕在干涉信号相位中使用载波的方法叫做外差法。通过改变参考信号的频率，从而使之与测量信号之间形成频率差，参考信号与测量信号被干涉后，干涉信号相位中涵盖相位调制项（载波）与被测量项，对干涉信号执行解调即可获得被测量的相位。——译者注

该步骤的合理性在于质量分布[1]

在点 $2\pi n$ 处为1，

在点（$2n+1$）π 处为 -1 。

在其他地方为0。

当对其进行谐波分析时，将包含频率1的余弦分量，但是没有任何正弦分量。类似地，如果质量的分布

在（$2n + \frac{1}{2}$）π 处为1，

在（$2n - \frac{1}{2}$）π 处为 -1，

在其他地方为0。

那么它将包含频率1的正弦分量，但是没有任何余弦分量。两种分布也将包含频率 N 的分量，但是由于我们所分析的原始曲线在这些频率下呈现不足或几乎不存在，因此这些项不会产生任何效果。这大大简化了我们的外差法，因为我们唯一需要相乘的系数是 + 1 或 – 1。

我们发现，当只有手动方法可供使用时，这种外差法在脑电波的谐波分析中非常有用。如果我们在不使用外差法的前提下执行谐波分析的所有细节，那么大部分工作将变得难以执行。我们关于大脑光谱谐波分析的所有早期工作都是通过外差法执行的。然而，由于后来证明可以用数字计算机处理数据，减少大部分计算工作已不是什么难事，因此我们

---

〔1〕在物理学和力学中，质量分布指实体内部质量的空间分布。——译者注

在谐波分析方面的大部分后续工作，都是在不使用外差法的前提下直接执行的。在数字计算机不可用的地方，仍有许多工作要做，因此我认为外差法在实践中并未过时。

我在这里介绍一部分我们在工作中获得的特定自相关的内容。由于自相关涉及的数据量很大，此时将其作为一个整体再现显得不太合适，因此我们仅给出了 $\tau = 0$ 邻近区域的起始部分，以及其稍远处的一部分。

图11表示一条自相关谐波分析的结果，其中的部分结果见图9。在这里，我们的结果是用高速数字计算机[1]获得的，但我们发现这个光谱与我们之前通过外差法手动获得的光谱之间非常一致，至少在光谱的强烈部分附近是如此。

当我们检查这条曲线时，我们会发现在每秒 9.05赫兹的频率附近，功率发生了显著下降。光谱明显淡出的点非常尖锐，而且给出了一个客观的量，这个量可以用比迄今为止脑电图中出现的任何量都高得多的精度加以验证。有一定量的迹象表明，在我们得到的（不过在其细节的可靠性方面存疑）的其他曲线中，这种功率的突然下降很快就会伴随着突然上升，因此在二者之间会出现一个曲线的凹陷。不管事实是否如此，毋庸置疑，与峰值功率[2]对应的是将功率从曲线较低的区域拉离的趋势。

---

　〔1〕使用了麻省理工学院计算中心的 IBM–709 计算机。——原注

　〔2〕峰值功率，指电路元件在电源单位时间内，其能量的最大变化量具有大小和正负之分。——译者注

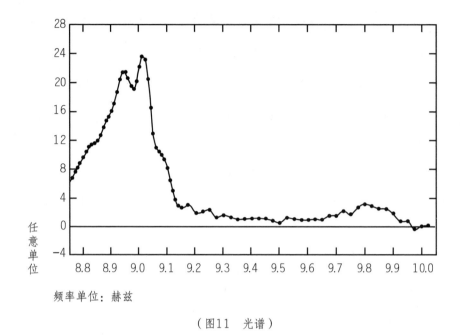

频率单位：赫兹

（图11 光谱）

在我们获得的光谱中，值得注意的是，峰值[1]的绝大部分位于周期的大约三分之一的范围内。有趣的是，在四天后记录的同一波的另一张脑电图中，这个顶峰的大致宽度得以保留，而且有不止一个迹象表明，顶峰的形状在细节上也基本保持不变。我们还有理由相信，对于其他波来说，顶峰的宽度会有所不同，甚至可能会窄一点。关于这个观点的彻底验证有待进一步研究。

---

〔1〕峰值，指规定时间间隔内，变化中的电流、电压或功率所具有的最大瞬间值。——译者注

我们热切希望这里提到的工作能够有人以更好的仪器进行更精确的测量，从而使我们在此提出的建议能够得到明确的证实或证伪。

现在我想谈谈抽样的问题。为此，我必须介绍一些本人从先前在函数空间积分意义上进行的研究[1]中得出的想法。在这个工具的帮助下，我们应能够针对具有给定光谱的连续过程构建统计模型[2]。虽然这个模型并非产生脑电波过程的精确复制，但它已足够给出脑电波光谱的均方根误差[3]的统计学意义的信息，正如本章介绍的那样。

我在这里不加证明地陈述了某个实变函数 $x(t, \alpha)$ 的一些性质，这在本人关于广义谐波分析的论文和其他文章[4]中已经陈述过。实变函数 $x(t, \alpha)$ 依赖于从 $-\infty$ 到 ∞ 的变量 t 和从0到1的变量 α。它表示依赖于时间 t 和统计分布参数 α 的布朗运动的一个空间变量。表达式

$$\int_{-\infty}^{\infty} \phi(t) \mathrm{d}x(t, \alpha) \tag{10.09}$$

---

〔1〕Wiener, N., "Generalized Harmonic Analysis", *Acta Mathematica*, 55, 117–258（1930）; *Nonlinear Problems in Random Theory*, The Technology Preas of M.I.T. and John Wiley & Sons, Inc., New York, 1958.

〔2〕统计模型，基于概率论、利用数学统计方法而构建的模型。对某些过程而言，无法通过理论分析法推导其模型，但可通过试验方式测定数据，利用数理统计法得到各变量之间的函数关系。——译者注

〔3〕均方根误差，又称均方根偏差，指用于衡量模型预测值或估计量与观测值之间差异的一种指标。均方根偏差表示预测值和观察值之差的二阶样本矩的平方根，或此差值的平方平均数。当使用计算估计量的数据样本本身计算这些离差时，通常称差值为残差；当不基于样本得出的估计量计算差值时，通常称为误差或预测误差。——译者注

〔4〕同注〔1〕。

定义了勒贝格 L^2 类从 $-\infty$ 到 ∞ 的所有函数 $\phi(t)$。如果 $\phi(t)$ 具有属于 L^2 的导数，则式（10.09）定义为

$$-\int_{-\infty}^{\infty} x(t,\alpha)\phi'(t)\mathrm{d}t \qquad (10.10)$$

然后通过某个定义明确的极限过程对所有属于 L^2 类函数 $\phi(t)$ 进行定义。其他积分

$$\int_{-\infty}^{\infty} \cdots \int_{-\infty}^{\infty} K(\tau_1,\cdots,\tau_n)\mathrm{d}x(\tau_1,\alpha)\cdots\mathrm{d}x(\tau_n,\alpha) \qquad (10.11)$$

均以类似方式定义。我们使用的基本定理为

$$\int_0^1 \mathrm{d}\alpha \int_{-\infty}^{\infty} \cdots \int_{-\infty}^{\infty} K(\tau_1,\cdots,\tau_n)\mathrm{d}x(\tau_1,\alpha)\cdots\mathrm{d}x(\tau_n,\alpha) \qquad (10.12)$$

通过设

$$K_1\left(\tau_1,\ \cdots,\ \tau_{\frac{n}{2}}\right) = \sum K(\sigma_1,\ \sigma_2\cdots,\ \sigma_n) \qquad (10.13)$$

来得到。式中，τ_k 是通过令所有可能的各个 σ_k 对彼此相等（如果 n 为偶数）得到的，则式（10.12）可写成

$$\int_{-\infty}^{\infty} \cdots \int_{-\infty}^{\infty} K_1\left(\tau_1,\cdots,\tau_{\frac{n}{2}}\right)\mathrm{d}\tau_1,\cdots,\mathrm{d}\tau_{\frac{n}{2}} \qquad (10.14)$$

如果 n 为奇数，

$$\int_0^1 \mathrm{d}\alpha \int_{-\infty}^{\infty} \cdots \int_{-\infty}^{\infty} K(\tau_1,\cdots,\tau_n)\mathrm{d}x(\tau_1,\alpha)\cdots\mathrm{d}x(\tau_n,\alpha) = 0 \qquad (10.15)$$

关于这些随机积分的另一个重要定理是：如果 $F\{g\}$ 是 $g(t)$ 的泛函，那么 $F[x(t,\alpha)]$ 是 α 中属于 L 的函数，而且仅依赖于 $x(t_2,\alpha) - x(t_1,\alpha)$ 的差，那么对于几乎所有 α 值，对每个 t 都有

$$\lim_{A\to\infty} \frac{1}{A} \int_0^A \mathfrak{F}[x(t,\alpha)]\mathrm{d}t = \int_0^1 \mathfrak{F}[x(t_1,\alpha)]\mathrm{d}\alpha \qquad (10.16)$$

这就是伯克霍夫遍历定理，而且已经得到了我与其他人的证明[1]。

前面提到的《数学学报》的文章中已经确定，并且提到如果 U 是函数 $K(t)$ 的实幺正变换[2]，

$$\int_{-\infty}^{\infty} UK(t)\mathrm{d}x(t,\alpha) = \int_{-\infty}^{\infty} K(t)\mathrm{d}x(t,\beta) \tag{10.17}$$

其中，β 与 α 的区别仅在于区间（0，1）到自身的保测变换。

现在设 $K(t)$ 属于 L^2，并且在遵守普朗歇尔定理[3]的前提下设

$$K(t) = \int_{-\infty}^{\infty} q(\omega)\mathrm{e}^{2\pi\mathrm{i}\omega t}\,\mathrm{d}\omega \tag{10.18}$$

让我们检查一下实变函数

$$f(t,\alpha) = \int_{-\infty}^{\infty} K(t+\tau)\mathrm{d}x(\tau,\alpha) \tag{10.19}$$

它表示线性换能器对布朗输入的响应。

它有自相关值

$$\lim_{T\to\infty}\frac{1}{2T}\int_{-T}^{T} f(t_1+\tau,\alpha)\overline{f(t,\alpha)}\,\mathrm{d}t \tag{10.20}$$

---

〔1〕Wiener, N., "The Ergodic Theorem", Duke Mathematical Journal, 5, 1–39（1939）; also in *Modern Mathematics for the Engineer*, E.F. Beckenbach（Ed.）, McGraw–Hill, New York, 1956, pp. 166–168.

〔2〕在数学中，幺正变换指保留内积的一种变换，即变换之前的两个向量的内积与变换之后的内积相等。幺正变换指通过幺正算符进行的变换，变换对象包括基矢和算符。更确切地说，幺正变换指两个希尔伯特空间之间的同构，又称双射函数。——译者注

〔3〕Wiener, N., "Plancherel's Theorem", *The Fourier Integral and Certain of Its Applications*, The University Press, Cambridge, England, 1933, pp. 46–71; Dover Publications, Inc., New York.

而且根据遍历定理，对于 α 的几乎所有值，都可以得到

$$\int_0^1 \mathrm{d}\alpha \int_{-\infty}^{\infty} K(t_1+\tau)\mathrm{d}x(1,\alpha)\int_{-\infty}^{\infty} \overline{K(t_2)}\mathrm{d}x(t_2,\alpha)$$

$$= \int_{-\infty}^{\infty} K(t+\tau)\overline{K(t)}\mathrm{d}t \qquad\qquad (10.21)$$

那么光谱几乎总是

$$\int_{-\infty}^{\infty} \mathrm{e}^{-2\pi\mathrm{i}\omega\tau}\mathrm{d}\tau \int_{-\infty}^{\infty} K(t+\tau)\overline{K(t)}\mathrm{d}t$$

$$= \left|\int_{-\infty}^{\infty} K(\tau)\mathrm{e}^{-2\pi\mathrm{i}\omega\tau}\mathrm{d}\tau\right|^2$$

$$= |q(\omega)|^2 \qquad\qquad (10.22)$$

然而，这才是实际的光谱。在平均时间 A（在我们的例子中为2700秒）上取样的自相关将为

$$\frac{1}{A}\int_0^A f(t_1+\tau,\alpha)\overline{f(t,\alpha)}\mathrm{d}t$$

$$= \int_{-\infty}^{\infty} \mathrm{d}x(t_1,\alpha)\int_{-\infty}^{\infty}\mathrm{d}x(t_2,\alpha)\frac{1}{A}\int_0^A K(t_1+\tau+s)\overline{K(t_2+s)}\mathrm{d}s \quad(10.23)$$

因此得到的采样光谱几乎总是具有时间平均值

$$\int_{-\infty}^{\infty}\mathrm{e}^{-2\pi\mathrm{i}\omega\tau}\mathrm{d}\tau\frac{1}{A}\int_0^A \mathrm{d}s\int_{-\infty}^{\infty} K(t+\tau+s)\overline{K(t+s)}\mathrm{d}t = |q(\omega)|^2 \qquad (10.24)$$

也就是说，采样光谱与真实光谱具有相同的时间平均值。

出于许多目的，我们对近似光谱感兴趣，其中 τ 的积分仅在（0，B）上进行，而 B 在我们已经展示过的特定情况中为20秒。请记住 $f(t)$ 为

实函数，并且自相关为对称[1]函数。因此，我们可以将从0到 B 的积分替换为从 $-B$ 到 B 的积分：

$$\int_{-B}^{B} e^{-2\pi i u\tau}\, d\tau \int_{-\infty}^{\infty} dx(t_1,\alpha) \int_{-\infty}^{\infty} dx(t_2,\alpha) \frac{1}{A} \int_{0}^{A} K(t_1+\tau+s)$$

$$\times \overline{K(t_2+s)}\, ds \qquad (10.25)$$

这样将得到其平均值：

$$\int_{-B}^{B} e^{-2\pi i u\tau}\, d\tau \int_{-\infty}^{\infty} K(t+\tau)\overline{K(t)}\, dt = \int_{-B}^{B} e^{-2\pi i u\tau}\, d\tau \int_{-\infty}^{\infty} |q(\omega)|^2 e^{2\pi i \tau\omega}\, d\omega$$

$$= \int_{-\infty}^{\infty} |q(\omega)|^2 \frac{\sin 2\pi B(\omega-u)}{\pi(\omega-u)}\, d\omega \qquad (10.26)$$

近似谱在 $(-B, B)$ 上的平方将为

$$\left| \int_{-B}^{B} e^{-2\pi i u\tau}\, d\tau \int_{-\infty}^{\infty} dx(t_1,\alpha) \int_{-\infty}^{\infty} dx(t_2,\alpha) \frac{1}{A} \int_{0}^{\infty} K(t_1+\tau+s)\overline{K(t_2+s)}\, ds \right|^2$$

其平均值为

$$\int_{-B}^{B} e^{-2\pi i u\tau}\, d\tau \int_{-B}^{B} e^{2\pi i u\tau_1}\, d\tau_1 \frac{1}{A^2} \int_{0}^{A} ds \int_{0}^{A} d\sigma \int_{-\infty}^{\infty} dt_1 \int_{-\infty}^{\infty} dt_2$$

$$\times \Big[K(t_1+\tau+s)\overline{K(t_1+s)K(t_2+\tau_1+\sigma)}K(t_2+\sigma)$$

$$+ K(t_1+\tau+s)\overline{K(t_2+s)K(t_1+\tau_1+\sigma)}K(t_2+\sigma)$$

$$+ K(t_1+\tau+s)\overline{K(t_2+s)K(t_2+\tau_1+\sigma)}K(t_1+\sigma) \Big]$$

---

〔1〕对称，指某个特性不因数学变换而变化。若某个物件可通过其他物件的不变转换而得到，则二个物件通过不变转换而存在互相对称关系，也就是等价关系。——译者注

$$= \left[\int_{-\infty}^{\infty} |q(\omega)|^2 \frac{\sin 2\pi B(\omega - u)}{\pi(\omega - u)} d\omega \right]^2$$

$$+ \int_{-\infty}^{\infty} |q(\omega_1)|^2 d\omega_1 \int_{-\infty}^{\infty} |q(\omega_2)|^2 d\omega_2$$

$$\times \left[\frac{\sin 2\pi B(\omega_1 - u)}{\pi(\omega_1 - u)} \right]^2 \frac{\sin^2 A\pi(\omega_1 - \omega_2)}{\pi^2 A^2(\omega_1 - \omega_2)^2}$$

$$+ \int_{-\infty}^{\infty} |q(\omega_1)|^2 d\omega_1 \int_{-\infty}^{\infty} |q(\omega_2)|^2 d\omega_2$$

$$\times \frac{\sin 2\pi B(\omega_1 + u)}{\pi(\omega_1 + u)} \frac{\sin 2\pi B(\omega_2 - u)}{\pi(\omega_2 - u)} \frac{\sin^2 A\pi(\omega_1 - \omega_2)}{\pi^2 A^2(\omega_1 - \omega_2)^2} \tag{10.27}$$

众所周知，如果用 m 表示平均值，

$$m\left[\lambda - m(\lambda)\right]^2 = m(\lambda^2) - \left[m(\lambda)\right]^2 \tag{10.28}$$

那么，近似采样光谱的均方根误差应为

$$\sqrt{\begin{aligned} &\int_{-\infty}^{\infty} |q(\omega_1)|^2 d\omega_1 \int_{-\infty}^{\infty} |q(\omega_2)|^2 d\omega_2 \frac{\sin^2 A\pi(\omega_1 - \omega_2)}{\pi^2 A^2(\omega_1 - \omega_2)} \\ &\times \left(\frac{\sin^2 2\pi B(\omega_1 - u)}{\pi^2(\omega_1 - u)^2} + \frac{\sin 2\pi B(\omega_1 + u)}{\pi(\omega_1 + u)} \frac{\sin 2\pi B(\omega_2 - u)}{\pi(\omega_2 - u)} \right) \end{aligned}} \tag{10.29}$$

现在，

$$\int_{-\infty}^{\infty} \frac{\sin^2 A\pi u}{\pi^2 A^2 u^2} du = \frac{1}{A} \tag{10.30}$$

因此

$$\int_{-\infty}^{\infty} g(u) \frac{\sin^2 A\pi(\omega - u)}{\pi^2 A^2(\omega - u)} d\omega \tag{10.31}$$

为 $\dfrac{1}{A}$ 乘以 $g(\omega)$ 的移动加权平均值。如果平均数量在 $\dfrac{1}{A}$ 小范围内近

似为常数，而且此时作为合理假设，我们将得到光谱任何一点上均方根误差的近似主导值

$$\sqrt{\frac{2}{A}\int_{-\infty}^{\infty}|q(\omega)|^4\frac{\sin^2 2\pi B(\omega-u)}{\pi^2(\omega-u)^2}\mathrm{d}\omega} \qquad (10.32)$$

我们要注意的是，如果近似采样光谱在 $u=10$ 时有最大值，那么它此时的值为

$$\int_{-\infty}^{\infty}|q(\omega)|^2\frac{\sin 2\pi B(\omega-10)}{\pi(\omega-10)}\mathrm{d}\omega \qquad (10.33)$$

这对于平滑 $q(\omega)$ 来说，这个值不会离 $|q(10)|^2$ 很远。此时称为测量单位的光谱的均方根误差为

$$\sqrt{\frac{2}{A}\int_{-\infty}^{\infty}\left|\frac{q(\omega)}{q(10)}\right|^4\frac{\sin^2 2\pi B(\omega-10)}{\pi^2(\omega-10)^2}\mathrm{d}\omega} \qquad (10.34)$$

因此它不会大于

$$\sqrt{\frac{2}{A}\int_{-\infty}^{\infty}\frac{\sin^2 2\pi B(\omega-10)}{\pi^2(\omega-10)^2}\mathrm{d}\omega}=2\sqrt{\frac{B}{A}} \qquad (10.35)$$

在我们已经考虑的情况下，其结果应为

$$2\sqrt{\frac{20}{2700}}=2\sqrt{\frac{1}{135}}\approx\frac{1}{6} \qquad (10.36)$$

如果我们假设凹陷现象为真实情况，或者甚至假设在曲线上大约在9.05赫兹的频率时发生的突然下降为真实情况，那么就需要思考与此相关的几个生理学问题。这三个主要问题涉及我们所观察到的这些现象的生理功能、产生这些现象的生理机制，以及这些观察结果在医学上的可能应用。

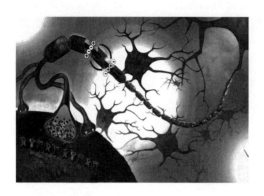

□ 神经脉冲的刺激

胞体和树突接收信号，轴突传递信号，轴突的末梢分支再向下一级神经元或可兴奋细胞发出信号。在轴突上，信号的主要载体是神经脉冲。先发生神经脉冲的部位和相邻部位因膜电位水平不同而形成局部电流，刺激相邻部位产生神经脉冲。而在神经元之间，信号的主要载体是神经递质。上一神经元轴突所传送的脉冲，刺激突触前膜释放出递质，从而改变突触后膜的电位水平，影响下一神经元产生神经脉冲的可能性。一个神经元是否发生神经脉冲，取决于它所接受的所有突触作用之和。

请注意，一条尖锐的光谱线就相当于一个精确的时钟。由于大脑在某种意义上是一种控制和计算装置，因此很自然我们要问，其他形式的控制和计算装置是否也使用时钟？事实上，大多数计算装置的确是有用的。人们在这种装置中使用时钟以达到选控的目的。所有此类装置必须将大量脉冲组合成单个脉冲。如果这些脉冲仅通过接通或断开电路来传输，则脉冲的定时功能就不那么重要了，因而不需要闸流。然而，这种传输脉冲的方法会导致整个电路被占用，直到消息发送完毕，这就造成装置的大部分功能在一个时间不确定的周期内处于闲置状态。因此，在计算或控制装置中，通过接通和断开的组合信号来传输消息是可取的。这样会立即释放装置功能，以待进一步使用。为了实现这一点，必须将这些消息存储起来，确保它们可以被同时释放，而且当它们仍然在机器上时能被合并。为此，需要提供一个闸流，而且这个闸流可以通过使用时钟方便地执行。

　　众所周知，至少在较长神经纤维的情况下，神经脉冲[1]是由顶峰携带的，而顶峰的形式与生成顶峰的方式无关。这些顶峰的组合是突触机制的功能。在这些突触中，大量传入纤维被连接到传出纤维上。当传入纤维的适当组合在很短的时间间隔内触发时，传出纤维就会触发。在这种组合中，传入纤维的效果在某些情况下是加性的，因此，如果超过一定数量的纤维被触发，则会达到允许传出纤维触发的阈值。在其他情况下，其中一些传入纤维具有抑制作用，可以绝对阻止纤维触发，或者至少提高其他纤维的阈值。在这两种情况下的任何一种情况中，短的组合周期是完全必要的，而且如果传入的消息不在这个短周期内，它们就不会组合。因此，有必要提供某种门控机制，以允许传入消息基本上同时到达。否则，突触就不能起到组合机制的功能[2]。

　　然而，我仍然相信我们值得进一步证明这种门控确实是存在的。加州大学洛杉矶分校心理学系的唐纳德·林德斯利[3]教授的一些工作就

---

　　〔1〕神经脉冲，指通过神经细胞突触的电化学传导，使有机体在受到外界刺激后能够做出反应。——译者注

　　〔2〕这是一个关于已发生的状况，特别是在大脑皮层中发生的事情的简化模型。因为神经元的全有或全无反应取决于它们是否具有足够的长度，从而确保神经元本身的传入脉冲形式的重构接近于渐近形式。然而，以大脑皮层为例，由于神经元较短，同步的必要性仍然存在，尽管过程的细节要复杂得多。——原注

　　〔3〕唐纳德·B. 林德斯利（Donald B. Lindsley，1907—2003年），美国生理心理学家，脑功能研究领域的先驱人物。——译者注

与此相关。他研究的是视觉信号的反应时间。众所周知，当一个视觉信号到达时，它所刺激的肌肉活动不会立即发生，而是在一定的延迟后发生。林德斯利教授已经证明，这种延迟并非恒定不变，而是由三个部分组成。其中一个部分具有恒等长度，而另外两个部分似乎在大约 $\frac{1}{10}$ 秒内均匀分布。中枢神经系统似乎每隔 $\frac{1}{10}$ 秒就接收一次传入脉冲，而且传入肌肉的传出脉冲也似乎每隔 $\frac{1}{10}$ 秒就从中枢神经系统到达肌肉。这是关于门控的一个实验证据；而且这种门控与 $\frac{1}{10}$ 秒之间的关联，也就是大脑的中央 α 节律的近似周期的关联，很可能并非偶然。

关于中央 α 节律作用的讨论就到此为止。现在的问题在于产生这种节律的机制。此时，我们必须提出即 α 节律可以由闪烁驱动的事实。如果一束光以接近 $\frac{1}{10}$ 秒的周期间隔闪烁进入眼睛，那么大脑的 α 节律就会改变，直到它具有与闪烁相同周期的强成分出现。毫无疑问，这种闪烁会在视网膜上产生电闪烁，而且几乎可以肯定的是，在中枢神经系统中也会产生这种电闪烁。

然而，有一些直接证据表明，纯粹的电闪烁也可能产生类似于视觉闪烁的效果。这项实验已在德国进行。提供一个房间，地面用导电地板铺成，天花板用绝缘导电金属板制成。将受试者安置在这个房间里，使地板和天花板与发电机相连，发电机会产生交变电位，而且其频率可能接近每秒10个周期。受试者体验到的效果非常紊乱，与类似闪烁的令人不安的效果大致相同。

当然，有必要在更可控的条件下重复这些实验，而且同时要采集受试者的脑电图。然而，就实验的结果而言，有迹象表明，与视觉闪烁相同的效果可以通过由静电感应[1]生成的电闪烁来得到。

重要的是我们应注意，如果振荡器的频率可以通过不同频率的脉冲来改变，那么这个振荡器的机制一定是非线性的。作用于给定频率的振荡的线性机制只能产生具有相同频率的振荡，通常只有相位和振幅会有一些变化。对于非线性机制而言，情况并非如此，因为非线性机制可能会产生频率振荡，这些频率是不同阶数[2]的和与差、振荡器频率与外加干扰的频率的和与差。这种机制很有可能改变频率；在我们已经考虑过的情况下，这种改变将具有吸引力的性质。这种吸引力将是一种长时间或长期的现象，并且在短时间内该系统将保持线性近似[3]，这并非不可能。

考虑这样一种可能性，即大脑包含许多振荡器，其频率接近10赫兹。在这种限制范围内，这些频率可以相互吸引。此时这些频率很可能会聚集到一个或多个小束中，至少在光谱的某些区域是这样。聚集到这

---

〔1〕静电感应，物体内的电荷受到外界电荷的影响得以重新分布的现象。此现象由英国科学家约翰·坎通（John Canton，1718—1772年）和瑞典科学家约翰·卡尔·维尔克（Johan Carl Wilcke，1732—1796年）分别于1753年和1762年发现。静电发电机（如威姆斯赫斯特电机、范德格拉夫起电机和起电盘）均运用了该原理。——译者注

〔2〕阶数，数学术语，表示正方形矩阵的大小。与其关联度较高的矩阵的"秩"指一个矩阵中不等于零的子式的最大阶数。此时中文"子式"指行列式。——译者注

〔3〕在数学中，线性近似指通过线性函数对普通函数进行近似。该线性函数叫做仿射函数。——译者注

些小束中的频率将不得不从某个地方分离，从而在光谱中造成间隙，此时功率低于我们本应预期的功率。对于自相关的个体，这种现象实际上可能发生在脑电波的产生过程中，如图9所示。频率为每秒9.0个周期的位置上，功率急剧下降。这一点不容易发现，因为早期作者使用的谐波分析的分辨率较低[1]。

为了使这种关于脑电波起源的这个解释站得住脚，我们必须检查大脑中设想的振荡器的存在和性质。麻省理工学院的罗森布利斯教授已经向我说明了一种称为"后放电现象"的存在状况[2]。当一束光照射到眼睛时，大脑皮层中与光相关联的电位不会立即归零，相反，在它们消失之前会经过一系列的正负相位。我们可以对这种电位的模式进行谐波分析，并发现其在10赫兹附近具有较大的功率。这一点至少与我们在此讨论的脑电波自组织理论并不矛盾。在其他身体节律中，已经观察到这些由短时振荡聚集为持续振荡的现象了，例如在许多生物中观察到的大约23.5小时的昼夜节律[3]。 这种节律可以随外部环境的变化，聚集到昼夜

---

〔1〕我必须说，英国布里斯托尔负荷神经研究所的威廉·格雷·华特博士已经获得了一些关于存在狭窄中枢节律的证据。我不了解其方法的全部细节；然而，据我所知，他所指的现象主要在于这样一个事实，即在他的脑电波拓扑图中，当从中心向外时，指示频率的射线仅限于相对狭窄的区域内。——原注

〔2〕Barlow, J. S., "Rhythmic Activity Induced by Photie Stimulation in Relation to Intrinsic Alpha Activity of the Brain in Man", *EEG Clin. Neurophysiol.*, 12, 317–326（1960）.

〔3〕*Cold Spring Harbor Symposium on Quantitative Biology*, Voluine XXV（*Biological Clocks*）, The Biological Laboratory, Cold Spring Harbor, L. I., N. Y., 1960.

24小时的节律中。从生物学的角度看，生物的自然节律是否恰好为24小时并不重要，只要它能够被外部环境改变到24小时节律上即可。

一个用于证明本人关于脑电波假说的正确性的有趣实验，是以萤火虫或其他动物，如蟋蟀或青蛙为研究对象的实验，因为这些动物能够发出可察觉的视觉或听觉脉冲，而且可以接收这些脉冲。人们常常认为，树上的萤火虫会齐刷刷地闪光，而且这种明显现象被归结为人类的视觉错觉。我听说这种现象在东南亚的一些萤火虫中非常明显，人们很难将其归结为幻觉。现在萤火虫有了双重作用。一方面，它是具有一定周期性脉冲的激发器，而另一方面，它拥有这些脉冲的接收器。关于频率聚集的同一种假想现象是否也会发生呢？为了进行这项研究，有必要准确记录闪光，以便进行准确的谐波分析。此外，萤火虫应受到周期性的光照，例如来自闪烁霓虹灯管的光照，以便确定这种光照是否有将萤火虫自身聚集到频率中的趋势。如果是这样的话，我们应尝试获得这些自发闪光的准确记录，并进行自相关分析，类似于我们在脑电波而言进行的自相关分析。尽管我不敢对尚未开展实验的结果发表意见，但是这一研究思路让我觉得实验会很有希望而且不太难。

频率吸引现象也发生在某些非生物环境中。考虑一些交流发电机，其频率由连接到原动机的调速器控制。这些调速器将频率保持在相对狭窄的区域内。假设发电机的输出并联在母线上，电流从母线输出到外部负载，通常由于照明等的开启和关闭，外部负载或多或少会受到随机波动的影响。为了避免老式中央发电厂中出现的人为切换问题，我们假设发电机的开关是自动的。当发电机的速度和相位足够接近系统中其他发电机的速度和相位时，自动机将其连接到母线上，如果它可能偏离适当的频率和相位太远，类似的装置会自动将其关闭。在这样的系统中，运行过快因而频率过高的发电机承担的负载部分大于其正常份额，而运行过慢的发电机承担的负载部分低于其正常份额。结果是，发电机的频率之间存在吸引力。整个发电系统的行为就像它拥有一个虚拟调速器，比单个调速器的调速器更精确，并且由这些调速器的集合组成，这些调速器具有发电机的相互电气交互作用。因此，发电系统的精确频率调节至少在一定程度上应归功于此。正是因为如此，才有可能使用高精度的电子时钟[1]。

因此我建议，可以按照类似于我们研究脑电波的方式，从实验和理论这两个角度展开研究这类系统的输出。

从历史上看，一个有趣的现象是，在研究交流电[2]工程的早期，人们曾试图用串联而不是并联的方式将现代发电系统中使用的相同恒压类型的发电机连接到发电系统上。一方面，发现单个发电机在频率上的相互作用是一种排斥而不是吸引。结果是，此类系统不可能稳定，除非单

---

〔1〕电子时钟，由电驱动的时钟。该术语通常用于19世纪80年代，指代引入石英钟之前所使用的电动机械钟。第一批实验电子时钟发明于1840年左右，直至19世纪90年代电力普及以后，才得以大规模制造。20世纪30年代，同步电子时钟取代机械钟，成为最普遍使用的一种时钟。——译者注

〔2〕交流电，指电流强度和方向均产生周期变化的电流。其在一个周期内的平均值为零。——译者注

个发电机的旋转部件是通过公共轴或传动装置刚性连接的。另一方面，发电机的并联母线连接已经证明具有内在稳定性，这使得将不同发电站的发电机合并成一个单一的独立系统成为可能。从生物学上类比，并联系统具有比串联系统更好的稳态，并因此得以延续，而串联系统则因自然选择而被淘汰。

因此我们看到，引起频率吸引的非线性相互作用可以产生一个自组织系统，例如我们已经讨论过的脑电波的情况以及交流电网的情况。自组织的这种可能性绝不局限于这两种现象的极低频率。另外不妨研究一下在红外线或雷达光谱频率水平上的自组织系统。

正如我们之前已经谈论过的那样，生物学的一个主要问题是，构成基因或病毒的基本物质，或可能引起癌症的特定物质，是如何从缺乏这种特异性的物质中（如氨基酸和核酸的混合物）进行自我复制的。通常给出的解释是，这些物质中有一个分子起到模板作用，根据这个模板，组成成分中较小的分子主动弃械投降并与其结合成类似的大分子。这在很大程度上是一种比喻说法，而且仅仅是关于生命基本现象的另一种描述方式，即其他大分子是按照现有大分子的形象构成的。这个过程的发生是一个动态过程，而且涉及各种力或其等价物理量。描述这种力的一种完全可能的方式是，主动承载一个分子的特异性的载体可能存在于其分子辐射的频率模式中，其中一个重要部分可能存在于红外电磁频率或甚至更低的频率中。这就是说，在某些情况下，特定病毒物质可能会发出红外振荡，这种振荡有利于从氨基酸和核酸的一种中性乳状物中形成病毒的其他分子。这种现象很可能被看作一种频率的相互引力作用。由于这整件事还有待证明，许多细节都还没有确定，我就不进行更具体的讨论了。研究这个现象的显而易见的方法，是大量研究病毒物质（如烟草花叶病毒晶体）的吸收谱和发射谱，然后观察这些频率的光对从适当营养物质下的现有病毒中产生更多病毒的效果。当我谈论吸收谱时，我指的是一种几乎肯定存在的现象；而至于发射光谱，我指的是一种荧光现象。

任何此类研究都将涉及一种高度精确的方法，用于当存在通常被视为具有连续光谱的过量光的前提下对光谱进行详细检查。我们已经看到，在对脑电波的微量分析中也面临类似的问题，而且关于干涉仪光谱学的方法在数学本质上也存在相同的问题。因此我郑重建议，在分子光谱的研究中，特别是在病毒、基因和癌症的这种光谱研究中，应充分利用这种方法的效果。预测这些方法在纯生物学研究与医学中的全部价值还为时过早，但是我殷切希望它们可以在这两个领域中发挥最大可能的价值。

附　录

人有人的用处：控制论与社会

The Human Use of Human Beings: Cybernetics and Society

一　什么是控制论?

　　多年来，我一直致力于解决通信工程方面的问题。这引发了对各种通信机器的设计和研究，其中一些机器显示了它们模拟人类行为的神奇能力，从而揭示了人类行为的可能本质。它们甚至表明，在许多情况下，人类行为相对缓慢且效率低下，所以用机器替代人类行为有着巨大的可能性。因此，我们迫切需要讨论这些机器对人类的影响，以及这场新的根本性的技术革命将会导致的后果。

　　对于我们这些从事建设性研究和发明的人来说，夸大我们所取得的成就存在重大的道德风险。对普通公众来说，假设我们的科学家和工程师在陈述新的可能事实的时候，会不惜一切代价为这些可能的事实辩护，甚至鼓励这种行为，这同样存在重大的道德风险。因此，许多人会想当然地认为，当研究人员意识到机器时代带来的巨大的全新可能性，并将这些可能性用于通信和控制时，他们的态度是为了机器的利益、为了最大限度地减少生活中的人为因素，敦促这项新"技术"得以迅速开发。这绝不是我的目的。

　　在此，我的目的是解释机器在迄今为止被视为完全由人类主宰的不同领域中的潜力，并警告人们，在一个对人类来说人类的一切行为都很重要的世界里，出于完全利己的角度利用这些所具有的危险。

　　面对新机器，我们将不得不改变生活方式中的许多细节方面，这一点毋庸置疑；但是，在一切与我们相关的价值问题上，这些机器都是次要的，这些问题关系到对人类进行适当的评估，是为了人类自身的利益和他们作为人类的工作，而不是作为未来可能的机器的二流替代品。我要阐述的主题就是"人有人的用处"。

人的定义问题是一个奇怪的问题。认为人是一种没有羽毛的两足动物，只不过是将其与拔毛的鸡、袋鼠或跳鼠归为一类。但这是一个多元化的群体，可以扩展到我们的内心深处，而无需进一步阐述人类的真实本性。说人是有灵魂的动物是远远不够的。不幸的是，行为主义的科学方法无法证实灵魂的存在，无论其存在具有何种意义；尽管教会向我们保证，人有灵魂而狗没有，但一个同样权威的团体——佛教却秉持不同的观点。

人是一种会说话的动物，这一点让我们毫无疑问地把人与其他动物区别开来。我们与同伴交流的冲动是如此强烈，以至于即使失明和失聪的双重剥夺也无法完全遏制这种冲动。这不仅是因为，经过充分的训练，聋盲人可能会成为劳拉·布里奇曼[1]或海伦·凯勒[2]，更重要的是，如果不经过任何训练，海伦·凯勒会绝望地试图打破将她与外界隔开的那道几乎坚不可摧的屏障。除了人之外，还有一些动物是社会性的，并且与它们的同伴保持着持续的联系，但是没有动物像人一样，将

---

〔1〕劳拉·布里奇曼（Laura Bridgman，1829—1889年），美国第一位接受英语语言教育的盲聋儿童。——译者注

〔2〕海伦·凯勒（Helen Keller，1880—1968年），美国作家、残疾人权利的倡导者和教师，著有《假如给我三天光明》。——译者注

这种交流的愿望，或者更确切地说，将这种交流的必要性，作为它们一生的指导性动机。那么，这种如此人性化、如此重要的交流是什么呢？我将在本文中介绍有助于回答这个问题的概念和理论。

世界最有趣的方面之一是，它可以被认为是由模式（patterns）组成的。模式本质上是一种排列。它的特征在于其构成元素的顺序，而不是这些元素的内在属性。如果两个模式的关系结构存在一一对应，并且使得一个模式的每一项与另一个模式的每一项相对应，则这两个模式就是等同的；对于一个模式的几个项之间的每一种顺序关系，在另一个模式的对应项之间也存在一种类似的顺序关系与之相对应。最简单的一一对应的情形，是由普通的计数过程给出的。如果我口袋里有五个便士，篮子里有五个苹果，那么我可以把这些苹果摆成一排，在每个苹果旁边放一个便士。每个便士对应一个且仅对应一个苹果，每个苹果也对应一个且仅对应一个便士。

然而，一一对应的概念并不局限于有限集，有限集可以赋予一个初等算术意义上的数。例如，从1开始的整数序列的模式与偶数序列的模式相同，因为我们可以为每个数字分配一个倍数作为其对应物，并且倍数的前后关系与原始数字的关系相同。同样的道理，一幅画的复制品如果制作精美，就会呈现出与原作相同的图案，而不那么完美的复制品，则会在某种意义上呈现出与原作相似的图案。

事物的图案可以在空间中展开，例如墙纸的图案；或者，它也可以按时间分布，例如音乐作品。音乐作品的模式再次印证了电话交谈的模式，或者电报中的点和破折号的模式。这两种模式之所以都被赋予了特殊的信息名称，并不是因为它们的模式本身与音乐作品的有任何不同，而是因为它们的使用方式有所不同，即将信息从一个点传递至另一个点，抑或从一个遥远的点传递至另一个遥远的点。

为传递信息而构建的模式，或信息在个体之间的传递，并不是一种孤立的现象。电报就是通过正确使用点和破折号来传递信息的；在这里，这些点和破折号必须选自包含其他可能性的集合。如果我发送的是字母 e，它之所以有意义，部分原因在于我没有发送字母 o。如果我只能选择发送字母 e，则信息只是存在或不存在的东西；而且它传递的信息更少。

在电话工程的早期阶段，仅仅发送一条信息就已经是一个奇迹了，以至于没有人询问什么才是最佳发送方式。线路能够处理强加于它们的所有信息，而真正的困难在于发送端和接收端的终端设备的设计。在这种情况下，电话线的最大承载能力的问题还不是很重要。然而，随着技术的发展，人们发现了通过使用载体和其他类似方式将多条信息压缩到一条线路上的方法，通过电话线路发送语音的经济性开始变得重要。让我解释一下我们所谓的"载体（carriers）"和"载体电话（carrier telephone）"是什么意思。

傅里叶的一个数学定理指出，在非常广泛的范围内，每个运动都可以表示为产生纯音符的最简单的振动总和。人们已经找到了一种方法来记录电线上的振荡，并将组成它的每个音符移动一定的恒定音高。通过这种方式，我们可以采取一种模式，在这种模式中几个辅助模式将相互叠加，并将它们分开以便将它们并排放置在正确位置上，而不仅仅是导致混乱。因此，我们可以在打字机上将三行组合在一起，使它们重叠而模糊，或者我们可以按正确的顺序书写它们，将它们分开。这种将不同信息移动到不同音高位置的过程叫作调制（modulation）。

完成调制之后，如果音高位移足够大，则可以通过已经承载信息的线路发送信息。在适当的条件下，已经传递的信息和新发送的信息不会相互影响；并且可以从线路中恢复原始未移位信息和调制信息，以使它们进入单独的终端设备。然后，调制后的信息可以经历调制的逆过程，并且可以简化为在其被委托给设备之前的最初形式。因此，两条信息可以沿着同一条电话线发送。通过这个过程的拓展，可以用同一线路发送两条以上的信息。这个过程被称为载波电话，它极大地拓展了电话线的用途，而没有相应地增加过多投入。

自从引入载波方法以来，电话线已被用于高效率的信息传递。因此，通过一条线路可以发送多少信息的问题变得至关重要。与此同时，信息的测量也变得重要起来。人们发现，线路中电流的存在本身就是所谓的线路噪声（line noise）的原因。这种噪声使信息变得模糊，并使其承载信息的能力达到了一个上限，这一发现使这一问题变得更加尖锐。

早期关于信息理论的研究由于忽略了噪声级和其他具有某种随机性质的量而受到影响。我们只有充分理解了随机性的概念，以及应用了相关的概率概念，才能明智地提出电报或电话线的承载能力问题。当提出这个问题时，很明显，测量信息量的问题与测量模式的规则性和不规则性的相关问题是相关的。杂乱无章的符号序列或纯粹杂乱无章的模式显然无法传递任何信息。因此，信息必须以某种方式衡量一种模式的规则性，尤其是被称为时间序列（time series）的那种模式。我所谓的时间序列，指的是各部分在时间上分布的模式。这种规则性在某种程度上是不正常的。不规则总是比规则更常见。因此，无论我们对信息及其度量的定义是什么，当模式或时间序列的先验概率减小时，它们都会增长。稍后我们将找到适当的数值来衡量信息量。这一系列观点，我们在物理知识的分支——统计力学中已经很熟悉了，并且与著名的热力学第二定律联系在一起。该定律断言，一个系统可能会自发地失去秩序和规则，但实际上它从未获得过秩序或规则。

在稍后的部分中，我将根据熵的科学概念给这个定律一个适当的表述，然后我将对熵进行定义。就目前而言，关于该定律的定性表述就足够了。事实证明，信息的概念同样遵循一条类似的规律，即信息在传递过程中可能会自发地失去秩序，但无法获得秩序。例如，如果一个人对着一部线路噪声很大的电话讲话，并且主要信息的能量损失很大，那么电话另一端的人可能会漏掉已经说过的话，并且可能不得不根据上下文的重要信息重新构建这些话。同样，如果一本书是从一种语言翻译成另一种语言的，即使这两种语言之间并不存在精确的对等关系，也能使译文与原文具有完全相同的含义。在这种情况下，译者只有两种选择：一种是使用比原文意义更宽泛、更模糊的词句，而这些词句肯定无法包含其整个情感语境；另一种是通过引入一条并不确切存在的信息来修改原文，而这条信息所传达的是译者的意思而不是原作者的意思。在这两种情况下，原作者希望表达的一些意思都会有所缺失。

信息量概念的一个有趣应用，是在圣诞节、生日或其他特殊场合提供精心制作的电报信息。信息可能包含整页的文本，但发送的只是一个代码符号，如 B7，这意味着要在生日发送第七条代码信息。这种特殊的信息之所以成为可能，是因为表达的只不过是传统的、重复的情感。一旦发送者在他想要表达的情感中表现出任何独创性，那么简易的传输将不再适用。与信息的长度相对应，简易信息的意义小得不成比例。我们再次看到，信息是一种传递模式，它通过从大量可能的模式中进行选择而获得其意义。意义的大小是可以衡量的。事实证明，信息的可能性越小，其所承载的意义就越大，从我们的常识角度来看，这是完全合理的。[1]

一方面，我们通常认为信息是从一个人传递给另一个人的。事实上却不必如此。如果我因为懒惰而没有在早上起床，我按了一个按钮、打开暖气、关上窗户，然后启动咖啡壶下方的电动加热装置，我就是在向所有这些设备发送信息。另一方面，如果电动煮蛋器在一定的时间后开始鸣笛，那就是它在向我发送信息。如果温控器记录显示房间温度过高，并关闭燃油炉，则可以说该信息是控制燃油炉的一种方法。换句话说，控制就是发送有效改变接收者行为的信息。

正是这种对信息的研究，尤其是对控制的有效信息的研究，构成了控制论的科学[2]，我早先在一本书中首次使用该名字。它的名字象征着

---

〔1〕见余论部分。——原注

〔2〕*Cybernetics*，*or Control and Communication in the Animal and the Machine*；1949，The Technology Press of M. I. T.，Cambridge；John Wiley & Sons，New York；and Hermann et Cie，Paris．

飞行员或舵手的高超技术。请注意，机器中的"调速器"一词只是拉丁希腊语中舵手的意思。

那本书的论点是，只有通过研究属于社会的信息和通信设施，才能理解社会；以及这些信息和通信设施未来的发展；人与机器、机器与人、机器与机器之间的信息注定会发挥越来越大的作用。

为了说明信息在人类中的作用，让我们将人类活动与一种截然不同的活动进行比较，即在八音盒顶部跳舞的小人偶的活动。这些人偶按照一种模式跳舞，但这是一种预先设定的模式，其中人偶过去的活动实际上与其未来活动的模式之间几乎没有联系。确实有一条信息，但它仅从八音盒的机械装置发送至人偶，并停在那里。人偶本身与外界没有任何交流的迹象，除了与八音盒的这种单向交流外。它们是瞎子、聋子和哑巴，它们的活动丝毫不能改变常规模式。

与它们相比，人类的行为，或者实际上，是任何智力中等的动物（如小猫）的行为。我叫唤小猫，它抬起头来。我就已经向它发送了一个信息，而它的感觉器官接收到了这个信息，并在行动中记录下来。小猫饿了，发出可怜的哀号。这一次小猫是信息的发送者。小猫在摆动的线轴上拍打时，线轴向左摆动，小猫就用左爪抓住线轴。这一次，发送和接收的都是非常复杂的信息。小猫通过被称为本体感受器或动感器官感知其自身爪子的动作。这些器官是在其关节、肌肉和肌腱中的某些神经末梢体；通过这些器官发出的神经信息，动物可以感知到其组织的实际位置和张力。人只有通过这些器官，才有可能形成一种技能，更不用说极度灵巧的小猫了。

我一方面对比了八音盒上小人偶的行为，另一方面对比了人类与动物的行为。可以假设八音盒是所有机器行为的典型例子，与生物的行为形成对比。事实并非如此。一方面，较旧的机器，尤其是生产自动机的古老尝试，实际上是在封闭的发条基础上工作的。另一方面，当今的机器拥有感觉器官；也就是说，接收来自外界的信息的接收器。它们可能就像光电池一样简单，当光线照射到光电池上时，光电池会发生电性变化，并且可以区分光与暗。它们可能像电视机一样复杂。它们可以通过所接触到的导线的电导率所产生的变化来测量张力，也可以通过热电偶来测量温度。热电偶是一种由两种相互接触的不同金属组成的仪器，当其中一个接触点受热时，电流流过电偶。科学仪器制造商储备库中的每一种仪器都是一种可能的感觉器官，可以通过适当的电气设备的干预以远程记录其读数。因此，这种机器是由其与外部世界的关系，以及外部世界中发生的事情所决定的，它与我们相伴随，并且这种伴随已经持续一段时间了。

通过信息作用于外部世界的机器也是我们所熟悉的。每个经过纽约州宾夕法尼亚车站的人都知道自动光电开门装置，许多其他建筑中也使用这种开门装置。当截获光束构成的信息被发送到设备上时，该信息就会启动车门，并且打开车门，以方便乘客通过。

通过感觉器官驱动的这类机器执行任务之间的步骤可能与电动门的情况一样简单；或者它实际上可能具有任何所需的复杂程度。一个复杂的动作是，将引入的数据（我们称之为输入）组合起来，以获得对外部世界的影响（我们称之为输出），这可能涉及大量的组合。这是两种组合，一种是当前输入的数据，另一种是从过去存储的数据中提取的记录，我们称之为内存（memory）。这些都被记录在机器内。迄今为止制造的将输入数据转换为输出数据的最复杂机器是高速电子计算机，我将在后文中详细介绍。这些机器的行为模式是通过一种特殊的输入来确定的，这种输入通常由穿孔卡片或胶带或磁化线组成，它决定了机器在一次操作中的行为方式，与在另一种操作中可能的行为方式截然不同。由于在控制中经常使用穿孔卡片或胶带，因此将输入的数据以及指示其中一台机器用于组合信息的操作模式数据，称之为录音（taping）。

我说过人和动物都有动觉，通过动觉，他们可以记录肌肉的位置和张力。对于任何受到各种外部环境影响的机器来说，为了有效运行，就必须向其提供有关自身运行结果的信息，作为其必须继续行动的信息的一部分。例如，如果我们正在运行一部电梯，仅仅打开外门是不够的，因为我们所下达的命令应该使电梯在我们打开那扇门的时候就已到达了那扇门。重要的是，开门命令的发布取决于电梯实际上到达门边这一事实；否则，电梯可能会被什么东西困住，乘客可能会踏进空井。这种基于机器的实际性能而非预期性能的机器控制称为"反馈"，它涉及由电机部件驱动的感官部件，并执行信号器或监视器的功能，即指示性能的元件。

我刚刚提到的电梯就是反馈的一个例子。在其他情况下，反馈更为重要。例如，枪炮瞄准器根据其观察仪器来获取信息，并将信息传递至枪炮，以便枪炮指向这样一个方向，保证它制导的导弹能够在某个时间点穿过移动目标。现在，枪炮必须在任何天气条件下均可使用。在某些条件下，枪炮中的润滑脂是温热的，方便枪炮可以轻松、快速地摆动。而在其他条件下，润滑脂被冻结或与沙子混合在一起，这样会导致枪炮对发送给它的命令的反应变得十分迟缓。如果枪炮无法轻松地响应命令并落后于命令，但通过使用额外的推力来增强这些命令，枪炮瞄准手的误差将会减少。

为了获得尽可能一致的性能，通常在枪炮上放置一个控制反馈元件，该元件根据给定命令读取枪炮在其应有位置之后的滞后信息，并利用这种差异向枪炮施加额外的推力。

的确，我们必须采取预防措施，以免施加的推力过大，因为如果推力过大，枪炮的摆动就会超过其正确位置，所以必须以一系列摆动的方式将其往回推，这样很可能使摆动范围变得越来越大，并导致灾难性的不稳定状态。如果将反馈控制住并保持在足够严格的范围内，则不会发生这种情况，并且反馈的存在将增加枪炮性能的稳定性。换句话说，其性能对摩擦载荷的依赖程度会下降；或者同样的情形下，对润滑脂的刚度产生的阻力将变得不那么依赖。

我们在人类的行为中也会看到与此非常相似的情形。比如我拿起一根雪茄，但我没有表现出移动任何特定肌肉的意愿。事实上，在许多情况下，我不知道需要移动的那些肌肉是什么。我所做的是将某种反馈机制转化成行为；换句话说，这是一种反射，其中我尚未拿起雪茄的量变成了对滞后肌肉发出的新的、更高强度的命令，而这些与具体肌肉无关。这样，一个相当统一的自愿命令将使相同的任务能够在各种不同的初始位置得以执行，而不用考虑由于肌肉疲劳所导致的收缩量的减少。

同样，当我驾驶汽车时，我不会仅依赖对道路和正在执行的任务在脑海中形成的图像信息，就去执行一系列命令。如果我发现汽车左转弯的幅度过大，那会使我将车辆向右侧转；如果我发现汽车右转弯的幅度过大，那我会将车辆向左侧转。这取决于车辆的实际表现，而不是仅仅取决于路况；而且它使我在驾驶轻型奥斯汀轿车或重型卡车时都能保持几乎相同的效率，而不必养成驾驶两种车型的不同习惯。

我的论点是，生命体的运作和一些较新的通信机器的运作是完全平行的。它们都具备感觉接收器，作为其运作周期的一个阶段：也就是说，它们都存在一种特殊的装置，用于以低能量水平从外部世界收集信息，并使其在个体或机器的运作中提供信息。在这两种情况下，这些外部信息都不是直接获得的，而是通过运作中或已停用的机器的内部转化而来。然后，将这些信息转换成可用于进一步性能阶段的新形式。无论是动物还是机器，这种性能均对外部世界产生影响。对二者来说，它们对外部世界的实际行为，不仅仅是预期的行为，均会报告给中央监管机构。这种复杂的行为被一般人忽视，尤其在我们对社会的习惯性分析中未能发挥应有的作用。

无论我们是单独考虑人类，还是结合与其周围的世界存在双向关系的各种自动装置一起考虑，这都是正确的。在这一点上，我们的社会观不同于许多法西斯主义者、商界强人和政府所持有的社会理想。在科学和教育机构中，并不缺少类似有权力野心的人。这样的人更喜欢所有命令均来自上面而没有回报的组织。在其领导之下的人类已经退化到了一个效应器的水平，这个效应器就是所谓的更高级神经有机体。我抗议这种不人道的利用人类的行为；因为在我看来，对一个人的任何利用，如果对其提出的要求与所带来的回报低于其完整地位，都是一种退化和浪费。把一个人拴在桨上，把他当作动力来源，这是一种退化；但在工厂里为他分配一项纯粹重复性的工作，这几乎同样是一种退化，因为这只需要用到不到其百万分之一的大脑容量。组织一个工厂或厨房，让每个人发挥各自的一小部分价值，要比提供一个其可以充分成长的世界简单得多。那些患有权力情结的人发现，人类的机械化是实现其个人野心的一种简单方法。在我看来，这条通往权力的捷径实际上不仅是对我认为在人类中具有道德价值的一切的一种否认，也是对人类获得长久生存期的渺小机会的一种阻碍。

余 论

对意义量的充分衡量应加上完全独立的信息的意义量。现在，还有另一种组合与信息相关的量的方法，在这种方法中，我们不把这些量相加。假设有两个事件，其中每个事件都有一定的发生概率，如果它们之间没有任何联系，那么它们两者发生联合事件的概率将是这两个单独事件的概率的乘积。例如，如果我们掷出两个骰子，其中每个色子各自独立显示 A 的概率为 $\frac{1}{6}$，那么掷出两个 A 的概率为 $\frac{1}{36}$。如果我们有两副牌，从每副牌中抽到王的概率是 $\frac{1}{13}$，从另一副牌中单独抽到王的概率也是 $\frac{1}{13}$，这样从每副牌中都分别抽到王的概率是 $\frac{1}{169}$，即 $\frac{1}{13}$ 的 $\frac{1}{13}$。从一副牌中抽出两张王的概率，如果洗牌充分的话，第一次抽出一张王的概率是 $\frac{1}{13}$，乘以第二次抽到一张王的概率，在这种情况下，我们在51种可能性中有3次抽中的机会，所以，第二次单独抽到的概率是 $\frac{3}{51}$，或 $\frac{1}{17}$。

由于独立获取的概率以相乘的方式组合，而信息以相加的方式组合，所以信息给出的信息量与该信息的概率之间的关系将是一组相乘的数字与一组相加的数字之间的关系。对数学家来说，如果将一组数字相加，而将第二组对应的数字相乘，则称第一组是由第二组的对数（logarithms）组成，取适当的底数。

然而，当给出原始数字时，对数还没有完全确定，因为它的阶数尚未指定。这个阶数决定了对数可以相乘的一个因子，这个因子可以为正数，也可以为负数。概率总是小于或等于1，因为1是绝对确定性的概率，没有概率大于确定性。这表明，当相应事件的概率小于1时，信息量将被确定为大于零。由此可见，以一定概率发生的事件所传递的信息量将是某个适当阶数上概率的负对数，因为小于1的量的普通对数将是负数，因此信息自然会取正数。信息量度就是秩序量度。它的负数将是无序的量度，并且将是一个负数。它可以通过添加一个常数，或从零以外的某个值开始人为地变为正数。这种无序度量被统计力学家称做熵，并且在孤立系统中几乎不会自发地减少。这也是热力学第二定律的内容。

二 进步与熵

进步问题主要涉及根据某些价值观对世界变化方向的评估。正如我们将看到的那样，有一种评估模式与统计力学有关，在这种评估模式的基础上，整个世界的趋势是向下的。我们还将看到，这种评估模式不一定与我们正常的人类道德价值观计划相关。然而，这些道德价值观的计划在目前往往与对进步的信念联系在一起。这既没有深刻的哲学根源，也没有良好的科学证据作为支撑。

乐观主义与悲观主义之间的争论与人类的文明一样古老。每一代人在时间进程中看到的无非是从一个黄金时代的堕落，再从下坡路前进到一个铁器时代；每一代人都看到有人在记录着他们同时代人所取得的进步，并认可这些进步。

从目前来看，悲观主义和乐观主义倾向都呈现出一种特殊的尖锐态度，并声称得到了当代科学思想的支持。就悲观主义者而言，似乎最符合他们对宇宙的解释的科学观点，就是熵的观念。这个概念与模式的概念相关联，表示一类模式中的无序程度。它还与信息及其度量的概念密切相关，而信息的度量本质上是一种秩序的度量。信息量是有序程度的度量，这种有序程度与那些在时间上作为信息分布的模式之间存在特殊的关联。

我已经解释过信息是一种按时间分布的模式，并且还介绍了信息中信息量的概念。然而，模式的概念并不局限于时间分布的模式；信息量的概念本质上只是应用于时间模式的顺序量概念的一种特殊情形。"有序"和"无序"的一般概念，既适用于所有类型的模式，也适用于时间序列的特殊情形。它们并不孤立地适用于特定模式，而是适用于从较大的集合中选择的一组模式，使得较小的集合具有一定的概率度量。模式类型的概率越大，其包含的顺序就越少，因为顺序本质上就缺乏随机性。如果我们借助对数的概念，正如我们提到过的那样，当较大集合的概率被认为是1时，从较大的集合中选择一组模式的有序程度的常规度量是较小概率的负对数。很抱歉，我不得不使用高中数学的词汇。对于"对数"这个词，我想象不到同义词，任何试图用定义来代替它的尝试都会使我身染学究之气。

对有序—无序关系的对数阶数的选择与对测量信息的对数阶数的选择，是在相同的基础上进行的。我们使用它，是因为当我们将两个完全独立的系统替换为一个更全面的系统时，它增加了两个完全独立系统的阶数。然而，物理学的传统不是测量有序，而是测量无序；而无序度的度量是概率的正对数。通常情况下，这不是相对于绝对水平，而是相对于通过在该对数上加上一个适当的正常数来确定的水平，以便在我们感兴趣的情况下使无序成为正的。这种对无序的正测度正是熵。它是物理学中最基本的量之一，热力学第二定律指出，在孤立系统中，熵减少的概率为零。

另一种更形象地表达这种说法的方式是认为一个孤立的系统将趋向于最大程度的无序状态；或者换句话说，尽可能达到最大的同质性。这样一个系统将在玻尔兹曼所说的"热寂"[1]——普遍的热寂中消亡。

从情感上来说,这似乎相当于一种宇宙悲观主义——一种普遍的诸神黄昏[2]。然而——重要的是——有必要将这些宇宙物理价值与任何人类价值体系清楚地区分。这种情况与我们在达尔文进化论中发现的情况完全相同。在达尔文进化论中,那些幸存下来的物种显然是大量没有幸存下来的模式的残余。一个物种的起源是一个极其罕见的事件,几乎比一个卵子的成功受精和一只动物的受孕与出生要罕见得多,甚至比一个特定精子进入受精卵的位置这种最不可能的奇迹还要罕见得多。同样,对于像鱼这样的动物,其早期发育阶段不是作为受保护的胎儿,而是作为自由游动的幼虫度过的,过早死亡是其最常见的命运。尽管如此,一些卵子还是受精了;有些精子确实能够成功使卵子受精;有些鱼的幼体确实会长大成熟。从人类利益的角度来看,这些奇迹般罕见的成功,以及一个新物种诞生的奇迹般罕见的案例,极大地超过了大自然几乎从未被打破的失败记录。

---

〔1〕热寂,猜想宇宙终极命运的一种假说。根据热力学第二定律,宇宙作为一个"孤立"的系统,其熵将随时间的流逝而增加,由有序向无序转变,当宇宙的熵达到最大时,宇宙中其他有效能量已全部转化为热能,所有物质的温度处于热平衡状态,称为热寂。此时,宇宙中不再有任何可以维持运动或作为生命的能量存在。——译者注

〔2〕诸神黄昏是指北欧神话预言中的一连串巨大劫难,包括造成诸神死亡的大战和自然浩劫,是北欧神话中极重要的一部分,后寓意世界末日或审判日。——译者注

换句话说，我们权衡自然，不是在同等的概率尺度上，而是在一个有利于新鲜、有趣事物的尺度上进行的。

请注意热力学第二定律的观点是局限在狭窄范围内的。我们处理的是一个孤立的或基本上孤立的系统，这一说法至关重要。在孤立系统的非孤立部分，根据适当的定义而定义的熵可能会在某些区域内明显减小。在这一点上，将系统的不同部分联合成一个更大的单一系统的耦合通常将是能量和信息的结合。我们从太阳接收到的光既为我们提供了植被和天气的能量来源，又告诉我们太阳的状态。现在，在一个动力系统不同部分之间耦合的旧观念中，能量扮演着最重要的角色。然而，在量子理论之前出现的经典物理学正是这样一种物理学：任意数量的信息可以在任意低的能量水平下传递。电报信息原本被认为是一种极为微弱的东西，然而通过使用适当的设备，其在接收端仍可辨认。因此，在如今已不复存在的旧物理学中，对于熵和热力学第二定律来说极为重要的耦合可能仅涉及任意小的能量交换。

有趣的是，物理学的发展使能量和信息之间产生了新关联。这种关联的粗略形式体现在有关电话电路或放大器的线路噪声理论中。这种背景噪声可能被证明无法避免，因为它取决于携带电流的电子的离散特性；然而，它确实具有破坏信息的能力。比这更基本的事实是，光本身具有原子结构，并且给定频率的光（被称为光量子）成块地辐射，其能量完全取决于该频率。这一事实要求电路中具有一定的通信功率，以避免信息被淹没。因此，不可能存在能量低于单个光量子的辐射。如果没有一定的最小能量传递，信息的传递就无法发生，因此能量耦合和信息耦合之间没有非常清晰的界限。然而，在大多数实际应用中，光量子是一个非常小的东西；有效信息耦合所需的能量转移量非常小。因此，在考虑直接或间接依赖于太阳辐射的树木或人类生长这样的局部过程时，局部出现熵的急剧下降可能与相当显著的能量转移有关。这是生物学的基本事实之一，尤其是光合作用理论，或植物利用太阳光通过水和空气中的二氧化碳形成淀粉和其他生命所需的复杂化学物质的化学过程的理论。

究竟是悲观地解释热力学第二定律，还是没有任何悲观内涵地解释它，这个问题一方面取决于我们对整个宇宙的重要性，另一方面取决于我们在其中发现的局部熵递减孤岛的重要性。请记住，我们本身构成了这样一个熵递减的孤岛，且我们也生活在其他类似的孤岛之中。结果是，由于近距离和远距离之间的正常预期差异，导致我们对熵递减和有序递增区域的重视程度远远高于对整个宇宙的重视程度。例如，生命很可能是宇宙中一种罕见的现象；也许它仅限于太阳系，或者如果我们把地球上的生命与我们最感兴趣的生命相比较的话，那么我们甚至可以认为它仅局限于太阳系。然而，我们生活在这个地球上，宇宙其他地方可能没有生命，这种情形对我们来说并不重要，而且与宇宙其余部分的广大范围相比，当然也不重要。

同样，人们可以想象生命属于有限的时间；在最早的地质时代之前，生命并不存在，而且地球很可能会再次成为一个没有生命的、被烧毁或冰冻的星球。对于我们这些知道生命所需的化学反应可能发生的极其有限的物理条件范围的人来说，一个不可否认的结论是：允许生命以任何形式继续在地球上延续的这个幸运的意外事件，即使不限制生命为某种东西（如人类生命），也必然会走向彻底和灾难性的结局。然而，我们可以成功地构建我们的价值观，这样的话，生命存在这个短暂的偶然事件，以及人类存在的这个更加短暂的偶然事件，可以被视为非常重要的积极价值观，尽管它具有易逝性。

毕竟，我们无论如何都不够客观，无法在浩瀚的宇宙概率内，制定我们重要的人类价值观。我们不得不用人类的价值标准来衡量人类环境，而这很可能会引导我们进入当下的乐观主义。然而在这一切的背后，还有一个比严规熙笃隐修会[1]的口号更普遍、更引人注目的死亡警告。我们非常真切地感受到，我们是在一个注定要毁灭的星球上遇难的旅客。然而，即使处在这种灾难中，人类的尊严和人类的价值观也不一定会消失殆尽，我们必须充分利用它们。即使不可避免地堕落，也要让它以一种我们所期待的、让它配得上我们人类尊严的方式进行。

到目前为止，我们一直在谈论一种悲观主义，这种悲观主义与其说是一种普通人的感性的悲观主义，不如说是一种专业科学家的理性悲观主义。我们已经看到，熵理论以及对宇宙最终热寂的讨论，并不会产生乍一看似乎所具有的那种令人沮丧的道德后果。然而，即使是这种对未

---

〔1〕严规熙笃隐修会，是一个严格遵守圣本笃会规的隐世天主教修道会，源于17世纪法国诺曼底地区的比特拉普修道院发起的改革运动，意在追求更俭朴的生活方式，并最终于1892年从原熙笃会中独立出来。——译者注

来的有限的考虑，也与普通人（尤其是与普通美国人）的情绪愉悦无关。

美国普通中上阶级的子女所受的教育，就是要小心翼翼地保护其免受死亡和厄运的影响。孩子在圣诞老人的节日氛围中长大，当他得知圣诞老人只是个神话时，他会痛哭流涕。事实上，他从未完全接受将圣诞老人从他坚信的万神庙[1]中移除，并且他在晚年的大部分时间里都在寻找某种情感替代品。

个体死亡的事实，以及灾难的可能性，都是他晚年的经历强加给他的。然而，他试图将这些不幸的现实归咎于意外事件，并建立一个没有痛苦的人间天堂。对他而言，这个人间天堂意味着一种永恒的进步，以及对更美好事物的不懈追求过程。

这种进步观念有两个方面：一个是事实性的，一个是道德性的——也就是说，它为赞成和反对提供了标准。事实上它断言，地理发现的早期进展起源对应于近代的开始，将继续进入一个无限期的发明阶段，即发现控制人类环境的新技术。相信进步的人士会认为，在一个对人类来说不太遥远的未来，这将继续下去，没有任何明显的终结迹象。作为一种伦理原则，那些推崇进步理念的人士将这种无限的、准自发的变化过程视为一件好事，并以此作为他们保证子孙后代享有人间天堂的基础。

---

〔1〕万神庙，也叫万神殿、潘提翁神殿，位于意大利罗马，为古罗马时期的宗教建筑，后改建为教堂。公元609年，东罗马帝国皇帝将万神庙献给教宗波尼法爵四世，后者将其更名为圣母与诸殉道者教堂，即当今万神庙的正式名称。——译者注

我们可以将进步视为一个基本事实，而无需将进步视为一个伦理原则；然而在普通美国人的教义问答中，两者相辅相成。

我们大多数人都沉浸在这个进步的世界中，无法认识到这种对进步的信仰只属于有记载历史的一小部分这一事实；也没有意识到另一个事实，即它代表着与我们自己的宗教职业和传统的彻底决裂。无论对于天主教、新教，还是犹太教而言，这个世界都不是一个美好的地方，也不是一个可以期待持久幸福的地方。世界在等待着耶稣再临[1]和最后的审判。此后，世界将被毁灭；有福的人将永存于天堂的欢乐之中；而邪恶的人将被诅咒，遭受无法减轻的痛苦。

从本质上说，加尔文主义[2]者接受了所有这一切，并附加了一个悲观的看法，即在上帝的选民中，通过审判日残酷的最终考验的只是少数，并且这些幸运者也都是听凭上帝的旨意选出的。这么一来，地球上的任何美德、任何道德正义，都可能毫无用处。许多好人会被诅咒。加尔文主义者即使在天堂里也不指望为自己找到幸福，他们当然更不会在人间

---

〔1〕耶稣再临是基督教的概念。二千年前，耶稣"首次降临"，后耶稣升天。耶稣再临指其在未来将返回人间。该信仰基于正典福音书中的弥赛亚预言，是大多基督教末世论的一部分。——译者注

〔2〕加尔文主义，也叫归正主义，涵盖16世纪法国基督新教宗教改革家约翰·加尔文的毕生主张，以及其他支持其主张的神学家的意见，这些主张与意见在不同讨论中具有不同意义，提出了"全然败坏""无条件挑选""限定的代赎""不可抗拒的恩典"，以及"圣徒恒忍蒙保守"这五点教义。——译者注

奢望幸福了。

　　此外，希伯来先知对人类的未来，甚至对他们所选择的以色列的未来的评估，都不很乐观；而约伯[1]的伟大道德影响使他获得了精神上的胜利，虽然上帝让他的羊群、仆人和妻子回到了他的身边，但并没有保证这样一个相对幸福的结果会发生，除非他能胜过上帝的专横。

　　共产主义者，就像相信进步的信徒一样，寻找他的人间天堂，而不把天堂视为一种可以在后尘世的个体存在中获取的个人奖励。他认为人类并非无法做到这一点。不过他相信，这个人间天堂不会不经努力就自行降临。他对未来的"巨石糖果山"持怀疑态度，就像你对"死后天上掉馅饼"一样持怀疑态度。伊斯兰教的教义是要顺从上帝的意志，接受进步的理想。至于佛教，无需多言，它希望解脱生死轮回达到涅槃的境界；它无情地反对进步的观念，这对于印度的所有同类宗教来说同样如此。

　　谈论整个世界也许范围太大，无法显示当今进步时代的信条与之前的许多观点之间的鲜明对比。现在，让我们把注意力集中在世界的一个小角落，那就是新英格兰。当新英格兰从世界各地海运来的货物中获得财富时，当波士顿商人自豪地拥有一支庞大的舰队时，水手们按照《约

---

　　〔1〕约伯，《塔纳赫·约伯记》的中心人物，是亚伯拉罕诸教（包括犹太教、基督教和伊斯兰教）的一位先知，他是个正直良善的富翁，在几次巨大灾难中失去了子女、财富和健康。——译者注

翰福音》敬拜上帝。无论是在甲板上还是在艉楼的铺位上，水手都清楚地知道，海上不会一帆风顺。灾难性死亡的可能性每天都在发生；船主也时刻面临着危机，一场风暴就可能把他从富人变成街头乞丐。上帝的选民寥寥无几，任何美德也不能确保他们的地位。

　　在石头舰队[1]遭遇灾难和巴罗角大冰冻中捕鲸船被摧毁后，新英格兰资本从海上撤离，再也没有回来。它为什么撤离大海，又投往了哪里？一方面，在殖民时代和联邦时代的新英格兰所特有的冒险时期，在厄庇戈尼[2]一代的附庸中已经走向了尽头。另一方面，亚历山大·阿加西兹[3]的地质探险开辟了西北地区的新铜矿，许多在七大洋航行的波士顿财富现在从卡卢梅特[4]和赫克拉[5]的股票和债券中找到了安全的避风港。新英格兰从一个商人冒险家社区，变成了一个食利者社区、外居地主的社区。与此同时，波士顿掀起了一场新的宗教运动。这就是

---

　　[1]石头舰队，指美国内战时期的"石头舰队实验"。北方曾想通过非武力的方式使查尔斯顿港丧失其功能，遂将35艘废旧船只（其中大部分为捕鲸船）拖至查尔斯顿港之外。这些船只载满了石头，以期到达指定地点后沉没而达到阻断出港航路的目的。然而，这些船只沉没后解体了，强大的海流在石头周围又冲刷出了新的航路。"石头舰队实验"因此失败。——译者注

　　[2]厄庇戈尼（epigoni），后辈英雄的别称，源于古希腊的悲剧。——译者注

　　[3]亚历山大·阿加西兹（Alexander Agassiz，1835—1910年），美国海洋学家、工程师，著有《海胆的重新分类》。——译者注

　　[4]卡卢梅特，位于美国伊利诺伊州库克县的一个采矿小镇，始建于1904年。——译者注

　　[5]赫克拉，美国亚利桑那州亚瓦派县的一个非建制地区。——译者注

玛丽·贝克·艾迪[1]带来的新福音——所谓的基督教科学。

这种新宗教与救赎无关。救赎可能在其神圣的书籍中出现，但这位基督教科学家更感兴趣的是通过证明自己在精神上的优越性来消除这个世界的痛苦和邪恶。疾病是一种精神上的错误，必须通过否认它来消除。我们不要忘记，金边债券[2]的所有者往往会拒绝与他的收入来源有任何接触，以及拒绝对其获得收入的方式承担任何责任。在这个食利者的天堂里，乘坐别人发明的魔法地毯前行似乎并不比任何现实生活的遭遇更离谱。责任已在死亡和疾病的笼罩下消失。

除了这种对进步的信念的消极看法，还有另一个似乎具有更刚性的、更有活力的内涵。对于普通美国人来说，进步意味着在西部地区取得胜利，意味着边境地区的经济无政府状态，以及欧文·威斯特[3]和西奥多·罗斯福[4]的生动散文。从历史上看，边境的这种状态当然是一个完全真实的现象。多年来，美国的发展是在始终远离西方的空旷土地上

---

〔1〕玛丽·贝克·艾迪（Mary Baker Eddy，1821—1910年），美国宗教领袖、作家，于1879年在新英格兰成立基督教科学教会，于1908年创办曾获普利策奖的《基督教科学箴言报》，以及三本宗教杂志：《基督教科学前哨》《基督教科学杂志》《基督教科学先驱报》。——译者注

〔2〕金边债券，原指英国国债，1693年英国政府经议会批准后开始发行政府公债，具有很高的信誉度。由于其凭证带有金黄色边，故称金边债券。——译者注

〔3〕欧文·威斯特（Owen Wister，1860—1938年），美国作家、历史学家，被视为西方小说之父。其著作以《弗吉尼亚人》和尤利西斯·S.格兰特的传记最为著名。——译者注

〔4〕西奥多·罗斯福（Theodore Roosevelt，1858—1919年），第26任美国总统、美国陆军退役上校，与乔治·华盛顿、托马斯·杰斐逊和亚伯拉罕·林肯并驾齐驱，曾参与"美西战争"。——译者注

进行的。然而，许多对这片边境怀着诗意的人都成了对过去的歌颂者。早在1890年，人口普查就认识到真正的边境状态已经结束，美国大量积压的未消耗和未公开资源的地理范围已经明确。

在这方面，西奥多·罗斯福的职业生涯引起了许多有趣的评论。他是野外"无限生机"的先知，也是"自然骗徒"不可调和的敌人[1]。然而，他全身心投入的那种热血的野外生活已经开始带有神话的性质了。他在达科他州的"狂野的西部青年时期"，正是当时已被美国伟大的边境超越、作为边境飞地最后保留下来的那一部分。他在非洲当猎人的那段时期，大型猎物已经开始被限制在广阔的保护区内，建立保护区的目的是为了延续一种濒临灭绝的运动，并作为未来博物学家的户外博物馆。在经历了《怀疑之河》[2]的风潮之后，巴西现在可供勘探的地区不多了；人们可以畅想，在装饰纽约自然历史博物馆罗斯福大厅的那些蒙太奇画面中，应该有一个展示罗斯福狩猎的场景，以莎叶草原植被、彩绘地平线为适当背景。

对普通人来说，很难从一种历史的角度来看待进步，在这个角度上，进步应该被缩小到适当的程度。内战中所用的枪炮仅比滑铁卢所携

---

〔1〕自然骗徒之争指的是20世纪初期兴起的一场美国文学辩论，侧重于分析文学界流行的自然写作中科学理性与科普感性之间的冲突。该辩论涉及美国文学、环境与政治界的重要人物，被《纽约时报》称为"博物学家之战"。——译者注

〔2〕《怀疑之河》也叫《探秘困惑河》，由美国作家坎迪丝·米勒德所著，讲述了一位巴西探险家为进行地质考察，率队穿越亚马逊雨林，众人本以为这是一趟"愉快的旅程"，却没想到一路凶险重重，最终成了亡命之旅。——译者注

带的枪炮略有改进，而这种火枪几乎可以与马尔伯勒军队在低地国家使用的棕色贝丝枪互换。然而，自15世纪或更早以来，手持式火器就已经存在，而加农炮则早在100多年以前就已经存在了。滑膛枪的射程是否曾远远超过最好的长弓还值得怀疑，但可以肯定的是，它在准确性和射速上都无法与长弓相提并论；然而，长弓是石器时代以来几乎未经改进的发明。

还有，造船技术虽然从来没有完全停滞过，但木制战船直到它被废弃的前夕，都保持着17世纪初叶以来的基本结构模式，而其原型甚至可以回溯到许多世纪以前。哥伦布的一名水手可以是法拉格特[1]船上的干练海员。出身于从圣保罗到玛尔塔的航船上的水手，甚至有充分理由在本国充当约瑟夫·康拉德[2]三桅帆船的前舱手。此时若有一位来自达契亚边境[3]的罗马牧牛人，把长角的小公牛从得克萨斯草原赶到铁路终点站，那么他看来是个十分能干的牲畜商，尽管当他到达那里时，会对自己所见的东西感到惊讶。在早期的南方种植园中，一个巴比伦神庙庄园的管理员不需要接受簿记或奴隶管理方面的训练，就可以经营种植园。

---

〔1〕戴维·格拉斯哥·法拉格特（David Glasgow Farragut，1801—1870年），美国内战中的一位海军将领，同时也是美国海军第一位少将、中将和上将。——译者注

〔2〕约瑟夫·康拉德（Joseph Conrad，1857—1924年），波兰裔英国作家，父母早亡，曾在英国商船上担任水手、船长，在海上生活近二十年，到过南美、非洲、东南亚等地。康拉德在英国文学史上有突出的地位，尽管英语并非他的母语。他的作品根据题材可分为航海小说、丛林小说和社会政治小说。——译者注

〔3〕这里代指古代欧洲的罗马地区。——译者注

简言之，绝大多数人的主要生活条件经历重复发生的革命性变化的时代，直到文艺复兴时期和大航海时代才得以开始，而且直到19世纪才出现今天这种加速的节奏。

在这种情况下，在历史上寻找任何与蒸汽机、汽船、机车、现代金属冶炼、电报和越洋电缆、电力、炸药和现代高爆导弹、飞机、电动阀和原子弹相提并论的成功发明，都是没有任何意义的。预示着起源于青铜时代的冶金学发明在时间上并不集中，在形式上也不具备多样性，因此无法提供一个很好的反例。古典经济学家最好能温和地向我们保证，这些变化纯粹是程度上的变化，而且这种变化不会破坏历史的相似性。士的宁[1]的药用剂量和致死剂量之间的差别也只是程度上的不同。

在此，我想谈谈那些不懂科学知识的人最常犯的一个错误，即除了线性过程之外，无法理解甚至无法思考任何过程。线性过程是这样一个过程：当某个原因产生某种结果时，两倍的原因将产生两倍的结果。对于科学家来说，这些是迄今为止能够描述的最简单过程；当他通过某种技术手段成功地用线性术语解释一个复杂现象时，他会非常高兴。然而，自然界和实验中的真正灾难性现象甚至没有一个是线性的。如果我拿一块玻璃，朝它扔一个钢球，如果速度很小，球就会以一种几乎弹性的方式飞回。在这种情况下，如果我将球的速度加倍，那么球在弹回后

---

　　[1]士的宁，是源自马钱子种子的生物碱，起初于16世纪早期在德国用作灭鼠剂。20世纪初，泻药普遍含有士的宁，在美国造成大量由自杀和意外吞食引起的死亡。——译者注

的速度就几乎翻倍了。这一现象的线性近似，也就是说，对于大多数常规运用来说是令人满意的。然而，在我们无法足够精确描述的某一点上，这种现象的过程将变得显著不同。这样会产生一个应力，它将大于玻璃在不分离其部件的情况下所能承受的应力——这样我们会得到一个初始裂纹。在形成这种裂纹的过程中，玻璃内部的应力会发生大规模的重新排列。由于裂纹本身的尖锐性，裂纹将在应力极大的区域终止。因此，裂纹倾向于延伸到任何给定的终端之外，并在新的终端处再次受到分离应力的影响。

在这种情况下，非常轻微的原因都会产生非常大的影响。玻璃完全不可预料和未知的不规则性可能会使裂纹向右或向左偏转。这样一个过程很可能还涉及大量能量的吸收。球本身将不再以接近弹性的方式弹回，而是以更接近绝对的方式掉落。玻璃未破碎与玻璃破碎的成因仍然只是程度上的差别；但效果上的区别是简单反射与破碎的玻璃之间的区别。

换句话说，虽然在相当广泛的范围内，一个原因的微小变化确实会在一个足够短的时间间隔内产生一个结果的微小变化，但是如果我们对系统动力学没有非常深入的了解，我们就无法先验地确定这段时间间隔的尺度。两个几乎相同的原因的长期结果可能会随着时间的推移而产生分歧，直到最终的差异达到前所未有的程度。为此，一千年可能是很短的时间，也可能是很长时间的千分之一，这取决于所考虑的特定系统。只要稍微变动枪的发射针的力度，就能将一次误射转变为有效的子弹发射；如果这把枪落入刺客的手中，这种微不足道的差异可能会产生革命与和平发展之间的差异。因此，重大的环境量变和质变之间本应存在的差异是经不起推敲的。

现在，科学史和科学社会学都是基于这样一种观念，即所处理的各种特殊情形具有足够的相似性，使得一个时期的社会机制与另一个时期的社会机制相关联。然而毫无疑问，自现代史开始以来，各种现象的整体规模已经发生了足够大的变化，从而排除了从早期阶段派生的政治、种族和经济观念能轻易转移到当代的情形。几乎同样明显的是，现代时期本身就具有高度多样化的特征。

在普通人看来，现代时期的特点是他所认为的快速进步。同样我们也可以认为，现代是一个持续的、无节制开发的时代：一个对自然资源开发的时代；剥削被征服的所谓原始民族的时代；最后是对普通人的系统性剥削的时代。现代时期始于探索时代[1]。

欧洲第一次意识到存在着大量人烟稀少的地区，这些地区能够容纳的人口数量超过了当时的欧洲，并且遍布着未开发的资源，不仅有黄金和白银，还有其他商业产品。这些资源似乎取之不尽用之不竭。的确，就1500年的社会发展规模而言，这些资源的枯竭和新国家人口的饱和是离人们非常遥远的事。450年比大多数人选择的未来还要远。

然而，新大陆的存在激发了一种与爱丽丝"疯狂的茶会"上存在的相似的态度。吃完一个座位上的茶和蛋糕后，疯帽匠和三月兔自然而然

---

〔1〕这里又称地理大发现或大航海时代，指欧洲人探索非洲、北美洲、南美洲、亚洲和大洋洲的历史时期，始于15世纪，一直持续至17世纪。——译者注

地继续前行并占据下一个座位。当爱丽丝询问他们再次回到原来的位置上会发生什么时，三月兔转移了话题。对于那些历史还不到5000年，并期望千禧年和最后的审判日可能在更短的时间内突然降临的人来说，这种"疯帽匠政策"似乎是最自然的。随着时间的推移，美洲的茶座并不是无限的；而且事实上，放弃一个席位而换成下一个席位的速度一直在加快。

在上个世纪的大部分时间里，欧洲的和平稳定局势极大地减少了风险大、回报高的资本投资机会；而英格兰银行的统一公债和英国巨额财富的传统储存库的利率也越来越低。在这种情况下，新土地提供了一种投机性投资，具有合理的高额回报机会；在这些新土地中，美利坚合众国是第一个进入货币市场的国家。因此，由于东部各州和海外国家希望分享汤姆·梯特勒的新领地，美国的发展速度远远超出了其本该有的正常速度。

为了跟上新的地理边界，一项新的发明技术——铁路——已经出现，也迅速得到了发展。1870年，它已经跨越了新的土地，甚至把加利福尼亚也纳入了美国，这种方式使本来难以融入的偏远地区得以整合。事实上，如果不是因为美国国家资源在内战期间被耗尽，太平洋铁路的出现可能会早很多年。

事实上，正是铁路和电报使美国联合起来，成为美利坚合众国。1870年，美国从墨西哥夺取了大部分领土，俄勒冈州和华盛顿州的北部地区仍是广阔的空地。在当时的人看来，他们提供了无穷无尽的家园和牧场，甚至是遥远未来发展工业的场所。再过短短的20年，这片新开辟的疆域就已经开始消失了。一千年的中世纪生活，甚至18世纪欧洲的生活方式，都不可能像我们长达一个世纪的慷慨行为那样，彻底耗尽我们的资源。

只要我们最初拥有的丰富的自然资源还有所剩余，我们的民族英雄就是剥削者，他们会尽最大努力将这些资源转化为现金。在我们的自由企业理论中，我们尊崇他们，仿佛他们是所窃取和挥霍的财富的创造者。我们享受着繁华富足的日子，并且希望仁慈的上帝会原谅我们的过激行为，让我们的贫穷后代能够活下去。这就是所谓的第五自由[1]。

在这种情况下，发明所创造的新资源自然而然地用于更快速地开发我们的土壤资源。挖掘和铲式采矿机已经让位于蒸汽铲式采矿机。梅萨比铁矿区[2]取之不尽的铁矿石资源已被开采成尾矿。这确实是上一场战争的结果，但我们也已经决定按照我们自己的传统发动一场战争，因为我们已经岌岌可危的资源会更快地耗尽。这个游戏还有一个除"战争"以外的名字，它也被称为"以邻为壑"。

在这个资源枯竭的过程中，我们从其他国家中发现了两个急切的竞争对手：英国和战前的德国；但他们中没有一个像我们这样彻底地掌握浪费的艺术。现在我们已是穷途末路。我们国内的石油供应仅靠不断发

---

〔1〕第五自由，指经济自由，由美国总统赫伯特·胡佛（Herbert Hoover）所定义。——译者注

〔2〕明尼苏达州东北部的一个矿区，呈细长走向，蕴含大量铁矿石，是该地区四个主要铁矿区中最大的一个，统称为明尼苏达州的铁矿区。——译者注

现新油田来维持，而其中大部分不在美国。从一块油田的发现到它的枯竭，往往不到20年的时间。世界各地的锡已成为一种稀有金属，铅则正在追随它的脚步。铜是我们电气工业的基础，像阿兹特克人[1]大量使用黄金那样大量使用铜的时代即将到来。与此同时，我们的牛肉开始从阿根廷进口；我们的木浆长期从加拿大和瑞典进口。

显然，这种情况不可能持续几个世纪，甚至几十年，最终会因为我们所寻求的材料的完全缺失而终止。我认为，如果我们将当今技术的延续作为假设，那么普通的明智商人都会赞同这种说法。然而，他把希望寄托于将来技术和发明的继续发展上。

的确，技术和发明已使我们走得很远。铝在我们父辈时代是一种稀有金属，是现代工业的支柱之一，在我国许多长距离输电线路的建设中已经取代了铜。我们从海洋中获取镁。在我们的所有资源中，海洋是最取之不尽的。我们童年时代的木制器皿和容器已经被纸板和塑料所取代，用来包裹包装的锡箔也被铝箔所取代。产自油井和化工厂的橡胶是产自种植园的橡胶的永久竞争对手。当战争使我们与东方隔绝时，丝绸也被尼龙取代。发明为我们提供了帮助和便利，甚至如果没有它，我们早就陷入普遍匮乏的魔爪中。

然而在某些地方，发明并不能弥补我们不断增长的需求。世界煤

---

[1] 墨西哥的原住民，广义上来说指的是在西班牙殖民者到来之前即居住在墨西哥谷地上的多个民族。——译者注

炭的供应充其量只满足几个世纪的需要，就像石油的供应满足几十年的需要一样。这些能源至关重要。如果在水源和海洋之间的整个落差范围内开发全世界所需的总水力，则不足以替代我们目前对煤炭和石油的使用需求。已知的用于原子能的裂变材料的供应已经超过了几十年后的情形；并且将这些资源用作武器已经严重、永久地危及了这种和平时期能源来源的价值。简而言之，人类几代人的基本需求依赖于尚未存在的发明的出现。

现在，发明发生的过程是最为复杂的，甚至连发明者本人也常常不太清楚。这其中肯定有很大的偶然性，但也并不完全是随机的。发明者在世界各个不同地方、在彼此没有联系的情况下，同时完成一项发明，这种现象太常见了，不能被视为纯粹的巧合。气体的液化和电话的语音传输就是这种"热寂"的两个例子。

也许在这种情况下，一方面某些发明的发展轨迹是清晰的，因此不止一个人使发明或发现转向一个新方向并成为可能的条件可能是技术上的根本创新，例如真空管。另一方面，它可能是一个新的知识概念，例如量子理论，或者物质与能量的等价性。然而，将公众眼中显而易见的发明与技术上的重大变革和重大科学思想相提并论，只会将发明的统计发生率问题推向更早时期。在这个更高的层次上，几乎可以肯定的是，发明在某种意义上是一种随机和偶然现象。在我们知之甚少甚至无法自信地应用任何诸如概率论和统计学之类的概念的系统中，这种情况很少发生。

因此，指望未来的发明将我们从对自然资源的浪费中解救出来，虽然表明了我们民族对赌博的热爱和对赌徒的崇拜，但前提是，没有哪个聪明的赌徒愿意下注。无论精明的扑克玩家必须具备什么技能，他至少必须知道自己手中的牌的价值。在这场关于未来发明的赌博中，没有人知道这副手牌的价值。

如果食物供应不足，或者一种新的疾病威胁着我们，那么我们就必须在饥荒和瘟疫发挥作用之前完成应对它的发明。现在，我们比想象的更接近饥荒和瘟疫。让纽约的供水中断6个小时，影响就会通过死亡率显示出来。让平时运送物资进城的火车中断48小时，就会有人饿死。每个必须与大城市的公共设施管理打交道的工程师，都对人们愿意并且每天都必须承受的风险，以及他所负责区域内的人对这些风险的自鸣得意的无知感到恐惧。

商业的发展和人类的统一使得波动的风险变得更加致命。在过去，世界某个地方的灾难，在其他地方几乎不为人所知。在对罗马几乎一无所知的中国，人们几乎没有意识到罗马的衰落。帖木儿在中亚大杀四方，对西欧的影响无非是香料和丝绸贸易的中断。与上次世界大战造成的普遍苦难相比，是一个很好的例子。在本世纪之前，没有一场灾难能让德国退回到三十年战争[1]之后的水平，没有一场灾难能比长城北部

---

〔1〕三十年战争是1618年至1648年在欧洲爆发的一场大规模战争，实质上是不同大国之间争夺统治地位的斗争，参战国有法国、西班牙、瑞典和神圣罗马帝国。——译者注

所有部落的入侵对中国造成的破坏更大，没有一场灾难能使印度陷入内讧，没有一场灾难能使英国陷入萧条的紧缩状态，也没有一场灾难能彻底扰乱美国的理想和经济生活。即使与过去中亚地区的帖木儿战争相比，这场最新战争所造成的浩劫也比这位破坏大师在当地造成的浩劫要严重一百倍。

无需考虑战争的因素，我们就可以看到我们比以往任何时候都更加赤裸裸地面对灾难。在过去，隔离检疫为各国提供了一些预防疾病的措施。目前，感染斑疹伤寒、疟疾或黑死病的人完全有可能登上前往美国的飞机，并在任何症状出现之前离机。因此，疾病很容易在我们中间流行。诚然，我们防治疾病的水平已经达到了前所未有的高度，但是保护我们人民的健康的斗争从来没有像现在这样一触即发，也从来没有像现在这样，须臾的错误就会造成如此严重的后果。

甚至在50年前，我们的城市基本上也都是由邻近地区供应牛奶和商品菜。当地作物歉收对每个地区的人民来说都是一个严重的问题，但除非是由于地理分布非常广泛的恶劣天气造成的，否则对整个国家来说，就不是什么大问题。现在，我们从特拉华州、得克萨斯州南部、佛罗里达州和加利福尼亚州购买商品菜。我们的水果主要来自我们国家的亚热带地区和南美东北部加勒比海沿岸一带。不那么受欢迎的郊区菜园和果园已不复存在，甚至我们的乳制品行业也处于不健康的状态。

火车和卡车服务的暂时中断，会严重扰乱依赖长途运输的食品行业，从而产生比以往任何时候都严重得多的影响。

的确，我们现在的生活总体上比以往任何时候都要富足。我要说的是，与过去相比这种富足更有可能遭受严重混乱和破坏。国际联系的加强让世界变得更加脆弱、不堪一击，与日本的战争对橡胶和丝绸工业的影响正可表明这一点。如前所述，对马来亚的占领迫使我们依赖我们的新合成橡胶，而与日本的交通中断迫使丝绸退出市场，并为尼龙打开了市场。在这种情况下，合成橡胶和合成丝绸都已经开发出来，因此可以合理地预期，可以通过强制开发这些合成产品来弥补损失。然而我们可能并非总是那么幸运。容我再次强调，当需要新产品或新工艺时，我们无法保证它们就在眼前、唾手可得；即使在重要的情况下，无法获得这种替代，也可能对人类造成致命的影响。

我们没有太多时间来缓解威胁局势，土壤地下水的水位下降就是一个例子。这种现象并不局限于一个地区。在加利福尼亚州、我国东部各州和英格兰的伦敦盆地都有发现这种现象。即使是供水最充足的社区，当地的淡水也很少能满足现代工业的巨大需求；在加利福尼亚的社区，他们甚至没有足够的水来满足现代的个人生活。因此，纽约需从阿迪朗达克的小溪供水，洛杉矶用科罗拉多河的水浇灌干涸的草坪，甚至像波士顿这样的小型社区也必须经过好几英里才能获得供水。这一切的结果是土壤中的水分不断流失，可供使用的水资源储量不断减少。总有一天，我们的供水账户会被打上"没有水"的标记被退回来。

有人提出了一些绝妙的建议：通过从海水中直接提取甜水来缓解这种状况。在这里，蒸馏海水的普通方法是最不经济的。水的蒸发热很大，而盐在水中的溶解热很小，这表明有可能找到某种化学物质来沉淀海水中的盐分。经过一个成本低廉的操作周期后，这种化学品可再次使用。然而，如果海水要在市政供水或灌溉方面发挥任何作用，目前还没有发现足够便宜，而且可以大规模使用的办法。

的确，工程师们已经开发出某些形式的高压蒸馏，它们比任何普通蒸馏都更经济。如果必须将蒸馏水输送到数百英里以外的地方，这一技术将使蒸馏水与天然水竞争。对于像洛杉矶这样几乎处于海平面的城市，我们可能很快就会听到更多关注蒸馏海水的呼声。然而，海水被蒸馏后，必须提升到市政供水或灌溉所需的水平；如果要大规模进行这项工作，其难度堪比让美国河流往高处流。只有在获得新的、廉价能源供应后，才有可能实现这一目标。即使是原子能技术也还没有成熟到可以用于这种用途，而且可能永远不会成熟。如果我们要克服这个问题，只有经历获得全胜的斗争。

我们中的许多人习惯于从物理学而不是生物学的角度来思考进步和发明。然而，上个世纪最重要的变化可能就发生在医学领域。从梅毒到猩红热，从斑疹伤寒到肺炎，无论它们是由细菌、病毒、动物寄生虫还是立克次氏体引起的，我们对传染病的征服是如此的惊人，以至于改变了我们对日常生活的基本假设。在发达社会里，我们已经忘记了那一排排标志着我们祖父时代婴儿死亡率的小墓碑。我们已经忘记了像济慈这样患有肺结核的诗人，以及像海涅这样患有梅毒的诗人，他们因年轻时的罪孽而忍受长期卧床的折磨。伦敦码头医院那些头骨腐烂的患者不再是现代霍加斯[1]画作中恐怖场面的主题。就连对上一辈人的幼儿期造成如此严重祸患的白喉，以及在一次寒潮后威胁到上一代人的肺炎，也已经缩小到相对较小的比例。这些疾病尚未被彻底消灭，但在现代化学疗法和抗生素的帮助下，它们很快就会消失。如果还没有完全消失，它们至少会被社区视为其卫生水平的耻辱，以至于如果不采取激进行动，即使出现单个病例也是无法容忍的。

一方面，事实上现在有许多经验丰富的执业医生，在他们的职业生涯中也从未见过典型的白喉病例。另一方面，一个世纪前最好的医生也需要经过严格的培训，才能胜任现代医院的护工工作。诚然，医学这种压倒性的进步也有不足之处，这是当今最好的医学观点并不引以为豪的。癌症仍然没有被我们征服。麻醉学和无菌学的发现确实使在外科手术方面取得的巨大进步成为可能，使我们能够对癌症患者进行早期根治手术，这给患者带来了在以前几乎不存在的生存希望。手术刀、热切割线、电凝电极与 X 射线、镭的新型深切和鉴别刀共同为手术的成功保驾护航。然而，当使用这些外来的、具有破坏性的工具（它们只能起到止损作用）为时已晚时，拯救患者通常也为时已晚。

---

[1]威廉·霍加斯（William Hogarth，1697—1764年），英国著名画家、版画家、讽刺画家，欧洲连环漫画的先驱人物，其画作风格被叫做"霍加斯风格"，他本人被誉为"英国绘画之父"。——译者注

我们伟大的癌症实验室确实在寻求通过集中攻击（杀死大量细胞）来解决这个问题，但它们给我们带来的希望仍然是基于对未来发明的接纳，而未来还没有接纳它们。我们已经大幅提高了个别癌症患者的生存机会，但在癌症的核心问题面前，我们仍然无能为力。

我们所说的关于癌症的内容很少适用于其他严重的退行性疾病。我们仍无法攻克大多数神经系统的退行性疾病。我们充其量只能减轻患者的痛苦，延长其生命。在精神疾病方面，我们已经为改善患者的状况做了很多努力，甚至在某些情况下进行治疗（但在很大程度上，我们并不了解治疗我们自己的方法），而这只是针对那些我们曾期待再次在街上看到的轻度精神病患者的一部分。

这些都是有待未来解决的问题。我们只能往好处想。没有人知道未来能否解决这些问题。虽然我们承认存在这些未被攻克的疾病领域，但过去五百年的医学取得了巨大的进步。尽管如此，它们还是带来了新的危险，试图最大程度地减少这些危险是愚蠢的行为。

首先，在我们取得战胜传染病这一巨大胜利的时刻，我们绝不能忘记，我们正与一个形式多样、足智多谋的敌人作战。我们早期对硫胺类药物的使用是如此欠妥，以至于我们让许多细菌有机会发展出对这些物质相对免疫的菌株。磺胺类药物的疗效已降至最初疗效的一小部分。这些药物的早期使用者在许多情况下既没有信息，也没有勇气使用能够消灭而不是缓解疾病的剂量。

因此，虽然我们在对健康的理解和护理方面取得了巨大的进步，但在不止一个案例中，"进步"一词带有强烈的匹克威克式善意而诙谐的色彩。尽管如此，进步的观点在医学上得到了最有效的证实。然而，不仅在我们的进步方面，而且在我们对进步的评估方法上，也存在非常显著的差距，都需要进行认真的批判性讨论。

就精神病病例而言，以及许多其他病例，我对大多数医生使用统计数据的快速而松散的方式表示反对。一种疾病首先是在其急性甚至暴发性的病例中被发现的。因此，早期的统计数据显示，无论是什么疾病，均有很高的死亡率和大量的并发症。后来，在病情较轻且可能已经康复的患者中，也会出现类似的生理或心理变化。至少，即使没有治疗，他们中的许多人也可能过上几年正常的生活。在得到治疗后，这些不太严重的病例的反应远远好于已经注定死亡的病例。"啊哈，"医生说，"看看我的统计数据，我尊敬的前辈们只救了他们一半的患者，而我救了十分之九的患者。"医学界多么伟大的胜利！正是这种变化，与其说是治疗方面，不如说是诊断方面的变化，造成我们收治精神病患者的医院人满为患，也产生了许多报道出来的治愈病例。

这些都只是小缺陷。现代医学的真正危险远不止于此。人类饮食习惯和其他医疗习惯发生着深刻的变化，而且随着我们天然食物的供应耗尽，我们不得不将目光投向更远的地方来寻求补充，这种变化将随着时间的推移而变得更加深刻。这些变化可能未必都是正确的。借助现代化学技术，我们可以随心所欲地对脂肪进行氢化或脱氢处理。此外，我们可以将石油产品转化为脂肪酸和甘油，从而从油井中制造出合成食品，这是目前发展的一部分，也是近期预期发展的一部分。在这些情况下，我们通常所说的化学纯度可能相对容易达到，但这种有限的化学纯度并不一定构成医学纯度。我们必须时刻保持警惕，确保用于转化食品油的少量催化剂不会产生缓慢的毒性效应，这种毒性效应可能需要人一生的时间才能显现出来。我们必须警惕，如果我们使用矿物油作为食品原料，我们是否不会从油中保留或在其中产生微量的致癌物或致癌物质。即使是微量的这些物质和其他有害产品，在看似无毒的状态下使用多年后，也可能是致命的，并可能导致退行性疾病带来的丧钟。可以肯定的是，食品加工会给我们带来许多风险，即使不是对种族的危机，也是对国家普遍存在的风险，而且这些风险可能不会立即显现，等到了对它们采取任何措施的时候就已经晚了。

但现代医学最直接的危险并不是在这个方向发现的。每位人口专家都知道我们人口年龄正发生显著而迅速的变化。医学的进步仍在增加人的平均寿命，以及幸存患者的数量。这种增长在年龄较高的人群中非常明显。它掩盖了人口生殖力的真实指数，它不是活着的人口总数，而是处于青春期至更年期之间已婚妇女的总数。这个数字的增长速度肯定低于整个人口的增长速度，而且很可能正在下降。维持老年人生存的社会压力可能会进一步降低社群的生殖指数。我们正面临关闭学校和开设养老院的状况。我们的繁衍速度是否足够以维持人类的存续？我们应该将计划生育控制在什么水平？整个人口平衡问题是一个微妙的问题。马尔萨斯[1]首先对这个问题进行了清晰的思考。他指出，从长远来看，生产增长无法与人口的增长潜力保持同步，人口数量与供养能力之间必定会出现巨大的落差。自马尔萨斯时代以来，我们在土地和交通方面增加的资源确实掩盖了这种趋势。甚至有经济学家大胆地否认它曾经存在过。然而，它只是被掩盖了，印度以及西方国家的世界人口增长已经与饥荒发生率联系在一起，而这在其他任何时代都很难显现出来。

这里或许是我详细讨论达尔文进化论及其对流行的大众进步意识形态的历史影响的合适地方。达尔文的进化论必须与拉马克[2]和查尔斯的祖父伊拉斯谟·达尔文[3]沿这些路线提出的早期思想明确区分开来。进化论的早期形式与《圣经》中的一段话直接矛盾，这段话说，人通过思考不能使其身高增加一肘。他们预设了某种过程，通过该过程，一种动物或植物需要某种变异来适应其当前的环境，它会偏好于这种变异，而不是其他所有的变异。这些都是至关重要的生命力论，以塞缪尔·巴特

---

〔1〕托马斯·罗伯特·马尔萨斯（Thomas Robert Malthus，1766—1834年），英国牧师、人口学家和政治经济学家。其著作《人口论》至今在社会学和经济学领域虽存在争议，但具有深远影响。马尔萨斯认为人口可能呈指数级增长，而食品供应或其他资源则呈线性增长，最终导致大量人口因粮食增长的速度跟不上人口增长的速度而死亡。——译者注

〔2〕拉马克（Jean-Baptiste Lamarck，1744—1829年），法国博物学家，生物学的伟大奠基者，最早提出生物进化的学说，是进化论的倡导者与先驱人物。——译者注

〔3〕伊拉斯谟·达尔文（Erasmus Darwin，1731—1802年），英国医学家、诗人、发明家、植物学家和生理学家，在多门自然科学领域中均有一定的贡献，并且在诗作中体现了早期的演化思想。他是达尔文-威治伍德家族成员，查尔斯·达尔文的祖父及法兰西斯·高尔顿的外祖父。——译者注

勒和萧伯纳^[1]所大谈特谈的生命力的存在为前提，它们已经成为俄国当权者所青睐的信条。据我的理解，这个信条包含两种不一定等同的表述。首先，也是更为合理的一点是，一个物种的遗传并不直接产生后代的形态，而是以一种同样与环境相关的方式产生后代。第二个可能被认为没有充分证据支持的观点是，环境会直接催生这些变异，使它们在环境中生存下来。

正是拉马克的进化论影响了人们对进步的情感态度。一般的进步倡导者相信存在一种对人类有利的生命力，驱使人类不断走向越来越大的成功。在这一点上，他与苏联官方生物学中最不科学的一面保持一致。

查尔斯·达尔文并未完全否认拉马克的观点，但他添加了一个元素来补充拉马克的观点，并且这个元素在后来的学者手中注定要取代拉马克的观点。这个元素包含在自然选择理论中。根据达尔文本人以及"天择"的共同发现者华莱士^[2]的说法，这直接归因于马尔萨斯的影响。根据这种观点，无论变异过程的性质如何，它都是一种对发生变异的个人或他的后代没有特别有利倾向的变异。事实上，大多数变异均以畸形和

---

〔1〕萧伯纳，全名乔治·伯纳德·萧（George Bernard Shaw，1856—1950年），爱尔兰剧作家，1925年因其作品具有理想主义和人道主义而获诺贝尔文学奖。其超人思想的核心是"创造进化论"，是达尔文进化论，尼采、叔本华、柏格森的非理性主义哲学和费边社会主义思想的综合体。他认为有一种推动人类进化的力量叫做"生命力"，正是它推动着生命进程不断进化完善以及具有充盈饱满生命力的人，才是完美的人，即超人。——译者注

〔2〕阿尔弗雷德·拉塞尔·华莱士（Alfred Russel Wallace，1823—1913年），英国博物学家、探险家、地理学家、人类学家和生物学家，其著名思想有"天择"的独立构想演化论。——译者注

失败而告终。偶尔会出现一种变异，这种变异会使个体比变异之前的状态更好地适应在其特定环境下生存。

在马尔萨斯式的食物斗争和其他形式的个体与个体之间的斗争过程中，这些有利的变异将存活并产生后代，而那些可怕的变异将消亡，不会留下后代。如果我们假设变异倾向于采取可遗传的形式，并且不同的变异形式倾向于彼此分离，以至于它们之间没有杂交，或者至少没有产生能存活、能生育的杂交动植物，那么新的有利变异将倾向于取代以前的正常形式，并最终成为一个新物种。这可能发生在不止一个方向上，因此新的存活形态通常会产生不止一个物种。

在这种进化理论中，物种生存模式的明显目的性不是由不断将它们推向更高层次的生命力产生的，而是由一个消除过程产生的。一方面，在这个过程中，只有那些与其环境合理平衡的形式才能生存下来。另一方面，那些与其环境不太协调的形式被更适合的形式的竞争所淘汰。然后，一个物种的模式是通过淘汰过程产生的，这一点与我们溶解了叶子的叶片，而仅保留其叶脉的花纹一样。

我说过，达尔文并没有断然否认拉马克进化论。然而，他的后继者，例如魏斯曼[1]，为支持拉马克主义[2]提供了确凿的证据，却以失

---

〔1〕奥古斯特·魏斯曼（August Weismann，1834—1914年），德国进化生物学家，其重要贡献是提出了种质学说。——译者注

〔2〕拉马克主义，又称拉马克学说，由法国生物学家拉马克于其1809年发表的《动物哲学》中率先提出。其理论基础为"获得性遗传说"和"用进废退说"，拉马克认为这既是生物产生变异的原因，又是适应环境的过程。——译者注

败而告终。特别是他们努力观察，如果一个物种的动物被持续切割，最终是否会产生表现出这种残缺的后代。当然，可以反对的是，切割可能是一般拉马克过程的一个例外；在任何情况下，在非常特殊的情况下获得的负面证据，不可能与其他地方的正面证据相提并论。尽管如此，拉马克进化论目前还没有清晰而明确的证据。事实上，李森科[1]学派对拉马克理论的热情，完全符合其试图缩短实验时间、说服世界采取更适合其观点的全部形式。我们还必须承认，它包含一个强有力的、或许并非毫无道理的经济因素。关键问题在于，苏联的大部分资金是应该投入提倡遗传基因的孟德尔学派的长期工作，还是应该投入专业动植物育种者的不那么科学但不一定无效的工作。在美国人看来，这就相当于是选择支持托马斯·亨特·摩尔根[2]（以孟德尔豌豆杂交实验为基础深化遗传理论，并借助物理、化学等实验手段为生物学的科学发展奠定基础），还是支持路德·伯班克[3]（通过嫁接等手段培育出800多种菌株和植物品种）。

'

---

〔1〕李森科（T. D. Lysenko，1898—1976年），苏联农学家、生物学家，曾提出与基因学说相对立的遗传学说，并进一步将其观点普及而提倡"米丘林生物学"，与全世界生物学界在思想上处于对立。——译者注

〔2〕托马斯·亨特·摩尔根（Thomas Hunt Morgan，1866—1945年），美国遗传学家、约翰霍普金斯大学博士，继承和发展了孟德尔以豌豆杂交实验为基础的遗传理论，并借助物理、化学、辐射等实验手段，为生物学发展为实验科学奠定了基础。——译者注

〔3〕路德·伯班克（Luther Burbank，1849—1928年），美国植物学家、园艺家和农业科学的先驱人物。曾通过嫁接等方式培育出800多种菌株和植物品种。——译者注

伯班克和俄罗斯动植物育种者的观点在实践中并没有被完全、彻底推翻，但大部分证据表明，像托马斯·亨特·摩尔根这样的遗传学家对进化论中拉马克元素的低评价基本上是正确的。托马斯·亨特·摩尔根等人已经证明，严格意义上的达尔文进化论与现代孟德尔学说中公认的基因观是一致的。霍尔丹和他的学派从摩尔根的观点中得出了数学上的结论，并以纯粹的达尔文主义思想为基础确定了一个进化速度，这至少与观察到的事实没有严重不符。因此，目前进化论已被简化为一个过程的副产品，该过程对种族的生存毫无益处，在道德上完全等同于马尔萨斯主义。

事实上，苏联对马尔萨斯主义的反对，虽然从科学事实的角度来说是站不住脚的，但至少包含了这种似是而非的准道德理由，即马尔萨斯主义被毫无道理地用作冷酷无情的道德借口。他们主张那些生存下来的物种通过任何道德权利来生存，这与达尔文主义的本质相去甚远，就像寻找一种推动我们永远向前和向上的生命力一样。绦虫是至少与人类一样在漫长的进化路线上产生的结果，而这个结果还会产生更适合做绦虫的动物。无情的商人声称自己比相对弱小的对手更适合生存，他只是在用一个与他的道德价值无关的蹩脚双关语为自己的行为辩护。

然而，这种准道德主义的马尔萨斯主义也有一些改进的形式，即使对那些应该更了解的人来说，似乎也有一定的说服力。我曾听人类学家表达过这样的观点（他们自称是先知先觉的自由主义者）：英格兰在其非洲殖民地投入种植花生的新项目中，为了避免给国家自身带来危险，最好的做法是不让当地人享受现代医疗救助的服务。否则，他们就说婴儿死亡率会下降，而殖民地的土著居民将在自身的繁殖生息过程中吸收所有创新成果。一些类似的婴儿死亡过程实际上很可能会发生，这一观点与殖民历史的记录并不冲突。

尽管如此，假设这种拒绝提供医疗救助的行为是有意为之的，或者即使是无意为之的，而事实上那些英国人和美国人都明白，如果他们就是当今英国人和美国人所希望设想的那样，那将是对所有声称拥有崇高道德地位的人的一种谴责，这是无法忍受的。即使白人失去了地位，也将是一场更值得接受的灾难。毕竟，任何一个有智慧的人都知道，正如他自己在地球上的停留时间是有限的一样，人类也是如此，而普通的正派公民更愿意缩短自己的停留时间，以及自己种族的停留时间，也不愿意为大规模谋杀和大屠杀负责。

人类学家可能会说，这只是我们的禁忌之一，其他文化可能不这么认为，但人类学家非常清楚，我们所有的道德都是禁忌的一种，不能用个人或种族生存的需要来解释。为确保白人至上而追求这些思路，只不过是同意全民对抗。对于我们这些自豪地认为我们自己的传统是文明传统的人来说，这只会导致来自外部和内部的谴责。

在较为保守的经济学家中，流行着某种廉价的乐观主义。这种乐观主义实质上是说，由于我们尚未被灾难吞噬，我们就永远也不会被灾难吞噬。因此，对我们来说，了解其他种族灭亡的环境是很有趣的，也是相当重要的。然而，地质学档案甚至近代生物学的历史都告诉我们，许多物种已经灭绝。基于我们目前的存在从而得出种族不朽的结论，与基于我们尚未死亡从而得出我们个人不朽的结论一样，都是不科学的。

在一些已经灭绝的物种中，它们灭绝的原因是非常明显的。那就是发生了一些灾难性的变化，例如气候或其他一些地理环境发生了变化，使种族无法生存。在其他情况下，问题的性质更为复杂。让我们以雷兽[1]为例。它们是身体沉重的哺乳动物，有一个分叉的鼻角，其用途我们还不完全清楚。早期的雷兽有相当简单的鼻角，是一种身材巨大但体重却不很重的动物。随着不断演化，雷兽的鼻角变得越来越复杂，体重也越来越重。这两项指标都在雷兽濒临灭绝的同时到达顶峰。

在基因上决定这种发育的因素尚不清楚。孟德尔遗传和自然选择的整个复合体似乎将雷兽引导至一条仅适用于非常狭窄的外部环境的道路上。无论如何，虽然鼻角的大小和形式存在差异，但雷兽在其他方面几乎没有变化。它们的大部分发育过程均趋向于让鼻角逐渐细化，以及动物承受这种骨架所需的身高尺寸的增加。雷兽的所有生存机会都孤注一掷，不管它们选择的环境是什么，都必须很好地适应环境。要么是它们的发育路线太窄没有合适的环境，要么是环境中的一些细微变化让它们灭绝。

关于灭绝问题的另一个有趣例子，是一个岛屿的大小与生活在岛屿上的动物的体形之间存在普遍关系的观点。一般来说，岛屿上居住的是

---

〔1〕雷兽是一种已灭绝的哺乳动物，属奇蹄目雷兽科，约生存于始新世早期至晚期，可能是马的近亲。——译者注

体形较小的生物。也许加拉帕戈斯群岛[1]的巨型陆龟是一个突出的例外,但这些充满活力的动物寿命如此之长,生长之无限期,新陈代谢水平如此之低,以至于可以认为它们自身就可以表达出种群动态。

大型动物需要大量的食物,因此它们需要相当大的活动范围。然而,即使按照这个假设,在被命名的东印度群岛中,也一定有少数岛屿不能为十几只猩猩或一对大象提供食物。但是,当一个社群的个体数量低于一定规模时,它的继续存在就会面临极大的风险。很明显,只有创造奇迹,我们才能期望两三头大象的种群世代相传,其构成至少包括一头雄象和一头雌象。用不了多久,一百只动物的畜群很快就会受到某种瘟疫的侵袭,而且这种疾病很可能在所有情况下都会产生致命影响。

更重要的是孟德尔遗传学说本身的影响;这种影响在小型孤立的人类社群中非常明显。当一个人类社群的规模降到一定程度以下,并且已经存在了一段时间时,姓氏就不再有任何用处。社群中的每个成员都很可能是史密斯或琼斯或类似的人。与此相对应,他们将具有大致相同的遗传结构。正如霍尔丹所指出的那样,即使一个种族远没有像今天的印度象那样灭绝,种族也可能已经接近灭绝,从而具有非常一致的遗传结构和非常细微的变异程度。因此,它对环境的变化更加无能为力,因为很少有一群适应能力不佳的个体能够特别好地适应经过特殊变化的

---

　　[1]加拉帕戈斯群岛被厄瓜多尔官方称为科隆群岛,是东太平洋接近赤道的火山群岛,隶属于厄瓜多尔加拉帕戈斯省,占地7976平方公里,距厄瓜多尔本土1100公里。——译者注

环境。

近亲繁殖也有一种倾向，即将群体遗传学上的隐性缺陷暴露出来，例如隐性致死特征。这是因为这种模式仅限于近亲之间的交配。众所周知，这是在孤立和近亲繁殖的小型社群中，癫痫、失明和其他畸形高发的主要原因之一。因此，一个低于一定规模的永久社群就不再保持稳定。

正是这种群落的规模，以及它在地球上继续生存所需的活动空间，决定了能够维持某些动物物种的最小岛屿的规模。因此，动物群落的规模与维持某些动物群落的最小岛屿的规模成比例，尽管这个比例不是个体大小与其自身的必要活动空间规模之间的一个比例。

已故的劳伦斯·约瑟夫·亨德森[1]教授已经表明，生命能够生存的环境局限在非常狭窄的范围内。而特定生命形式可以存在的环境要狭窄得多。种族的生存取决于种族对不同条件的变异性和适应性，以及与它必须生存的环境的变异性之间的有利的交换平衡。这是人类的悖论之一，也可能是人类的最后一个悖论：控制我们社群命运的人，在与我们自身环境变化相关的问题上应极端激进，而在决定我们适应环境的社会问题上应严格保守。

那我们该怎么办呢？我们对"简单生活"的怀念早在我们所经历的

---

〔1〕劳伦斯·约瑟夫·亨德森（Lawrence Joseph Henderson，1878—1942年），美国生理学家、化学家，20世纪早期生物化学发展的先驱人物，提出了著名的亨德森–哈塞尔巴尔赫方程，并与乔治·萨顿共同创办科学史学会。——译者注

工业革命取得成功之前就已经开始了，我们绝不能忽视这样一个事实，即我们无法自由地回到原始状态。我们的工业进步抵押了我们的未来。在我写下这些文字的新罕布什尔州农舍的农场里，既没有足够大的树木为这样的农舍提供木材，也没有足够肥沃的土壤来维持先辈们种植的庄稼。如果不坐上现代化的汽车，前往现代连锁店从冷藏车获取食物，那么我只能靠非常少的口粮过活。我不能依靠数量逐渐减少的保护区鹿群为自己提供食物；如果我从河里钓鱼，我能从那里收获的几乎唯一的一条鱼是来自该州孵化场的。如果我想买个炉子，里面的铁一定来自匹兹堡，而不是塔姆沃思铁厂，因为这个地方的沼泽铁矿早就无法使用了。简而言之，对我来说，我想要享受这种乡村社区里仍然存在的生活便利，这对我来说是非常好的。然而，我必须认识到，虽然新英格兰城市曾经是该社区和类似社区的附属城市，而如今，这类社区只不过是我们城市经济发展的一种延伸。《周六晚报》的封面并不能充分反映现代生活的事实。不，生存之道并不在于后退。我们的父辈尝过知识之树的果子，虽然它的果子在我们口中是苦的，但持着烈焰圣剑[1]的天使却站在我们身后。我们必须继续发明和谋生，不仅靠额头上流淌的汗水，还要靠大脑里知识的新陈代谢。

可以认为，发明从零星的独创性展示发展为大规模的通用技术，已

---

[1] "火焰剑"在传说和神话中已经存在了数千年。在苏美尔神话中，被称为"Asaruludu"的神灵是"燃烧之剑的拥有者"。——译者注

经由大型工业实验室以及大规模研究得以解决。事实并非如此。尽管大型实验室很有价值，并且它在已经开放供检验的思想的发展过程中处于最佳状态，但在新思想的起源过程中处于最差和最不经济的状态。在战争期间它使我们处于如此有利的地位，是因为当时我们保留有大量以往科学知识的库存，并尚未将其用于发明目的。如今这个库存已经开始减少了。为了取代它，我们需要能够真正结合一系列不同科学的思想，这些思想由一群在各自领域内受过全面训练、同时拥有相关领域专业知识的人所共享。

不，这样做远远不够。我们要像培养管理效率一样培养思想生产力。我们需要找到某种机制，才能让公众感兴趣的发明能够有效地回馈给公众。我们不能像侵蚀土壤那样侵蚀这个国家的大脑。我们绝不能成为农奴，作为财产被写在企业家的账簿上。我们需要这样一个系统，其中变异性和适应性被看重，而不是被轻视。我们需要这样一个组织，它能清醒地认识到发明的事实以及我们越来越依赖更多发明的事实。如果人类要存续，就不能做事后诸葛亮。试图认识到这一点的尝试因俄罗斯当前的无情阶段而陷入僵局，但这不应使我们忽视存在这些问题的事实，如果我们不回答这些问题，我们作为个人、作为一个种族都将灭亡。给我们面对现实的自由吧！我们不必期望这个种族永远存在，正如我们将作为个体永远存在一样，但我们可以希望，无论是作为个体还是作为种族，我们都可以活得足够长，以便充分发挥自身的潜力。

三 定型与学习：沟通行为的两种模式

按照我们的观点，特定类型的机器和部分生命体——尤其是高等生命体，都能基于过去的经验改变自身的行为模式，从而达到反熵的特定目的。在这些具备沟通能力的高等有机体中，作为个体过去经验的环境可以修改有机体的行为模式，使其在某种意义上能够更有效地应对未来的环境。换言之，这种有机体不同于莱布尼茨的机械单子[1]，它无法预先与宇宙和谐共生，而是寻求其自身与宇宙及其未来偶然事件的新平衡。它的现在不同于它的过去，而它的未来也不同于它的现在。恰如在宇宙中一样，在这种生命体中，丝毫不差的重复是绝对不可能的。

就生命体和机器之间的类比而言，截至目前，威廉姆·罗斯·艾什比（W. Ross Ashby）博士的工作或许对这一主题做出了现代最伟大的贡献之一。学习和更原始的反馈形式一样，在时间上，我们可以把学习分为由过去看未来和由未来看过去两种不同的过程。在时间流中，带有明显目的的有机体的整体概念（无论这一概念是机械的、生物学的，抑或是社会学的，都是如此），均为一支具有特定方向的箭，而非一条双向线段，

---

[1]莱布尼茨认为，单子是构成事物的基础和终极单位。每个单子都可以反映并代表整个世界。由单子构成的事物可以彼此影响，从而形成一个和谐的整体。——译者注

无法从任意一端出发到达另外一端。能学习的生物并不像古代神话中的两头蛇那样首尾各有一个脑袋，向哪走都无所谓。相反，能学习的生物从一个已知的过去走向一个未知的未来，而这个未来与那个过去是无法互换的。

我再举一个有关于反馈的例子，以说明它在学习方面的作用。当巴拿马运河各船闸上的数个大型控制室在工作之际，它们都充当着双向信息中心。在控制室中，不仅有发出的信息控制着牵引机车的运行、水闸及闸门的开合；还有随处可见的信号装置，这些信号装置不仅指示着机车、水闸和闸门是否收到了指令，还指示着它们是否实际有效执行了这些指令。若非如此，船闸管理员就会很快想到也许有一部牵引机车已经停止运行，从而导致巨型战舰猛然冲进闸门，或任意类似的灾难发生。

控制原则不仅适用于巴拿马船闸，也适用于国家、军队和个人。在美国独立战争中，由于英国方面的粗心大意，已经下达的命令未能指挥一支英国军队从加拿大出发到达萨拉托加与另一支来自纽约的英国军队会师。伯戈因的军队因此惨败，而事实上一个精心设计的双向通信计划就可以避免这种败局。可见，无论是政府、大学还是企业的行政官员，都应参与双向交流，而非仅仅从事自上而下的沟通。否则，上级官员们或许会发现，他们制定的政策和下属知晓的事实完全背道而驰。同样，对于演说家们而言，对着一言不发、面无表情的听众讲话无疑是最困难的任务了。在剧院里，鼓掌的目的是为了在演员的脑海中建立少许双向交流——这一点是其本质。

社会反馈这个问题具有极大的社会学和人类学意义。人类社会的沟通模式多种多样。有些社会，比如说爱斯基摩人的社会，似乎没有酋长，社会成员之间也似乎少有从属关系，因此社会存在的基础，仅仅是为了满足人们在艰苦气候和缺乏粮食供应的挑战下生存的共同愿望；有些社会有阶级划分，比如说印度，两个人之间的沟通方式，会受到他们的血统和地位的严格制约；有些社会由专制君主统治，在这些社会中，臣民和国王之间的关系优先于任意两个臣民之间的关系；还有些等级森严的封建社会是由奴隶主和奴隶组成的，他们会用非常特殊的技巧进行社交。

在我们美国，大多数人喜欢生活在一个相对轻松的社会中。在这个社会里，个人和阶层之间的沟通障碍并不算太大。我并不是说美国已经实现了这种理想的沟通模式。只有"白人至上"这一信条在美国大部分地区废除后，这种理想模式才有可能实现。然而，对许多视效率为最高理想的人来说，即便是这种充满限制、形式多端的民主，也过于混乱不堪。这些崇尚效率的人希望每个人从童年起，就踏上一个已经指定好的社会轨道，像旧时匍匐在地的农奴一样，履行自己天生应该承担的职责。在美国的社会图景中，存在这些倾向，但拒绝不确定的未来赠予的机会是可耻的。许多人过于迷恋这种永久分配职责的有序状态。因此，对他们而言，如果被迫公开承认这一点，他们定会窘迫不已。他们只能通过自己的行为表现自己明确的偏好。其中，以下行为十分突出：商人雇佣一群唯他马首是瞻的人，以便别人能够把他和他的雇员区分开来；或者一个大实验室的负责人给每位下属分配一个特定的研究课题，但不给他独立思考的权利，以免他可以超脱眼前的问题，窥探到整个研究工作。这些都证明他们所崇尚的民主并非他们真正想要的生活在其中的秩序。他们向往的预先分配每个人职能的有序状态，令人不禁想到莱布尼茨自动机的特点，它在通向一个不确定的未来时，不会提供不可逆的活动，而这正是蚂蚁真实生活的条件。

在蚁群中，每一只工蚁都履行着其应有的职责；其中可能还存在一个专门的士兵阶层；高度专业化的特定个体履行着国王和王后的职责。如果人类社会也采取这种部落模式，那么人们将会生活在法西斯国家了。在这里，处于理想状态下，每个人从出生起就接受训练，然后从事自己相应的职业：统治者永远是统治者，士兵永远是士兵，农民永远是农民，工人也注定永远是工人。

本文的论题之一就是指出——法西斯主义者之所以渴望以蚂蚁社会为模型建立一个人类国度，是因为他们对蚂蚁的本性和人类的本性存在严重误解。一方面，我想指出的是，昆虫的身体发育本身就决定了昆虫本身是一个不会学习的个体。它们的身体好似在一方模具中铸造，注定不会有较大程度的改变。此外，我还想表明，这些生理条件是如何使昆虫成为一种廉价的批量生产物的；它们的个体价值，并不高于一个用后即丢的馅饼盘。另一方面，我希望表明，人类个体之所以能够进行广泛的学习和研究（这可能占据了人类一半的生命），是因为学习能力是人类身体与生俱来的，而蚂蚁的身体构造注定了它们不具备这样的能力。人体的感觉器官生来具备多样性和高潜力——这的确是人类成为至高无上的物种的关键——因为多样性和高潜力属于人类有机体本质结构特有的特征。

尽管我们可以对我们优于蚂蚁的巨大优势视而不见，以人类为材料去构建一个蚂蚁式的法西斯帝国，但我坚信这种做法是人类本性的退化，而从经济上说，是对宏伟人性价值的铺张浪费。

我想我相信人类社会要远比蚂蚁社会有益；人类如果被限制在永远履行同样的职责中时，我担心他们甚至都不会是一群好蚂蚁，更不用说是一群好人了。那些想要把我们根据永久性个体职责和永久性个体限制组织到一起的人，就是在宣布人类前进的速度远不及蒸汽机车动力的一半。他们几乎摈弃了人类所有的潜力，通过限制我们适应未来突发事件的方式，减少了我们在这个地球上更长期地生存的机会。

现在，我们回过头来讨论蚂蚁的身体构造的局限性，这些局限性使蚂蚁社会成为了一种极其特殊的存在，也与昆虫个体的解剖学以及蚂蚁个体解剖学和生理学有着深刻的渊源。昆虫和人类都采取呼吸的形式摄入空气，它们都经历了一个漫长的过渡时期，从悠闲生活的水生生物变成了高压下生存的陆生生物。这种从水体到陆地的过渡，无论发生在何处，都涉及呼吸、大循环、有机体的机械支撑和感觉器官的根本性改进。

陆生动物身体的机械强化作用是沿着几条独立的路线进行的。大多数软体动物就和其他生物群（不属于软体动物，但呈现出类似于软体动物的身体形态的特定种群）一样，它们的部分外表面会分泌出大量无生命的钙质组织，即甲壳。从动物的生命早期到生命结束，这种组织通过堆积而不断增加。仅根据这个堆积过程，我们就可以解释这些种群的螺旋形和相应身体结构。

如果这种甲壳是为了对动物起到保护作用，且动物在其生命后期又会成长到相当大的话，那么甲壳必定是一个非常大的负担，只适合运动缓慢、生活懒散的蜗牛等陆生动物。在其他有壳动物中，甲壳重量越轻，负担越小，同时保护作用也越小。甲壳结构由于其沉重的机械负担，在陆生动物中只是一个不大的成就。

人类本身代表了另一个进化方向，我们在所有脊椎动物身上都可以找到这个方向；至少在像鲨和章鱼这样高度发达的无脊椎动物身上，也能找到这个方向。在所有这些身体构造形式中，结缔组织[1]的特定内部部分将不再连续呈纤维状，而会呈一种十分坚固、僵硬的胶冻状。机体的这些部分被称为软骨。它们用于连接动物在高强度运动时用到的强健肌肉。在高等脊椎动物中，这种初级软骨骨骼可以充当临时支架，用于支撑由更坚硬的材料形成的骨骼，即骨架。在连接强健肌肉上，骨架的作用更为理想。虽然这些骨骼，包括骨架和软骨，含有大量从严格意义上来讲的无生命的组织，而在这一团胞间组织中，却充满了由细胞、细胞膜和营养血管组成的生命结构。

脊椎动物进化出了内骨骼，以及其他许多适合自身进行高强度运动的特性。它们的呼吸系统，无论鳃还是肺，都能很好地适应外部介质和在血液之间进行积极的氧气交换，其呼吸效率要比普通无脊椎动物的血

---

〔1〕结缔组织，是由细胞和细胞间质组成，在人和高等动物的体内广泛分布，具有多种重要的功能意义，如连接、支撑、营养、保护等。——译者注

液高得多，因为脊椎动物的血液含有集中在红细胞中的输送氧气用的呼吸色素，血液会流经封闭的血管系统，而非开放的不规则窦道系统，并由一个更高效的心脏泵送到身体各处。

昆虫和甲壳动物，事实上也包括所有的节足动物的身体，都是以完全不同的生长方式构造而成的。它们的身体外部被表皮细胞分泌的一层甲壳质所覆盖。这种甲壳质十分坚硬，其密度与纤维素很接近。在许多关节处，甲壳质层很薄，有一定的柔韧性，而其他部位，甲壳质则形成了坚硬的外骨骼，如同我们在龙虾和蟑螂身上看到的那样。内骨骼，例如人的，可以随躯体生长而生长。然而，外骨骼却无法随躯体一起生长（蜗牛壳那样的外骨骼除外，因为它们可以靠堆积作用生长）。外骨骼是死组织，不具备内在的生长能力。它可以为动物的身体提供坚实的保护，也能够把动物的许多肌肉连接在一起，但充其量只能算一件紧身衣。

节肢动物的内部生长可以转变为外部生长，它们只需丢弃旧的紧身衣，并在这件紧身衣下方发育出一件新的紧身衣即可。起初，新紧身衣柔软有韧性，会比旧衣更新更大些，但很快就会变得和旧衣一样硬了。换句话说，节肢动物的生长阶段以确定的数次蜕皮为标志。这种蜕皮情况在甲壳动物中相对频繁，而在昆虫中则十分罕见。在幼虫期，昆虫可能会经历多次蜕皮期。蛹期代表其过渡形态，在这个过程中幼虫期不起作用的翅膀在内部向功能状态发育。在蛹期的最后阶段之前，翅膀发育完备；蜕皮结束后，一个完美的成虫就诞生了。这只成虫再也不会蜕皮了，它正处于有性阶段。在大多数情况下，它这时仍能摄取食物，但许多昆虫的口腔部位和消化道会停止发育，因此这种被称为成虫的动物只能交配、产卵，然后死亡。

神经系统参与了这个撕裂和重建的过程。虽然有一定量的证据表明，从幼虫到成虫某些记忆一直存在，但这种记忆的范围并不很广。记忆和学习的生理条件，似乎就是组织性的连贯性，使得外部感官印象的变化或多或少得以保留下来，成为永久性的结构或功能变化。昆虫的变态发育太过彻底，以至于难以留下这些变化的持久记录。事实上我们很难想象，在这种彻底的内部重建过后，还能保存有任何精确的记忆。

加上它特殊的呼吸和循环方式，昆虫还受到另一种限制。昆虫的心脏是一个十分柔软脆弱的管状结构，心脏开口处并不与清晰明确的血管相通，而是与笼统模糊的腔体或窦道相通，血液由此输送到组织中。昆虫的血液没有携带色素的血细胞，会直接把血液色素溶解到体液中。这种输氧方式似乎明显低于血细胞法。

此外，昆虫组织的氧合方式至多是局部使用了血液。这种动物的躯体内存在一个由分支小管组成的系统，它把空气直接从体外运输到需要氧的组织中。这些小管随甲壳质的螺旋纤维保护着不易塌陷，因而处于被动开放状态，但没有证据表明这些动物体内存在主动有效的空气泵送系统。其呼吸作用仅仅通过气体扩散进行。

值得注意的是，同样的小管可以通过气体扩散吸收新鲜空气，并把充满二氧化碳的废旧气体排出到身体表面。在扩散的机制中，扩散时间随小管长度平方值（而非小管的长度）的变化而变化。因此，一般而言，随着动物体形的增加，这个系统的效率会迅速下降，最终下降到生存点之下，使拥有更大体形的动物无法存活。因此，昆虫的结构不仅使昆虫无法拥有一流的记忆，也使昆虫无法拥有用于存储这些记忆的有效身体尺寸。

为了说明这种尺寸限制的意义，我们可以对比一下两种人工建筑——小屋和大楼。一方面，小屋的通风完全可以通过窗框周围的空气流通来实现，无须考虑用烟囱通风。另一方面，在一座千庑万室的摩天大楼里，关闭人工通风系统几分钟，办公场所的空气便会污浊不堪、令人窒息。对于这样一座建筑，即使空气扩散、对流也无法完全通风。

一方面，昆虫的绝对最大尺寸小于脊椎动物的绝对最大尺寸。另一方面，构成昆虫所用的所有元素并不总少于构成人类甚至鲸鱼所用的所有元素。虽然昆虫的神经系统体积较小，但组成其神经系统的神经元尺寸却并不比人类的神经元尺寸小。尽管和后者相比，前者的神经元数量要少得多，结构也更简单。在智力方面，我们应该想到，起作用的不仅是神经系统的相对尺寸，而且在很大程度上，是它的绝对尺寸。昆虫的结构十分简单，根本没有空间来容纳过于复杂的神经系统，也没有空间来储存大量的记忆。

由于不可能存储大量的记忆，且昆虫（如蚂蚁）的幼虫期与成虫期是以相互隔离的形式度过的，幼虫期与成虫期之间的变态发育灾难般地隔离了这两个时期，因此昆虫没有机会进行广泛学习。除此之外，昆虫在成虫期的行为必须从始至终都是完整的，这就清楚地说明了，昆虫的神经系统所接收到的指令必定是其构造方式的产物，而非其任意个体经验的结果。因此，昆虫更像是一种计算机，其指令都被预先记录到"磁带"中。所以几乎没有反馈机制来陪伴它们度过不确定的未来。蚂蚁的行为与其说出于智慧，不如说出于本能。昆虫成长时所穿的物理紧身衣，会直接作用于调节其行为模式的心理紧身衣。

在这里，读者或许会说："好吧，既然我们已经知道了蚂蚁作为个体而言并不十分聪明，那么为什么还要白费口舌来解释蚂蚁不聪明的原因呢？"答案是，控制论认为：机器或有机体的结构就是可以用于预测其性能的指标。昆虫的机械定型就是这样地限制了昆虫的智力，而人体的机械流动性则为人类近乎无限的智力发展创造了条件。从理论上讲，如果我们能够构建一台机器，其机械结构与人体生理机能一致，那么这台机器的智力将和人类媲美。

在行为的定型方面，与蚂蚁形成最大反差的是普通的哺乳动物，尤其是人类。人们经常看到，人也是一种幼态持续型物种，也就是说，与人类的近亲——类人猿相比，我们会发现，成年人在毛发、脑容量、体态、身体比例、骨骼结构、肌肉等方面都更像新生的类人猿，而非成年类人猿。在动物界中，人类像是那位永远长不大的小男孩彼得·潘。

这种解剖结构的幼态与人类的童年期很漫长这一点是相对应的。从生理学上说，人类走过自己正常寿命的五分之一后，都还没进入青春期。我们可以拿这一点与老鼠的情况相比较。老鼠的寿命有三年，出生三个月之后便可以繁殖。这一比率是十二比一。与人类的比率相比，老鼠的比率更接近大多数哺乳动物的典型情况。

对于大多数哺乳动物来说，青春期或许标志着它们受监护时代的结束，或许标志着其青春期的到来远在受监护期的结束后。在人类社会，在21岁以后，人们才会被视为成年人；现代高等职业教育一直持续到30

岁，实际已经超出了人们体力最旺盛的时期。因此，人们有生之年40%的时间，都充当着学生的角色，这同样与人类的身体构造有关。就像蚂蚁社会以遗传模式为基础一样，人类社会以学习为基础，这是自然而然的事情。

和其他有机体一样，人类生活在一个偶然性的宇宙中，但相较于自然界其他生物而言，人类的优势在于他具有生理上的，因而也包括智力上的工具，使人类能够适应环境的剧烈变化。人类这一物种之所以如此强大，是因为人类利用了其先天适应环境的学习能力，这是人类的生理结构所提供的。

我们已经指出，一个有效的行为必须通过某种反馈过程来执行，并在反馈过程中告知目标是否已经达成。最简单的反馈就是处理演绎成败总情况的反馈，如我们是否成功捡起了我们想要捡起的物品，又如前行的军队是否在指定时间到达了指定地点。然而在此之外，还有许多性质更为微妙的反馈形式。

我们常常需要了解一项完整的行为策略，或者说一项战略，是否已经证实是成功的。我们在训练动物们穿越迷宫寻找食物或躲避电击时，动物们必须能够记录穿越迷宫的总体方案在整体上是否成功，它们还必须有能力修改这个计划，以便有效地穿越迷宫。这种学习形式必定属于一种反馈，但它属于一种更高层次的反馈，即一种策略性的反馈，而非简单的行动反馈。它不同于伯特兰·罗素所说的"逻辑型"初级反馈。

这种行为模式也可见于机器。人们在电话接线技术方面的最近创新，可以为人类的适应能力提供一个有趣的机械方面的类比。在整个电话工业中，自动交换机正在全面迅速打败手动交换。人们认为，现有的自动接线装置是一套近乎完美的流程。然而，我们稍微想一想就会发现：当前的流程是十分浪费设备的。实际上，我希望与之电话联系的人数是十分有限的，而且在很大程度上，年年月月都是那几个人。过去，我就使用电话设备与这些人沟通。现在，随着接线技术的普及，每天与我们打四五次电话的人接通，和与那些我们或许永远不会与之联系的人接通，这两个过程变得很难区别开来。从平衡服务的角度来看，我们不是使用过少的设备处理了频繁的通话，就是使用过多的设备处理了偶尔的通话。这种情况让我想起了老奥利弗·温德尔·霍姆斯（Oliver Wendell Holmes）的诗《一辆双轮马车》（*The One-Hoss Shay*）。正如你记忆中的那样，这辆老旧的车是如此的精巧，以至于在被使用了一百年后，无论是车轮、顶棚、车轴还是座椅，任何部位都未发生过度的磨损，无须耗费大量金钱来修补。实际上，这辆"双轮马车"代表了尖端设计制造技术，而不仅仅是一个幽默的幻想。如果车箍的使用寿命比轮毂的使用寿命更长，或者挡板的使用寿命比车轴的使用寿命更长，那么车轮和挡板的部分经济价值就会被浪费。在不削减马车整体使用寿命的情况下，这部分价值或许被浪费了，也或许被平均转移到了车辆的所有部位，从而延长了整个车辆的使用寿命。事实上，设计任何不具有"一辆双轮马车"特征的结构都在浪费材料。

这意味着，如果我每天同 A 君打三次电话，而 B 君在电话簿里于我而言只是一个无人问津的名字，那么为了最大限度地节约服务成本，把我同 A 君和 B 君的电话联系等量齐观——是不可取的。如果多分配给我一种与 A 君更为直接的联络方式，那么我即便是花费两倍的等候时间来和 B 君接通也是完全能够补偿过来的。如果是这样，我们就能在无须增加过多成本的情况下，设计出一种设备来记录我过去的通话，并根据我过去多种电话信道的使用频率，重新向我分配相应的服务级别，那么我会获得更好的服务，或更廉价的服务，或兼而得之。荷兰的飞利浦照明公司（Philips Lamp Company）就已经成功做到了这一点。借助罗素所说的"高级逻辑型"反馈，这家公司的服务质量得以提升。与传统的灯企相比，它能够以更高的多样性、适应力、高效率处理问题，用类似于熵增趋势的"有可为"战胜"不可为"。

我重复一下；反馈是一种系统控制方法。它通过在系统中插入系统过去性能的结果，达到控制系统的目的。如果这些结果仅仅用作数字数据来评判系统及其调节性能，那我们聆听多位控制工程师的简单反馈即可。然而，如果系统执行命令后，这些返回的信息能够改变系统执行的总体方法和模式，我们就得到了一个完全可以称之为"学习"的过程。

另一个关于学习过程的例子和侦察机的设计有关。在第二次世界大战之初，防空火力相对低效，因而有必要发明一种可以跟踪飞机位置的设备。这种设备可以通过计算飞机和炮弹之间的距离，确定炮弹到达飞机前剩余的时间，并确定炮弹爆炸后飞机的位置。如果飞机能够做出完全任意的躲闪动作，那么在炮弹点火到炮弹大致到达目的地点之间，我们使出浑身解数都不可能勾勒出飞机的未知运动。然而，在多数情况下，飞行员要么未能及时做出任意躲闪动作，要么根本无法做出任意躲闪动作。他受到两种事实的限制：其一，当他快速转弯时，离心力会使他失去知觉；其二，飞行员所开飞机的控制机制，以及他所参加的飞行训练课程，均迫使他养成了特定的常规控制习惯，即便在他做出躲闪动作时也不例外。这些规律并不是绝对的，而是呈现大多数时候出现的统计偏好。对于不同的飞行员，它们或许有所不同；对于不同的飞机，它们则肯定会有所差异。我们须谨记：在追踪一个像飞机那样快的目标时，计算者是没有时间拿出计算器来算出目标将会飞到哪里的。所有的计算程序都必须编入火控系统内部。这个计算程序必须包含我们基于给定类型飞机在不同飞行条件下的过往统计经验得出的数据。现阶段的防空火力使用的设备通常采用此类固定数据，或在此类固定数据的基础上进行选择后的数据。在这两种数据之间，炮手可以自行选择，按需切换。

然而，控制问题还有另一个阶段，它也是可以用机械处理的。基于对飞机飞行的实际观察确定飞机的飞行统计数据，然后将这些数据转换为炮控系统的规则，这本身就是一个特定的数学问题。与通过实际观测来追踪飞机的办法相比，根据给定的多数规则的方法是一个相对缓慢的动作，因为他要对飞机过往飞行情况进行大量的观察。然而，将这一长期行动和短期行动机械化并非天方夜谭。因此，我们可以制造一门高射炮。该高射炮可以自发观察有关目标飞机运动的统计数据，然后将这些数据加工成一个控制系统，并最终使用这个控制系统来快速调整高射炮自身的位置，从而获得飞机的位置和运动情况。

据我所知，这项工作尚未完成。但它已纳入我们的研究范围，且有望于应用到其他诸多预测问题之中。根据目标的特定运动系统调整总体瞄准和射击计划——这本质上属于一种学习行为。它改变了火控计算机制的记录方法。与其说它改变了数值数据，不如说它改变了解释数值数据的过程。实际上，它是一种十分普遍的反馈类型，影响了仪器的整套行为方法。

我们在这里讨论的高级学习过程仍然受到其所在系统机械条件的限制，显然，这种过程不同于人类正常的学习过程。但是，从这一过程出发，我们可以推断出一些使复杂学习类型机械化的不同方式。我们可以分别从洛克的联想学说和巴甫洛夫的条件反射理论中得到这些线索。但在我开始讨论这些问题之前，我想先作些常规性概述，以提前引出我对在后文提出的多条建议的某些批判。

我再重新叙述一下学习理论可能发展的基础。截至目前，神经生理学家的大部分工作是研究神经纤维或神经元产生的脉冲传导，而这一过程被认为是一种"全有或全无"[1]的现象。也就是说，如果一个刺激信号的强度到达了足以通往整条神经纤维的程度或阈值，且该刺激信号在相对较短的距离内不会消失，则在相对较远的点上，它对神经纤维产生的影响与它的初始强度基本无关。

这些神经冲动经过称为突触的连接在纤维之间传递，其中一条传入纤维可能与多条传出纤维接触，一条传出纤维也可能与多条传入纤维接触。在这些突触中，单个传入神经纤维发出的脉冲通常不足以产生有效

---

〔1〕这里指只有达到一定的条件时，特定的反应才会出现。——译者注

的传出脉冲。总体而言，如果从传入突触连接到既定传出纤维的脉冲太少，传出纤维便不会响应。这里我所说的太少，并不一定是说所有传入纤维的行为都是一样的，甚至对于任意一组活跃的传入突触连接而言，传出纤维是否会响应这一问题的答案始终都是确定的。我也不想忽视这样一个事实：一些传入纤维并不会对与它们连接的传出纤维产生刺激。相反，它们会阻止这些纤维接受新的刺激。

尽管如此，虽然脉冲沿纤维传导的问题可以简单描述为一种"全有或全无"现象，但脉冲跨突触连接层传递的问题取决于一种复杂的响应模式。在这种相应模式下，传入纤维的特定组合会在一定有限时间内激活，使信息传递得更远，而其他特定组合则不会出现类似的情况。这些组合并非永远固若金汤，它们甚至不完全依赖该突触层接收到的以往历史信息。众所周知，它们会随着温度以及其他许多因素的变化而变化。

上述这种神经系统的观点与那些由一系列开关装置组成的机器的理论相对应。在这些机器中，重复之前打开开关的精确动作组合，直到按下最后一个开关之后，这些开关才会同时打开。这种"全有或全无"的机器被称为数字计算机。在处理通信和控制的诸多问题上，它都具有很大的优势。尤堪称颂的是，在"0"和"1"[1]之间决策的敏锐度使它能够积累大量信息。利用这种信息积累方式，我们能够在海量数字中区分

---

[1] 这里分别对应"是"与"否"。——译者注

出细微的差异。

除了这些按照"0"和"1"原则工作的机器外，还有一些其他类型的计算机和控制机也属于"全有或全无"的机器。这些机器被用于测量而非计数。它们被称为模拟计算机，因为它们的运行建立在待测量和用以表示它们的数值之间的类比关系基础上。模拟计算机的一个例子是计算尺。它与通过数字操作的台式计算机完全不同。用过计算尺的人都知道，计算尺印记的刻度和我们眼睛的视力大大限制了计算尺读数的精确度。这些限制并不像人们想象中那样，可以通过增加计算尺的尺寸来轻松消除。一把十英尺的计算尺的精确度只比一把一英尺的计算尺高一个小数位。为了提高一个小数位，大计算尺不仅每英尺长度都必须与小计算尺有同样的精确度，其连续每英寸的方向也必须与小计算尺的预期方向具备同样的精确度。此外，与我们在小计算尺中遇到的情况相比，这些比如何保持大计算尺的刚度问题要严重得多。由于这一问题的限制，我们无法通过增加计算尺的尺寸来轻松提高计算尺的精确度。换言之，从实用性来看，与计数机器相比，测量机器的精确度是极其有限的。这加深了生理学家们的偏见，而他们原本就更倾向于支持"全有或全无"动作。由此，我们得以明白，为何过去依靠大脑机械模拟的大部分工作，如今已经交由或多或少基于数字的机器来完成了。

但是，如果我们过分强调大脑是一台强大的数字计算机，我们将会听到一些持论公允的批评之声。这些批评部分来自生理学家，部分来自那些厌恶使用机器比较的生理学家的相反阵营。我谈到过，数字机器有一个记录功能。它决定了多项操作执行的顺序。在基于过往经验产生的变化上，记录功能与一个学习过程相对应。在大脑中，记录功能最恰当的类比是突触阈值以及传入神经元精确组合的确定过程。它们会激活与它们相连的传出神经元。我们已经知道，这些阈值会随着温度的变化而变化。我们没有理由否认，它们不会随血液的化学性质和许多其他现象的变化而变化。这些现象本身原本并非"全有或全无"的性质。因此，在研究学习问题时，在假设神经系统符合"全有或全无"理论时，在缺乏对这一概念的理智批判、缺少支持这一假设的具体实验证据的情况下，我们应当尤为谨慎。

常有人说，无论什么样的适用于机器的学习理论都是不存在的。人们还说，在我们知识的现阶段，我提出的所有学习理论都是不成熟的。它们可能与神经系统的实际功能不符。在这两种批评声中，我希望走一条中间路线。一方面，我希望自己能研究出一种构建学习机的方法，这种方法不仅能使我构建出特殊的学习机器，还能为我构建出的大批学习机提供一种通用工程技术。只有达到这种程度的通用性时，我才会在众多批评声中为自己适当辩护：我所说的机械化过程与学习过程相似，但实际在本质上并不等同于学习过程。

另一方面，我希望使用与描述神经系统以及人类和动物行为的实际过程相同的语言来描述这种机器。我很清楚，在详细介绍人体真实机制时，我不期望每一个细节都是正确的，我甚至有可能在原则上都是错误的。但虽如此，只要我能设计出一种可以让人们用独属于人类想法和人类大脑的概念来进行文字描述的装置，我就会给出一个免于批评的起点，也会给出一个基于其他理论来比较这种装置的预期性能的标准。

在17世纪末，洛克认为人们的大脑是由观念构成的。对他来说，人们的大脑是被动的，里面空空如也，像是一块干净的白板。个人的经验就是他在上面留下的印象。如果这些印象经常出现，或者同时出现，或者以特定的顺序出现，又或者以我们通常以为的因果关系出现，那么根据洛克的说法，这些印象或意识会形成复杂的观念，而这种观念具备特定的积极倾向，并使许多组成要素黏合在一起。观念粘连的机制，取决于这些观念本身；但纵观洛克的著作，我们可以发现，他似乎极不愿意描写这一机制。他的理论与现实的关系，只能是机车图片与运行的机车之间的关系。它是一张没有任何工作零件的示意图。我们若研究一下洛克理论产生的时代，这一问题就不奇怪了。相比于工程学或心理学，动力学和机械零件学最早在天文学中引人关注，这正是归功于牛顿。但牛顿并非洛克的先辈，而是和洛克生活在同一时代的人。

数个世纪以来，科学始终以亚里士多德的分类为主导，而忽视了寻找现象作用方法的现代分类方法。的确，许多植物和动物领域尚待探索，因此脱离了不断收集更具描述性的自然历史的过程，我们的生物科学很难进入真正的发展时期。伟大的植物学家林奈就是一个例子。在林奈看来，种和属都是固定的亚里士多德形式，而非进化过程的标志；但只有在林奈全面描述的基础上，进化才有一些令人信服的理由。实际上，早期的自然历史学家是知识领域中的开荒人，他们争夺和占领新领土的欲望太强了，以至于在解释他们观察到的新形式问题时，他们大多处理得太过精确了。在开荒人之后，讲究操作的农场主来了，继博物学家之后，现代科学家继续进行着相关的研究。

在19世纪末和20世纪初，另一位伟大的学者巴甫洛夫以全新的方式研究了洛克之前研究过的课题。然而，他对条件反射的研究是在实验上进行的，并未像洛克那样在理论上有所建树。此外，他把条件反射看作低等动物的语言，而非人类的交流方式。他还认为条件反射只出现在低等动物身上，而不是在人类身上出现的。低等动物不能开口说话，只能通过身体语言来交流。它们大多数引人注目的行为都出于情感的动机，而它们的情感大多数与食物有关。巴甫洛夫正是从食物着手，观察到狗出现分泌唾液的身体征候。我们很容易将导管插入狗的唾液腺，并观察到狗因食物出现而刺激自身的唾液分泌情况。

通常许多东西与食物没有联系，比如我们看到的物体、听到的声音等，都不会对唾液分泌造成任何影响。但是巴甫洛夫发现，如果在给狗喂食时有组织地让狗观看某种图案或聆听某个声音，那么仅显示这种图案或发出这个声音，也足以令狗分泌唾液。这就是说，唾液分泌反射与过去的联想有关。

在这里，在动物反射层面上，我们有一种东西类似于洛克的观念联想。这种联想发生在反射反应中，其可能具有十分强烈的情感意向。我们须注意：要产生巴甫洛夫类型的条件反射，许多前行因素的性质相当复杂。首先，它们通常是受试动物生命中最重要的东西，也就是食物，但在唾液分泌反射的终极形式中食物这一元素可以被完全忽略。我们还可以以养牛场的电栅栏为例，来说明初始刺激在巴甫洛夫条件反射中的重要性。

在畜牧场中，建造一圈坚固的铁栅栏来防止牲畜越圈不是件容易的事。因此，舍弃那种笨重的栅栏，选择带有一两根细钢丝（这种钢丝携带相当高的电压）的轻栅栏似乎是更经济的替代性方案。当动物的身体与之接触时，电路发生短路，牲畜就会受到强烈的电击，从而对此留下深刻印象。这种栅栏在起初的一两次要能抵抗住牲畜的压力，但在这之后，它依旧会发挥作用。这并不是因为它依旧能机械性地承受压力，而完全是因为牲畜产生了一种条件反射，以图避免与栅栏发生接触。在这里，反射的最初触发因素是疼痛，避免疼痛对于所有动物的生存都至关重要。反射的触发因素是牲畜看见栅栏。除了饥饿和疼痛外，还有其他因素也会产生条件反射。我们将使用拟人化的语言来描述动物的这些情感状态，但无需用拟人主义来描述它们，即称它们是许多其他动物无法体验到的重要和关键状况。动物的这些体验，无论我们可否称之是情绪化的，都能产生强烈反射。在条件反射一般的形成过程中，反射应答通常会被转移到这些触发状态之一。这种触发状态通常与初始触发因素同时发生。对于引起特定的反应，刺激因素可变，这必须具备某种神经关联性：导致反应的突触通道打开前是关闭的，或者关闭前是打开的；这构成了控制论所说的程序带变化。

　　程序带变化是在某种特定反应下，在旧的、强烈的、引起特定反应的自然刺激和新的、伴随而来的刺激之间经过多次反复的持续联系后产生的。对于某些在被激活的同时携带着信息的通道而言，旧的刺激似乎能够改变其渗透性。有趣的是，新的主动刺激除了重复伴随初始刺激外，几乎没有任何需求的预兆。因此，当初始刺激发生时，在所有这些携带信息的通道中，或者至少其中大部分通道中，初始刺激会产生长期的效应。替代刺激的微弱性表明，初始刺激的调节作用是广泛的，并不局限于少数几个特殊的通道。因此我们可以认为，初始刺激可能会释放某种通用信息，但它只在初始刺激起作用时，这些信息才在携带信息的通道中起作用。这种作用的效应也许不是永久的，但至少能持续相当长的一段时间。对于这种二次效应发生的位置，最合理的假设是在突触中，因为这个位置最易改变它们的阈值。

无定向信息这一概念，我们并不陌生。这种信息在找到它的接收器之前会持续传递，然后使接收者收到它的刺激。这类信息经常被用作警报。例如消防警报，无论身在何处，小镇上的所有居民，尤其是消防人员，都可以听到呼叫声。在矿井中，当我们发现沼气，想要通知所有偏远通道上的人员疏散时，我们可以在进气口处打碎一管乙硫醇，然后观察随后发生的状况。我们没有理由否认这类信息不会出现在神经系统中。如果我要构建一台通用类型的学习机器，我会十分乐意采用这种方法，把"敬启所有与此事相关者"式的信息和特定通路的信息结合起来。设计执行这项任务的电学方法应该不算太难。当然，这不等于说"动物的学习是在广播型信息和通道化信息的结合下发生的"。坦率地讲，我认为动物的学习情况极有可能就是这样，但我们的证据尚不足以证实这一猜想。

至于这些"敬启所有与此事相关者"式的信息的性质，假设这些信息存在的话，我的推测会更有说服力。它们实际可能是神经性质的，但我更倾向于将其归属于非数字性的，类似负责反射和思考的机制。我们可以把突触活动归属于化学现象——这是不言而喻的。实际上，在一根神经的活动中，我们不可能把化学势和电势分开而论；说某个特定的活动是化学的——这一说法几乎毫无意义。但虽如此，假设至少有一个引起突触变化的原因或伴随现象是局部表现出来的化学变化，无论这一原因或伴随现象起源于哪里，都不违背主流观点。在局部，这种变化的出现极有可能取决于在神经中传递出来的信号。至少，我们同样可以设想：这种变化可能部分是由于化学变化，而化学变化通常通过血液传递，而非通过神经传递。我们可以想象，"敬启所有与此事相关者"式的信息会在神经中传递，并伴随突触变化的化学反应形式在局部显现出来。作为一名工程师，与在神经中的传递方式相比，我认为"敬启所有与此事相关者"式的信息在血液中的传递方式似乎更经济实用。然而，我缺乏证据。

我们要记住：这些"敬启所有与此事相关者"式信息的影响，与防空控制设备中的变化有一定的相似之处（这些防空控制设备会输送所有的新出统计数据到工具中），而非和那些只把特定的数字数据直接送进仪器的防控控制设备中的变化相似。在这两种相似情况下，都有一种可能已经累积了很长一段时间的活动，并且还会在一定长的时间内持续产生效应。

条件反射对其刺激因素的快速反应，并不一定意味着该条件反射的建立也是一个极度快速的过程。因此，在我看来，使得这种条件化得以产生的信息沿血流缓慢传播并产生广泛影响——这似乎是更合适的。

假设引起条件反射的饥饿、疼痛或其他任意刺激因素的固定效应可以在血液中传播——这已经大大缩小了我的观点所要求的范围。虽然我试图去确定这种未知的血源性效应的性质，但要是这种血源性效应存在的话，那么我的观点就要更受限制了。血液中极有可能含有可以直接或间接改变神经活动的物质，这在我看来极有可能，因为极少数荷尔蒙或内分泌的作用至少暗示了这一点。然而，这并不是说，决定学习的阈值受到的影响是特定激素的产物。同样，我们很容易在我们所说的"情绪"中，找到饥饿和电栅栏造成的疼痛之间的共同要素。但如果认为情绪是决定反射的全部条件，而未对反射的特殊性质进行进一步探讨，那一定会过犹不及的。

但虽如此，有趣的是：这种被我们主观称之为情感的现象，也许并不仅仅是伴随着神经活动的一种无用现象。它可能还控制着学习和其他类似过程中的关键阶段。当然，我并不是说事实一定如此。但是，我有必要指出，一些心理学家在人类与其他生命体的情感和现代类型自动机械的反应之间划下了鲜明而不可跨越的界限。他们在下否定结论时，理应和我下肯定结论时一样谨慎。

四　几种通信机器及其前景

在取代人类劳动方面，特定的控制机器已经开始初显锋芒。然而，这些机器目前还存在一系列问题，这些问题与我们的工厂体系毫无关系。它们或是为了说明和阐释通用通信机制的可能性，或多半是为了医疗目的，修复或替换特定不幸患者丢失或衰弱的人体功能。我们接下来所要讨论的第一种机器是为理论目的而设计的。它是数年前我和我的同事——阿图罗·罗森布鲁斯博士和朱利安·毕格罗博士——一起写在一篇论文中的早期工作的实例说明。在这项工作中，我们推测：自发运动的机制具有某种反馈性质。据此，我们在人类的自发运动中寻找过反馈机制过载时的故障特征。

最简单的故障类型表现为目标寻找过程中的振荡。这种振荡只有当寻找目标的过程为主动时才会出现。这与一种人的被称为"意向性震颤"现象十分相近，如当患者伸手去拿一杯水时，他的手会颤抖得越来越厉害，使得他无法拿起杯子。

除了意向性震颤外，还有另外一种类型的人体震颤。在某些方面，后者与前者截然相反。这种人体震颤被称为"帕金森综合征"，也就是我们熟悉的一种老年人麻痹性颤抖。帕金森综合征患者会在休息时表现出颤抖症状，事实上如果症状不太严重的话，患者的病情只有在休息时才有可能会发作。当患者试图达到某个确切的目标时，这种振荡会大幅度地平息。以至于处于帕金森综合征早期的患者甚至有望成为一名优秀的眼科医生。

我们三人把这种帕金森式震颤与一种反馈形式联系了起来，这一反馈形式与目标达成的反馈略有区别。为了成功达成一个目标，不直接参与目标运动的不同关节也必须保持轻度强直或紧绷状态，以适当支持肌肉最终的收缩目标。为此，我们就需要有一个二级反馈机制，这一机制发生的位置似乎并不在小脑，因为小脑是意向性振荡故障发生机制的中枢控制站。这种第二种反馈叫作姿势反馈。

在数学方面，我们可以看出：在两种震颤情况下，反馈量都是过大的。现在，在研究帕金森综合征中发挥重要作用的反馈时，我们发现：凡涉及姿势反馈调节的运动部分，调节主要运动的随意反馈与姿势反馈的方向都是相反的。因此，目标的存在就起到削弱姿势反馈过分加强的作用，并很可能会使其完全避免发生振荡。我们在理论上对这些事情已经很熟悉，但截至目前，我们还尚未决心去制造一个关于它们活动状况的工作模型。然而，我们是希望制造一台能证明它是按照我们的理论来工作的机器。

为此，麻省理工学院电子实验室的 J. B. 维斯纳（J. B. Wiesner）教授同我一起讨论过制造一台向光性机器，或一台具有单一固定内置目标的机器的可能性问题。该机器的部件应能充分调节到足以展示随意反馈和我们刚才提到的姿势反馈的主要现象及其故障时的情况。在我们的建议下，亨利·辛格尔顿（Henry Singleton）先生接下了橄榄枝，开始研究"如何构建一台这样的机器"这一问题，并取得了圆满成功。这台机器有两种主要的动作模式：一种是正向光性的，即向着光的方向运行的；一种是负向光性的，即背着光的方向运行。我们把这台机器的两个功能分别称为"飞蛾"和"虱虫"。该机器由一个小型三轮手推车和一个推进电机组成，推进电机位于后轮轴上。前轮为一个小脚轮，由舵柄操纵。手推车上有一对正向光电管，一个检查左边是否有光，一个检查右边是否有光。这些光电管像电桥的两个手臂，对称地分布在电桥的两边。电桥的输出是不可逆的，会经过一个可调节的放大器。放大器的输出电流会经过一个伺服电动机，以调节一个与电位计相连的触点的位置。另一个触点同样由一个伺服电动机调节，该电动机还可以调节舵柄。在两个伺服电动机的位置之间，有一个电位计。该电位计的输出数据表示这两个伺服电动机的电位差。它通过第二个可调节的放大器连接到第二个伺服电动机上，以此调节舵柄。

根据电桥的输出方向，该仪器要么正向光性，要么负向光性。但无论哪种情况，它都会自动趋于平衡。因此，这是一个取决于光源的反馈。即反馈从光源传递到光电管上，接着传递到方向舵控制系统，最终借助该系统调节自身的运动方向，并改变光的入射角度。

这种反馈往往符合正向光性或负向光性的目标。它是一种随意反馈的模拟。因为我们认为，在本质上，人的自发行动是一种在不同向光性之间的选择。当这种反馈随着放大作用的增加而过载时，小手推车、"飞蛾"或"虱虫"会根据向光性的方向，以振荡的方式趋近或远离光照处。在这一过程中，振荡幅度会变得越来越大。这与小脑损伤相关的意向性振荡现象十分相似。

舵柄的定位机制包含一个二级反馈。这个二级反馈可视为姿势反馈。它从电位计传送到第二个电机，然后再次返回电位计，其零点由一级反馈的输出功率调节。反馈过载时，舵柄就会再次发生振荡。第二次振荡是在光照未参与的情况下发生的，也就是说，第二次振荡是在机器没有给定目标的情况下发生的。从理论上讲，这是因为就第二种机制而言，其反馈与第一种机制的作用是对立的，并且往往会减少反馈的量。这一现象对应在人类身上就是我们所说的"帕金森综合征"。

最近，我收到自英国布里斯托尔负荷神经研究所的格雷·华特博士的一封信。在信中，他表明自己对"飞蛾"和"虱虫"感兴趣，并向我介绍了自己提出的一种类似机器。他提出的机器与我的机器有所不同，前者具有确定但可变的目标。用他自己的话说，"除了负反馈之外，我们已经把种种特性都考虑进去了。负反馈使得该机制对宇宙保持探索和伦理态度，以及纯粹的向光性"。

乍看上去，"飞蛾"和华特博士进一步构建的向光性机器，似乎不过是工艺技巧方面的问题，或最多是对哲学文本的机械诠释。虽然如此，但它们都有一定的用途。美国陆军卫生队已经拍摄了"飞蛾"的照片，以与神经振荡的实际病例照片进行对比，从而协助指导军队神经科医生的临床实践。

我们也曾研究过第二种机器。我们认为，这种机器具有更直接、更重要的医疗价值。这些机器可用于弥补残疾人士和感官缺陷群体损失的人体功能，也可以赋予那些身体健全的人以全新而具有潜在危险性的力量。这种机器的用途还可加以拓展，制作出更好的义肢；制作盲人阅读器，将听觉模式转换为听力材料，以帮助它们阅读普通文本；还可以制作使他们感知到即将到来的危险，且行动自如的辅助设备。尤其是，我们可以用这种机器来帮助完全失聪的人。最后一种辅助设备可能是最容易制作的；一部分原因在于，电话技术是当前研究最深、最多的通信技术；另一部分原因在于，人们失去听力就必定会导致失去自由参与人类对话的能力；甚至还有部分原因在于，语音所携带的有用信息可以被压缩进一个狭窄的范围内。该范围并未超出触觉的承载能力。

不久前，维斯纳教授告诉我，他对制造一种设备以辅助全聋人士的可能性很感兴趣。他还想听听我对这个问题的看法。我给出了我的观点，结果发现我们的观点基本相同。我们都知道，贝尔电话实验室已经在可视语言方面做了一些工作，这些工作与他们早期在声码器[1]方面的工作之间存在联系。我们清楚，声码器的工作为我们提供了一种比以前任何方法都要优越的测量信息量的方法，这是传输语言清晰度所必需的。然而，我们认为可视语言有两个缺点，那就是它似乎并不容易制成手提式的。同时，它对视觉要求过高，而视觉对聋人比对我们其他人更为重要。粗略的估计表明：可视语言仪器中使用的原理转化为触觉是可能的。我们确定，这应当就是我们仪器的基础。

这项工作开始不久后，我们很快发现贝尔实验室的研究人员们也考虑了通过触觉感知声音的可能性，并将其纳入了他们的专利申请书中。

---

〔1〕声码器，一种对语音进行自动分析及合成的编译码器，又称语音分析合成系统或语音频带压缩系统，常用于压缩通信频带和保密通信。——译者注

他们友善地告诉我们，他们对此还未做任何实验工作，并让我们继续自由从事自己的研究。于是，我们把该仪器的设计和开发工作交给了电子实验室的一名工程师——利昂·莱文（Leon Levine）先生。我们预料，要使我们的设备实际投入使用，训练问题是我们必要工作的一大部分。在这方面，我们得到了我校心理学院亚历山大·巴韦拉斯（Alexander Bavelas）博士的帮助，他提供了许多宝贵的意见。

除了用听觉以外的另一种感官（如触觉器官）来解读语音的问题外，还可以从语言的角度进行以下解释。我们可以在外部世界和主观信息接收之间大致区分出三个语言阶段，以及两个中间转换过程。第一阶段由声学符号组成，在物理上就是空气的振动；第二阶段又称语音学阶段，即发生在内耳和神经系统相关部分的各种现象；第三阶段又称语义学阶段，此时声学符号转换是为了具有意义的体验。

对于聋人来说，第一阶段和第三阶段仍然存在，第二阶段却缺失了。然而，完全可以想象，第二阶段可以绕过听觉器官，而用其他器官代劳，如用触觉。这时，第一阶段向新的第二阶段的转换是通过人工构建的系统进行的，而非通过我们天生的体内神经组织进行的。我们无法直接检验新的第二阶段和第三阶段之间的转换过程，但这一过程代表了一个新的习惯和反馈体系的形成，如我们在学驾驶时养成的习惯和反应。我们仪器现在的状况是：第一阶段和新的第二阶段之间的过渡已经完全能够控制，尽管仍有特定的技术难题有待突破。我们正在研究学习过程，即第二阶段和第三阶段之间的过渡；在我们看来，这些研究的前景极其广阔。到目前为止，我们所能展示的最佳结果，是一个由12个简单单词组成的已学词汇库在进行了80次重复后，仅出现了6个错误。

在工作中，我们必须时刻牢记某些事实。首先，听觉器官不仅是一种通信器官，也是一种在我们与他人建立融洽关系的过程中扮演着主要作用的器官，它也是一种与我们某些交际活动（即语言活动）相对应的器官。听觉还有其他重要的用途，如感知自然之声、欣赏音乐之美，但这些没重要到这个地步：如果一个人在日常交流、人际沟通中只用语言交流，而不用耳朵聆听，那么我们应该把他视为社会性聋子。换言之，如果除与他人进行语言交流外，我们失去了听力的其他所有用途，但我们仍会由于这种最低限度的障碍而感到不便——这是听力的性质之一。

为了使感官假体发挥作用，我们必须把整个语言过程看作一个单元。在我们研究聋哑人语言的过程中，这直接发挥了至关重要的作用。一方面，对于大多数聋哑人来说，唇语训练既是可行的，也不会过于困难。在接收他人的语言信息时，他们达到相当的熟练度即可。另一方面，除了极少数例外情况，除了达到最佳结果、最近训练的部分人，绝大多数聋哑人虽然可以学会如何用嘴唇和口腔发出声音，但他们发出的声音语调却奇怪而刺耳。这是一种效率极低的信息发送方式。

困难在于：对于聋哑人来说，谈话行为被分为了两个完全不同的部分。我们很容易给一个人分配一个可以和其他人通话的电话通信系统，从而来模拟这种情况。在这个系统中，他的讲话不会通过电话传到自己的耳朵中。我们很容易构建出一个这样的无音麦克风传输系统。实际上，多家电话公司已经考虑过这些问题了，但最终否决了这些系统，因为这类系统会使人产生可怕的混乱感，尤其是人们不知道自己的声音究竟有多少送入线路的那种混乱感。使用这类系统的人总会被迫把自己的嗓门提到最高，唯恐线路另一端的人听不见他们的声音。

现在，我们回到日常的语言上来。我们知道，正常人的说话和听觉过程从不是分开的；但是，语言的习得取决于每个人都能听到自己说的话。如果一个人只是听见自己的只言片语，并依靠记忆来填补这些讲话之间的缺漏是不能取得良好的讲话效果的。讲话只有经过持续的监督和自我批判，才能获得较好的质量。我们为完全失聪者设计任何辅助设备时，都必须认识到这一事实。我们的设备尽管也可以依赖于另外一种感官知觉，如触觉，而不依赖已经丧失的听觉，但它必须和当前的电子助听器一样便携，并能持续佩戴。

弥补听力缺陷的进一步原理取决于收听过程中有效使用的信息量。粗略地统计这一量的最大值，它能在10000赫兹和80分贝左右的振幅范围内传送。然而，这种通信负载量虽然代表着耳朵所能感知到的最大声音限度，但用于表示语言在实践中所能提供的有效信息，这个值却太大了。首先，通过电话传输的语言不会高于3000赫兹；振幅范围必定不会超过5~10分贝；即便在电话中，虽然我们并未夸大传递到耳朵的信息，但我们仍然严重夸大了耳朵和大脑用于重建可识别语言的信息。

我们说过，在这估算信息量的问题上，做得最好的是贝尔电话实验室的声码器。利用这一声码器，我们可以说明：如果人类的语言被适当划分为不超过五个频带，且这些频带经过校正后，只有其封装形式或外部形状能被感知到，并能够在其频率范围内调制任意声音，那么当这些声音最终叠加起来时，原始语言还是可以被识别出是一种语言，且甚至可以被识别出是某个人的语言。然而，此时已传输、已使用和未使用的潜在信息量，已减少至现有原始潜在信息的十分之一或百分之一以下。

当我们在区分已使用和未使用的语言信息时，我们需要区分最小语音编码容量和最大语音编码容量；最小语音编码容量以耳朵接收到的语音为准，最大语音编码容量以穿透由耳朵和大脑所构成的连续阶段式级联网络的语音为准。前者只与空气和电话等中间设备，以及耳朵本身的语音传输有关，与大脑中用于理解语音的所有器官无关；后者涉及整个系统（空气—电话—耳朵—大脑）的传输能力。当然，在这个过程中，声音的传输可能会出现微弱的折射，这部分折射后的声音无法穿过我们所说的全面窄带传输系统，而我们很难评估这些系统携带的信息量丢失了多少，但这应该是一个相对较小的量。这就是声码器背后的逻辑。过去的工程学对信息的估算流程存在缺陷，忽略了从空气到大脑这一链条上的最后环节。

在利用聋人的其他感官知觉时，我们必须认识到：在所有感官知觉中，除了视觉，听觉在单位时间内传递的信息最多。为了使像触觉这样的较次级别的感官知觉的工作效率最大化，我们只能使它接收经过编辑、且适合语言理解的听力片段，而非将我们通过听觉得来的信息全部发给它。换句话说，在信息透过触觉感受器之前，我们就通过过滤我们的信息替代了大脑皮层通常在接收声音后执行的部分功能。我们就这样把大脑皮层的部分功能转移到了人造的大脑皮层中。在我们正在研究的那个仪器中，实现这个目的的严格方法就是和在声码器中一样分割语音频带，然后用其调节皮肤容易接收到的频率振动，把这些不同的校正频带传输到遥远空间中的触觉区域。例如，我们可以分别发送五个频带到一只手的五根手指上。

这为我们提供了能够接收可理解语音的仪器的主要思想，即用电学方法把声音的振动转换为触觉，用来接受可以理解的语言。海量词语的模式彼此也有显著差别，而它们在许多讲话的人之间又有较高的一致性，无需进行海量语言训练就可以被识别出来。从这一点出发，我们研究的主要方向就是对聋哑人更全面地进行声音识别和再现方面的训练。从技术上看，我们在不大幅损害性能的同时，应考虑如何保证仪器的便携性、能源的低消耗。目前，这些问题还亟待解决。我不愿为那些有生理缺陷之痛的人和他们的亲朋好友点燃虚无的幻想，尤其是不成熟的希望，但我想，我可以坚定地说：我们的工作绝不是全无希望的。

在这里，我再谈一谈华特博士早期的一些机器。它们有些类似于我的"飞蛾"和"虱虫"，但却是为不同目标而构建的。在这些向光机器中，每个元件都会发光，可以对其他元件产生刺激。因此，一系列的这些元件在同时投入使用时，就会呈现出若干群体和相互作用。如果这些元件并非由铜和钢制成，而是由肉和血制成的话，那么大多数动物心理学家会将这种现象解释为社会行为。这是机械行为这门新科学新的开端，尽管它的全面展开在未来才会出现。

在过去两年里，由于麻省理工学院的种种原因，我们很难进一步开展听力手套的研究工作，尽管开发听力手套的可能性依然是存在的。其间，该理论尽管未涉及设备的细节，但已经改进了设备，使得盲人得以穿过迷宫般纵横交错的街道和建筑。这项研究主要是克利福德·M. 威彻

（Clifford M. Witcher）博士的工作，他本人先天性失明，但他是光学、电气工程和其他这项工作有关领域的权威专家和技术人员。

此外，还有一种弥补生理缺陷的仪器是人工肺脏。这种设备很有前景，但并未得到任何实际发展和最终鉴定。在这种人工肺脏中，呼吸作用的引动取决于源自患者可能十分虚弱，但并未瘫痪的呼吸肌[1]发出的信号，包括电信号和机械信号。这种情况说明，在健康人脊髓和脑干中的正常反馈甚至会应用于中风患者，以帮助其控制呼吸。因此，我们希望，所谓的"铁肺"不再是一个令患者忘记如何呼吸的监狱，而是一个拉力器，使患者残存的呼吸能力保持活跃状态，让他能够自行呼吸，并从禁锢他的设备中解脱出来。

截至目前，我们一直讨论的机器都是普遍所关注的。它们要么与人类直接关注的理论科学问题有共同之处，要么绝对是对残障人士有所助益的。现在，我们来研究另一类可能具有不详可能性的机器。奇怪的是，这类机器包括了自动国际象棋博弈机。

不久之前，我曾为人们提出了一种用现代计算机来进行国际象棋博弈的方法，这棋下得至少还过得去。在这项工作中，我遵循的思路有着不可忽视的历史背景。爱伦·坡曾讨论过梅泽尔的欺骗性的国际象棋博弈机，并将其曝光，指出该机器内部坐着一位无腿的瘸子在操控。然

---

〔1〕呼吸肌，指参与呼吸作用的肌肉。——译者注

而，我心目中的那台机器是一台真正的机器，它利用了计算机的前沿研究成果。要制造一台只会下棋而棋品低劣的机器十分容易；而制造一台棋艺完美无缺的象棋机器则毫无希望，因为这类机器需要极其繁多的棋步组合。普林斯顿高级研究所的冯·诺依曼教授曾对这一困难发表了评论。然而，制造一台可以保证在有限前进步骤内（比如两步内）表现最好的机器，从而保证它根据某些或难或易的评估方法使自身处于有利地位，虽不会易如反掌，也不至于难如登天。

目前的超高速计算机可以被设置为像国际象棋博弈机那样工作。但如果我们决心要机器下棋，我们也可能会制造出一台价格高昂、性能更好的机器。这些现代计算机的速度足够快，使得它们可以在一步的正式博弈时间内，评估每前进两步的可能性。大体上，组合的数量会以几何级数递增。因此，计算出两步内和三步内的所有可能性之间的差异是巨大的。要在任意合理时间内，计算出用50步左右通关的一场博弈，都是机器难以办到的事。但是，正如冯·诺依曼表明的那样，对于寿命足够长的生物来说，这是有可能的；而在一场双方棋逢对手的象棋博弈中，要么总是会白棋赢，要么总是会黑棋赢，要么总是会平局——这是一个最有可能的结局。

贝尔电话实验室的香农先生曾提出的一种机器，原理类似于我所设想的两步机器，但在两步机器的基础上改进了很多。首先，他在对两次前进后的最终位置进行评估时，会考虑到棋盘的控制、棋子之间的相互保护等，以及棋子、将军和将死的步数。同样，如果在前进两步结束时，由于发生将军，或一枚重要的棋子即将被吃掉，或由于发生捉双，博弈的局面会不稳定，机械棋手会自动前进一两步，直到到达稳定点。这会在多大程度上延缓博弈及每一步棋的速度，使它们超出正式时间的限制呢？我不清楚；尽管我并不相信我们可以按照目前的速度，我们可以在这个方向上走很远而不陷入时间的困境。

我愿意接受香农的如下推测：这样一台机器所下的国际象棋可能在高级业余水平，甚至可能在大师级别。它的博弈方式可能很僵硬，很乏味，但比任何人类棋手都稳健。正如香农所指出的那样，我们可以在它的运作机制中投入足够多的概率，用一个给定的固定博弈玩法序列，来防止纯粹的系统性持续失败。这种概率或不确定性可能会被纳入到两步棋后的最终位置评估中。

机器会使用开局让棋法，并可能使用标准开局让棋法和终局法像人类棋手一样结束博弈。一台完善的机器会把它下过的每一场博弈都记录下来，并补充我们通过搜索过去的博弈来找到合适玩法的过程。简而言之，这是依靠机器的学习能力来找到合适玩法的过程。尽管我们已经知道，具备学习能力的机器是可以被制造出来的，但制造和运用这些机器的技术仍然很不完善。目前，基于学习原理构建国际象棋博弈机的时机尚不成熟，尽管它极有可能发生在不久的未来。

一方面，一台具备学习能力的国际象棋博弈机会表现出差距极大的性能，这和与之交锋的棋手的本领有关。制造一台大师级别国际象棋博弈机的最佳方法，可能是让它与各式各样的神棋手过招。另一方面，如果许多对手都出招不当，一台精心设计的机器或多或少可能会受到损坏；毕竟，如果允许糟糕的骑手肆意糟蹋，一匹千里马也会被骑坏的。

在能学习的机器中，一方面，我们可以区分出机器能够学会什么、不能够学会什么。我们也可以针对特定行为类型的统计偏好来制造一台机器，要么使这台机器仍需承认其他行为的可能性，要么将这台机器行为的某些特征永远严格地决定下来。我们可以把第一类决定称为选择性的，把第二类决定称为限制性的。例如，如果正式国际象棋的规则并未被作为约束条件植入到国际象棋博弈机中，又如果让该机器被赋予学习能力，则它很有可能会不知不觉地从一台国际象棋博弈机，变成一台执行完全不同任务的机器。另一方面，在技巧和策略上，一台以内置规则为约束条件的国际象棋博弈机仍是一台学习机器。

读者可能会好奇地发问：为什么我们对国际象棋博弈机如此感兴趣？它不就是设计专家们试图借以向他们即将掌控的世界炫耀自己的能力的一种无害的虚荣之物吗？作为一个诚实的人，我无法否认——至少，我心中存在某种自得的陶醉情结。然而，你很快就会发现，在此处，这种情结并非是我在这里讲述这个问题的唯一因素，也并非是对非专业读者最为重要的因素。

香农先生曾提出了一些理由，解释为什么和仅仅设计一种只能使博弈者感兴趣的机器相比，他的研究可能更重要。在这些理由中，他认为，在构建评估军事局势和确定任意特定阶段的最佳行动的机器上，这种机器可能迈出了第一步。我们不认为这只是他有口无心的大话。冯·诺依曼和摩根斯坦的著作《博弈论》在全球，尤其在华盛顿，给世人留下了深刻印象。当谈到军事战术的发展演变时，香农先生并非在痴言妄论，而是在讨论一个最为紧迫且危险的突发事件。

1948年12月28日，在著名的巴黎杂志《世界报》（*Le Monde*）上，一位名叫佩雷·杜巴莱（Père Dubarle）的多米尼加修士为我的《控制论》写了一篇精辟独到的评论。我将引用他的一个建议。该建议提出了国际象棋博弈机所促成的并且包藏于军备竞赛中的有害影响。

由此开启的魅力前景之一，是合理指导人类事务，尤其是那些社会感兴趣并似乎呈现出某种统计规律的事务，如人类观点的形成过程。人们难道无法构想出一台机器，来收集各种类型的信息，如关于生产和市场的信息；然后确定人们的典型心理函数，在确定情况下可能测量出的数量，以及在这种情况下最好的信息发展过程吗？人们难道甚至无法在地球上分布的许多国家的政权下，或在这个星球上极其简单的人类政府政权下，构设出一个涵盖所有政治决策系统的国家机器吗？目前，没有人阻止我们思考这一问题。或许，我们梦想生活在这样一个时代——当人们在思考政治的惯例机制时，国家管理机器无论提供的建议是好是坏，都可以弥补目前人脑决策的明显不足之处。

无论如何，人类的现实情况并不像计算的数字数据那样是完全确定且无歧义的。对于人类而言，只有可能值是确定的。因此，机器在处理这些过程及其提出的问题时，必须进行某种概率性思考，而非确定性思考，如现代计算机中所展现的那样。这使得机器的任务更加复杂，但并不意味着机器不可能完成这些任务。确定防空火力效能的侦察机就是一个例子。理论上，预测时间并非是不可行的，至少，在一定限度内，确定最有利的决定也并非毫无可能。我认为，博弈机（如国际象棋博弈机）的可能性就验证了这一点，因为人们构建目标政府的过程可以被同化为冯·诺依曼用数学方法研究其意义的博弈。虽然这些博弈的规则不完整，但这一过程依旧可以被同化为其他玩家数量非常多的博弈。这些博弈中的数据极其复杂。国家管理机器把国家定义为各个特定级别见识最多的玩家；国家是部分所有决定的唯一最高协调人。这些都是极高的特权；如果这些特权是通过科学的途径获得的，那么在所有情况下，它们都会允许国家令人类博弈中的每一位参与者陷入"要么即刻毁灭，要么计划合作"的困境，从而击败他们，自身屹立不倒。这就是博弈在脱离外部暴力时自身的结局。在许多星球上，最崇高的人们都心怀理想！

不管这一切如何，幸运的也许是，国家管理机器尚未为不久的明天做好准备。我们需要迅速收集和处理的信息量仍然存在十分严重的问题。此外，预测的稳定性问题也超出了我们可以严格控制的范围。因为人类的过程可以同化为许多定义规则不完整的博弈，最重要的是本身具有时间功能规则的博弈。许多规则的变化既与博弈本身产生的情境有效细节有关，也与玩家面对每刻博弈结果表现出的心理反应系统有关。

还有一些可能甚至比这些情况变化得更快的情况。1948年美国大选时的盖洛普民意调查[1]似乎就是一个很好的例子。所有这一切，不

---

[1] 盖洛普设计的民意调查方法，产生于20世纪30年代。——译者注

仅会使影响预测的因素程度复杂化，而且可能会使针对人类情况的机械操作工具彻底失效。据我们判断，这里只有两个条件可以保证规则在数学意义上的稳定性。一方面，一位熟练的玩家可能会计划通过麻痹群体的认知，使玩家群体变得愚昧无知；另一方面，为了博弈的稳定性，一位玩家也可以出于足够的善意，把自己的决定提交给在这场博弈中拥有任意特权的一位或几位玩家。这是无情的数学留给我们的沉痛教训，但它对我们在这个世纪中的探险之旅有一定的启发：我们总是在人类事务的无限动荡和巨大利维坦的悄然崛起之间摇摆不定。相比之下，霍布斯的《利维坦》不过是一个有趣的笑话。如今，我们正面临着一个超级世界国家的风险。在那里，蓄谋且刻意的原始不公可能是统计群众幸福指数的唯一可能条件。对于每位头脑清醒的人而言，这个世界比地狱更阴暗。也许，目前对于创建控制论的团队来说，增加些技术骨干并不是件坏事。这些技术骨干来自各个科学领域，一些是严肃的人类学家，也许还有一位是对世界事务好奇的哲学家。

　　杜巴莱的国家管理机器并不因为它有自主控制人类的任何危险而可怕。它过于粗糙，过于不完美，无法用于展现人类目标性独立行为的千分之一。然而，它真正的危险是另一回事——虽然这种机器自身无法兴风作浪，但人们可以用它来增加对其他群体的控制，政治领袖们也可以用政治权术，而非机器本身来尝试控制自己的臣民。这些政治权术可能十分狭隘且冷漠，和人类的想法毫不相关，就好像它们是机器构思出的一样。这种机器的最大缺陷，是它还无法兼顾到代表人类处境的巨大可能性。这一缺陷使我们远离了它的支配。当这种机器处于支配地位时，社会可能会处于熵增的最后阶段。这时，人类处境的可能性可以忽略不计，个体之间的统计差异为零。幸运的是，我们尚未达到这样的状态。

但是，即便没有杜巴莱的国家机器，我们也正在冯·诺依曼《博弈论》的基础上，发展着军事战、经济战和舆论战的新概念。20世纪50年代的发展已经表明，博弈论本身就是一种通信理论。虽然这种博弈论有助于语言理论，但当前的政府机构致力于将其应用到军事、准军事侵略、防御的目的。

从本质上讲，博弈论建立在玩家或玩家团队的约定之上。每个玩家都致力于制定一种策略，以实现自己的目标，并假设其对手和自身都使用了最佳的取胜策略。这种大规模的博弈已经机械般大规模进行着。[1]虽然它背后所依据的哲学可能无法被共产主义者所接受，但有强烈的迹象表明，俄国和我们美国一样都在研究它的可能性。俄国不满足于我们提出的理论，已经在某些重要方面对它进行了改进。这是我们可以预料到的。特别是，我们基于博弈论所做的大部分工作，尽管并非全部，都基于这样的假设——我们和我们的对手都有无限的能力；我们博弈时的唯一限制，取决于我们手中的棋牌或棋盘上的明显局势。相当数量的证据表明，俄罗斯人通过把玩家的心理障碍，尤其是他们的易疲劳性，视为博弈本身的一部分，用行动而非语言对世界比赛的这一态度进行了补

---

〔1〕此处暗指20世纪冷战时期，以美国、北约为首的资本主义阵营和以苏联、华约为首的社会主义阵营之间的较量。——译者注

充。因此，基本上，某种国家管理机器目前在世界冲突的阵营双方均运行着，尽管这类官员并无可以制定政策的机器，而只有一种机械技术。这种机械技术是为了满足政治家们的需要。他们如同机器般，热衷于制定政策。

杜巴莱呼吁科学家关注世界军事和政治日益增长的机械化，因为情况就像一台基于控制论原理运行的超级机器。为避免这种情况所带来的多重危险，无论是外在危险还是内在危险，他强调——人类学家和哲学家需要参与到相关工作中。换言之，作为科学家，我们必须了解人们的本性是怎样的，人们的内在动机是什么，即便当我们作为军人和政治家必须应用这些知识时，我们也应当了解这些东西；我们必须知道，我们为什么希望控制他人。

这种机器对社会有危险。这种危险并非出于机器本身，而源自使用它们的人类——我在讲这句话时，的确引用了塞缪尔·巴特勒的警世之言。在《埃瑞璜》[1]中，他构想——机器或许可以在人类的操纵下，作为人类的附属器官来征服人类。然而，在看待巴特勒的远见时，我们不能过于较真。实际上，在他所处的时代，无论他自己还是他身边的任何人，都无法理解机器行为的真正本质。他的言论与其说是严格的科学评论，不如说是敏锐的修辞手法。

---

[1] 在这本书中，巴特勒首次提出机器是一种生物，可以进化出自我意识。——译者注

自从我们不幸发现了原子弹，我们的报纸一直在大量报道美国"懂得如何做"。与美国的这种"懂得如何做"相比，我们还有一种更可贵的品质，这种品质就是"懂得做什么"，对此我们无从责备美国。我们不仅用这种"懂得如何做"决定我们的目标如何实现，还用它决定我们的目标是什么。我可以用一个例子来区分这两者。数年前，一位著名的美国工程师买了一架昂贵的自动钢琴。一两周过后，人们发现，很明显，他这次购买钢琴并非是因为他对钢琴演奏的音乐有何种特殊兴趣，而是因为他对钢琴的机械构造感到强烈好奇。对于这位先生来说，自动钢琴这种工具并非是为了创作音乐，而是为了让某些发明家有机会展示——在克服音乐创作方面的某些特定困难上，他们的技巧是多么娴熟。这种态度对于中学二年级的学生而言是难能可贵的。对于决定了这个国家整体文化未来的每一个人而言，这又是怎样一种令人钦佩的精神呢？这个问题，我留给读者。

小时候，我们曾读过一些神话传说和童话故事。在这些古老的传说和动人的故事里，我们知晓了一些更简单、更浅显的人生真理，例如，当在漂流瓶里发现一只妖怪时，我们最好把它留在漂流瓶中；为了满足妻子的贪欲在海岸边对比目鱼不停许愿的渔夫，最终会一无所有；如果你有三次愿望成真的机会，你应该仔细想想自己的愿望是什么。[1] 这些

---

〔1〕这三则典故分别出自《一千零一夜》中的《渔夫的故事》、《格林童话》中的《渔夫和他的妻子》以及前文提到的《猴爪》。——译者注

简单浅显的真理用儿童的语言表达了悲剧人生观。这种悲剧人生观也存在于希腊人和许多欧洲人的心中。而在大西洋对岸这片丰饶的土地上，不知何故，这种悲剧人生观如今已经销声匿迹了。

　　希腊人对火的发现有着极端矛盾的情绪。一方面，他们和我们一样认为火对全人类而言都大有裨益；另一方面，把天上的火种带到人间无疑是对奥林匹斯众神的反抗，这种行为亵渎了诸神的特权，因而逃不脱他们的惩罚。因此，我们看到了普罗米修斯这位赐火的尊神的形象——他是科学家的原型，这位英雄，这位被惩罚的英雄被铁链拴在高加索山上，凶猛的秃鹫正啄食他的肝脏。我们读着埃斯库罗斯[1]振聋发聩的诗句。在他的故事里，被缚的普罗米修斯令天上人间见证了自己在众神手中经受了怎样的苦难。

　　悲剧意味着这世界并不是一个为保护我们而建的宜居巢穴，而是一个广阔而险象丛生的环境。在这样的环境下，我们只有反抗诸神才能取得伟大的成就，而这种反抗无疑会为自己招致惩罚。这是一个危机四伏的世界，在这样的世界里，我们只有保持谦卑的态度，埋藏自己的宏愿，才能找到些许消极的安全感。这是一个这样的世界，那些有意犯罪的人理所当然会受到惩罚，而且那些唯一罪过是对诸神和周围世界一无所知而犯罪的人而言，也要受到惩罚。

---

　　[1] 埃斯库罗斯（Aeschylus），古希腊悲剧诗人，代表作有《被缚的普罗米修斯》《阿伽门农》等。——译者注

一个人如果心存这种悲剧心理，去对待另一种原始力量，不是火种，例如去对待原子的裂变，他必定会胆战心惊。他不会冒险来到连天使都害怕涉足的地方，除非他准备好接受堕落天使的惩罚；他也不会平静地把自己在善与恶之间进行抉择的责任托付给按自己的样貌制造的机器，除非他能为自己的选择继续承担全部责任时。

我说过，现代人，尤其是现代美国人，无论如何能"懂得如何做"，却极少能"懂得做什么"。人们很容易接受高度灵敏的机器决策，而很少对其背后的动机和原则进行调查。这样做，他们迟早会变得和我们在正文提到的《猴爪》一书中的那位父亲一样。又或许，他们会像《一千零一夜》中的那位阿拉伯渔夫一样，在发现那个装有愤怒妖怪的瓶子时，欣然揭开瓶盖处的所罗门封印。

让我们谨记，世上还有"猴爪型"和"瓶子妖怪型"的博弈机。一方面，任何为决策而制造的机器，倘若不具备学习的能力，都将是僵化的。如果未对这些机器的行为规律进行事先检查，无法完全保证这些机器的行为会按照我们可接受的原则来执行，就让这些机器来决定我们的行为，我们就大难临头了。另一方面，类似于瓶内妖怪这样的机器具备学习的能力，也可以在学习的基础上进行决策，但决不会被迫做出我们应当做出的决定，也不会被迫做出我们能够接受的决定。对于没有认识到这一点的人来说，不论机器是否具备学习的能力，而直接把自己的责任推卸到机器上，相当于把自己的责任丢进风中，然后却赫然发现它们正乘着旋风再次归来。

我谈论的机器，不止包括那些铜头铁脑的金属机器。当人类作为基本元素被编制进一个组织内，并在其中作为齿轮、杠杆和量杆，而非享有完全权利和责任的人而发挥作用时，那么即使他们是血肉之躯，也与金属并无区别。实际上，在机器中发挥作用的元件也不过是机器的元件而已。无论我们把自己的决定委托给那些金属机器，还是委托给那些血肉之躯的机器，我们只有提出正确的问题，才会得到正确的答案。这些机器可以是办公室、大型实验室、军队和企业。虽然肌肤骨骼组成的"猴爪"和钢铁铸成的任意东西一样没有生命，但对于整个企业来说，"瓶内妖怪"这个描述整个团体综合形象的词语同眼花缭乱的邪术一样可怕。

夜深了，善与恶的抉择时刻迫在眉睫。

第七辑

《蜜蜂的寓言》
〔荷〕伯纳德·曼德维尔 / 著

《宇宙体系》
〔英〕艾萨克·牛顿 / 著

《周髀算经》
〔汉〕佚 名 / 著　赵 爽 / 注

《化学基础论》
〔法〕安托万–洛朗·拉瓦锡 / 著

《控制论》
〔美〕诺伯特·维纳 / 著

《福利经济学》
〔英〕A.C. 庇古 / 著

中国古代物质文化丛书

《长物志》
〔明〕文震亨 / 撰

《园冶》
〔明〕计 成 / 撰

《香典》
〔明〕周嘉胄 / 撰
〔宋〕洪 刍　陈 敬 / 撰

《雪宧绣谱》
〔清〕沈 寿 / 口述
〔清〕张 謇 / 整理

《营造法式》
〔宋〕李 诫 / 撰

《海错图》
〔清〕聂 璜 / 著

《天工开物》
〔明〕宋应星 / 著

《髹饰录》
〔明〕黄 成 / 著　扬 明 / 注

《工程做法则例》
〔清〕工 部 / 颁布

《清式营造则例》
梁思成 / 著

《中国建筑史》
梁思成 / 著

《鲁班经》
〔明〕午 荣 / 编

"锦瑟"书系

《浮生六记》
〔清〕沈 复 / 著　刘太亨 / 译注

《老残游记》
〔清〕刘 鹗 / 著　李海洲 / 注

《影梅庵忆语》
〔清〕冒 襄 / 著　龚静染 / 译注

《生命是什么？》
〔奥〕薛定谔 / 著　何 滟 / 译

《对称》
〔德〕赫尔曼·外尔 / 著　曾 怡 / 译

《智慧树》
〔瑞〕荣 格 / 著　乌 蒙 / 译

《蒙田随笔》
〔法〕蒙 田 / 著　霍文智 / 译

《叔本华随笔》
〔德〕叔本华 / 著　衣巫虞 / 译

《尼采随笔》
〔德〕尼 采 / 著　梵 君 / 译

《乌合之众》
〔法〕古斯塔夫·勒庞 / 著　范 雅 / 译

《自卑与超越》
〔奥〕阿尔弗雷德·阿德勒 / 著　刘思慧 / 译